普通高等教育土木与交通类"十二五"规划教材

土 力 学

主 编 朱宝龙 郭进军

副主编 文 华 谢 冰 靳湘梅

U0212850

中国水利水电出版社

www.waterpub.com.cn

内 容 提 要

本书为"普通高等教育土木与交通类'十二五'规划教材"之一，根据全国高等学校土木工程学科专业指导委员会对土木工程专业的培养要求和目标编写而成。

本书系统介绍了土力学的基本原理及基本方法，其内容包括：绪论、土的物理性质与工程分类、土的渗透性及渗流、土中应力计算、土的压缩性与地基沉降计算、土的抗剪强度、挡土结构物上的土压力计算、土质边坡稳定性分析、地基承载力、土的工程性质的原位测试、特殊土地基、地基处理与复合地基等，每章均附有例题、思考题与习题。

本书可作为高等学校土木工程及相关专业的教材，也可供工程技术人员参考。

图书在版编目（CIP）数据

土力学/朱宝龙，郭进军主编 . —北京：中国水利水电出版社，2011.7（2015.11 重印）

普通高等教育土木与交通类"十二五"规划教材

ISBN 978 - 7 - 5084 - 8590 - 4

Ⅰ.①土… Ⅱ.①朱…②郭… Ⅲ.①土力学-高等学校-教材 Ⅳ.①TU43

中国版本图书馆 CIP 数据核字（2011）第 151327 号

书 名	普通高等教育土木与交通类"十二五"规划教材 **土力学**
作 者	主编 朱宝龙 郭进军 副主编 文华 谢冰 靳湘梅
出版发行	中国水利水电出版社 （北京市海淀区玉渊潭南路 1 号 D 座 100038） 网址：www. waterpub. com. cn E - mail：sales@waterpub. com. cn 电话：(010) 68367658（发行部）
经 售	北京科水图书销售中心（零售） 电话：(010) 88383994、63202643、68545874 全国各地新华书店和相关出版物销售网点
排 版	中国水利水电出版社微机排版中心
印 刷	北京瑞斯通印务发展有限公司
规 格	184mm×260mm 16 开本 17.25 印张 409 千字
版 次	2011 年 7 月第 1 版 2015 年 11 月第 2 次印刷
印 数	3001—5000 册
定 价	**35.00 元**

　　本书系根据全国高等学校土木工程专业指导委员会对土木工程专业的培养要求和目标以及《普通高等教育土木与交通类"十二五"规划教材》的要求编写而成。本书由多年从事土力学教学的教师编写，在编写过程中，充分吸收了同类教材的优点和近年本学科工程技术的新进展，采用了国家及有关行业的最新规范与技术标准，同时还采纳了有关院校土力学教材应用的经验与要求。

　　土力学是一门理论性和实践性都十分强的课程，本书充分强调理论联系实际，尽可能地反映一些既经过工程实践验证过的，且又符合本课程教学要求的内容，以便更好地满足土木工程专业的教学需求，同时又对一些工程问题进行具体分析，更利于培养学生适应工程实践与分析实际问题的能力。

　　在编写过程中，重点对内容进行了融合，为进一步加强学生对土力学基本原理与基本方法的理解与应用，突出了土力学基本原理的应用，如在介绍土的渗透性及渗流内容后，引入了目前工程中常用的"止水帷幕"的概念；地基承载力确定方法介绍后即引申出承载力不足的处置措施，并紧紧结合土力学基本原理进行阐述。为培养与训练学生分析问题、解决问题的能力，每章均附有例题、思考题与习题，有利于学生的自学。

　　本书由西南科技大学朱宝龙、洛阳理工学院郭进军主编，西南科技大学文华、洛阳理工学院谢冰、廊坊师范学院靳湘梅参与编写，其中绪论、第1章、第2章、第5章由朱宝龙编写；第3章由靳湘梅编写；第4章、第8章由郭进军编写；第6章、第9章由文华编写；第7章、第10章、第11章由谢冰编写。

　　由于编者水平有限，书中不妥之处，恳请读者批评指正。

编　者

2011 年 1 月

目 录

绪 论

0.1 学习土力学的目的

所有建筑物都是修建在地壳上的，建筑物的全部重量和所传递的荷载最终均由地壳承担。连接地表上这部分的建筑物称为下部结构，或称为基础。它的作用是把上部结构的重量连同所传递的荷载，一并均匀分布到地壳上，这部分地壳称为地基，如图0-1所示。未经人工处理就可以满足设计要求的地基称为天然地基。如果地基软弱，其承载力不能满足设计要求时，则需对地基进行加固处理（如采用换土垫层、深层密实、排水固结、化学加固、加筋土技术等方法进行处理），称为人工地基。组成地基的介质可能是分散的土体或整体的岩体。其中，土具有独特的力学性质，是本门学科的主要研究对象。

土是一种自然环境下生成的堆积物，不同地区不同位置土的性质存在差异。土是一种材料，具有强度，在荷载作用下产生变形，甚至破坏。土的性质极为复杂，远不同于常用的钢材、混凝土或其他材料。

土力学是研究土的物理性质以及在荷载作用下土体内部的应力、变形和强度变化规律，从而解决工程中土体强度、变形和稳定问题的一门学科。

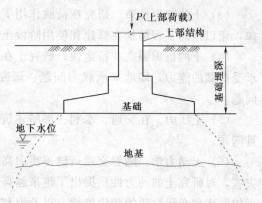

图0-1 地基及基础示意图

建造各类建筑物几乎都涉及土力学课题，要保证建筑物施工期的安全、竣工后的安全和正常使用。土力学学科需研究和解决工程中的三大类问题。一是土体强度问题，主要研究土体中的应力和强度，例如地基的强度与稳定、地基地震液化以及土坡的稳定等。当土体的强度不足时，将导致上部建筑物或影响范围内建筑物的失稳或破坏。二是土体变形问题，即使土体具有足够的强度能保证自身稳定，然而土体的变形尤其是沉降与不均匀沉降不应超过建筑物的设计允许值，否则，轻者导致建筑物的倾斜、开裂，降低或失去使用价值，重者将会酿成毁坏事故。三是对于土工建筑物（如土坝、土堤、岸坡）、水工建筑物地基，或其他挡土挡水结构，除了在荷载作用下土体要满足前述的强度和变形要求外，还要研究水的渗流对土体变形和稳定的影响。为了解决上述工程问题，则需要研究土的物理性质及变形特性、强度特性和渗透特性等，弄清其内在规律，作为解决土体稳定和变形问题的基本依据。

土力学是岩土工程学科的基础，是土木工程、水利水电工程、地质工程、道路与铁道工程、桥梁与隧道工程等专业的基础力学课程之一，属于专业基础课程，是解决许多工程问题的有力工具。

0.2　土力学的研究内容

土力学是利用力学的一般原理，研究土的物理、化学和力学性质及土体在荷载、水、温度等外界因素作用下工程性状的应用科学。土力学的研究对象是土，土是以矿物颗粒组成骨架的松散颗粒集合体。由于其形成年代、生成环境及物质成分不同，工程特性亦复杂多变。例如我国沿海及内陆地区的软土，西北、华北和东北等地区的黄土，高寒地区的冻土以及分布广泛的红黏土、膨胀土和杂填土等，其性质各不相同。土力学这门学科将研究土的基本物理力学性质，提供地基基础和土工结构的设计计算方法及不良地基的处理措施。其所包含的主要内容有以下几方面。

（1）土的物理性质。指土的基本物理和化学等性质，如颗粒矿物成分、颗粒形状及结构，土的三相关系等。

（2）土的渗透性。研究土中水的渗流规律，以及由于渗流而产生的力学作用、流网计算等。

（3）土的变形性质。研究在荷载作用下土中应力的分布规律以及土的变形（沉降）规律，用以预测工程结构在修建和使用阶段土体的沉降量。

（4）土的抗剪强度和稳定性。研究土在外力作用下的破坏形态和规律，从而推导地基承受荷载的能力，即地基承载力问题；研究土坡等在重力及其他外力作用下的滑动稳定问题。

（5）土压力。在交通、水利、房屋建筑等工程中，大量遇到的是支挡结构的土压力计算问题。

（6）土动力学。随着交通运输逐步向高速、重载方向发展，加上世界范围的频繁地震灾害，对研究土的动力性质提出了越来越高的要求，要求进一步研究在不同动力条件下，土的强度和变形性质的变化规律，以及饱和砂土的振动液化问题等。

（7）其他问题。如不良地基的人工处置措施等。

在土力学的研究方法上，由于土的物理、化学和力学性质与一般刚性或弹性固体以及流体等都有所不同因此土的特性的研究一般通过专门的土工试验技术进行探讨。

0.3　学习土力学的要求

土是由固态、液态、气态物质组成的三相体系。土不同于其他材料，与各种连续体材料相比，天然土体物理力学性质十分复杂，受土的生成条件、环境因素影响很大。土力学已形成一定的理论体系，但现有的土力学理论还难以全面客观地模拟和概括天然土体的各种力学行为。一方面，要通过实践，尤其是通过室内实验及现场测试研究来揭示土的力学行为，丰富和完善土力学理论；另一方面，要应用土力学理论指导实践。

学习本课程之前需先学习高等数学、理论力学、材料力学、水力学，之后可进一步学习基础工程、地基处理等土木工程学科的相关课程。在学习本课程时，主要要求掌握土力学的基本理论，学会解决实际问题的基本方法。在学习土力学课程之后，应掌握土的物理性质的研究方法；会计算土体应力，了解应力分布规律；掌握土的渗流理论、压缩特性、固结理论及有效应力原理、应力历史的概念，能熟练地进行地基沉降和固结计算；掌握土的强度理论及其应用，熟练地进行土压力计算、土坡稳定验算、地基承载力的确定等。结合理论学习要培养自己进行各种物理力学试验的技能。土力学课程各章有相对独立性，但全课程内容的关联性和综合性很强。要做到融会贯通，学会由此及彼，由表及里的学习方法，培养综合解决问题的能力。

0.4　土力学的发展简史

土力学是土木工程学科的基础课程，是一门既古老而又年青的应用基础学科。我国古代劳动人民创造了灿烂的文化，留下了令今人叹为观止的工程遗产，恢宏的宫殿寺院，灵巧的水榭楼台，巍峨的高塔、蜿蜒万里的长城、大运河等。这些工程无不体现出能工巧匠的高超技艺和创新智慧。然而这些还仅局限于工程实践经验，受到当时生产力水平的限制，未能形成系统的土力学和工程建设理论。

土力学逐渐形成理论始于 18 世纪兴起工业革命的欧洲。那时，为满足资本主义工业化的发展和市场向外扩张的需要，工业厂房、城市建筑、铁路等大规模的兴建，提出了许多与土力学相关的问题。1773～1776 年，法国 A·库仑（Coulomb）创立了著名的砂土抗剪强度公式，提出了计算作用在挡土墙上土压力的滑动土楔理论，土力学才进入古典理论时期；1840 年，彭思莱特（Poncelet）对线性滑动土楔理论得出了更完善的解。1869 年，英国朗金（Rankine）依据强度理论从另一角度推导了土压力计算公式，对土力学的发展产生了深远的影响。1885 年，法国 J·布辛涅斯克（Boussinesq）求得了弹性半无限空间在竖向集中力作用下的应力与变形的理论解，为以后计算地基承载力和地基变形建立了理论根据。1856 年，达西（Darcy）通过试验建立了达西层流渗透公式，为研究土中渗流和渗流固结打下了理论基础。1922 年，瑞典的费伦纽斯（Fellenius）提出了土坡稳定分析方法。这些古典的理论和方法到现在仍有着实用价值，影响着后人。许多学者前赴后继的努力，为本学科的系统发展作出了贡献。1925 年，K·太沙基（Terzaghi）归纳了以往的研究成果，提出了一维渗流固结理论，阐述了有效应力原理，发表了第一本德文版《土力学》专著，将土力学推向了一个新的高度，标志着近代土力学学科的形成。此后，在众多学者的努力下，有效应力原理得到了深化和广泛应用，发展了二维与三维固结理论；土的强度理论与稳定问题、变形理论、流变理论、动力特性等研究与应用都取得了重要成就，有力地推动了土力学学科的发展。1956 年在美国科罗拉多州波德尔（Boulder，Colorado）举行的黏土抗剪强度学术会议和 1963 年罗斯柯（Roscoe）等人对伦敦黏土的研究，创建发表了著名的剑桥弹塑性模型，标志着人们对土性质的认识和研究进入了一个崭新的阶段。

自 20 世纪 60 年代以后，电子计算机的改进和推广，促使计算技术快速发展，因而有可能在土力学计算中引入较复杂的弹塑性和黏弹（塑）性等本构模型，并对这些本构模型进行广泛而深入的研究。

土力学不单是一个理论问题，它离不开土工试验。随着理论研究的开展，试验方法和手段也必须改进和提高。20世纪50年代，土工试验方法和手段还很简单，近年来得到大幅度改进和提高。精密的三轴压缩仪、动三轴仪等许多土工试验室已配备，限于技术及价格的原因，专门用于研究工作的真三轴仪还未普及。关于原位测试设备也有长足进展，如静力触探仪，已由单桥探头发展到双桥和带孔压的探头等；而旁压仪也由预钻式发展到自钻式。总之，试验设备正在向高、精、尖方向发展。

新中国成立之前，土力学领域在我国还是一片空白，新中国成立后，一批留学海外的青年学者相继回国，他们中的一部分在大学或科研单位开设土力学课程或开展土力学研究，并建立土工试验室，为国家培养出一大批岩土工程技术人才，在教育、交通、水利、城市建设以及其他土建工程中发挥了重要作用。

1957年，我国土木工程学会开始组建全国土力学及基础工程学术委员会，并于当年参加了国际土力学及基础工程学会组织。1962年在天津召开了第一届全国土力学及基础工程学术会议，1966年在武昌召开了第二届全国会议。以后由于"文化大革命"而中断活动，直到1979年才在杭州召开第三届全国会议，以后差不多每4年召开一次全国会议，会后出版论文选集。对于国际会议，基本上每届都派代表或推选论文参加。

我国几十年来在土力学基本理论方面（如土的本构模型、非饱和土的强度理论研究等），在土力学先进仪器制造方面（如生产制造较复杂的静力三轴试验仪和动力三轴试验仪及各种原位测试仪等），在新材料和新工艺运用方面（如土工合成材料及粉煤灰在路基中的运用），在地基基础加固方面（如深层搅拌桩、钻孔桩桩端压浆加固）等，都取得了丰硕成果，有的已达到国际先进水平。我们相信，随着我国基础设施建设的大力推进，对基础工程要求的日益提高，我国的土力学学科的发展也必将进入到一个新的高度。

0.5 土力学的发展方向

从现在发展趋势看，土力学的发展大致可分为如下几方面。

（1）土的本构模型研究。土的本构模型选择关乎到土体的设计、计算。土的本构模型研究一直是土力学中的一大热点问题。到目前为止，提出的各类模型已不下百余种，但能得到广泛认可并能实际应用的却为数不多。

（2）土动力学研究。由于地震对土体的动力破坏，高速重载铁路和高速公路中车辆周期动力荷载对土体的动力作用，一般土体的静力学知识已不能阐明土在各种动力条件下的强度和变形性质，故必须研究土的动力性质，研究它的动应力与动应变的关系以及在动力作用下的响应，同时还要探讨饱和砂土地基的振动液化问题，这对防止地震灾害，提高抗震能力大有裨益。

（3）土力学试验设备改进。试验设备的改进直接影响土力学的发展。以前研究土工结构和基础工程往往采用较小尺寸的模型试验，但是遇到的一个棘手问题就是如何模拟土的自重，目前较有成效的办法是利用离心机，通过高速旋转产生离心力来模拟土的重力，所以近几十年土工离心机发展得很快，不仅用来研究高坝、边坡、深基坑在重力作用下的应力状态，而且可以模拟地震力、降雨、爆炸等作用下的土和结构的相互作用及力学行为。

(4) 复合地基的设计计算。在较软弱的地基中置入强度较高的其他材料，形成复合地基，如碎石桩、旋喷桩（水泥和土混合）等；在软土面铺设合成材料，其上填筑路基，以及在加筋土中铺设金属或钢筋混凝土筋条而构成复合土体等，这些利用新材料、新工艺加固软弱土的方法，近年来得到逐步推广、应用，已产生明显的经济效益。目前存在的问题是设计理论跟不上施工技术的发展，对于复合体中的应力分布还没完全搞清，对复合体的稳定和变形尚未找到一个合理的计算方法，尚需要进一步深入研究。

第1章 土的物理性质与工程分类

1.1 概　　述

土是连续、坚固的岩石在风化作用下形成的大小不等的颗粒，经过不同的搬运方式，在各种自然环境中生成的沉积物。地壳表层母岩经过风化、搬运后的颗粒（有时还存在有机质）堆积在一起，中间贯穿着孔隙，孔隙中存水和空气，如图 1-1 所示。因此在天然状态下，土一般由固相（固体颗粒）、液相（土中水）和气相（气体）三部分组成，简称为三相体系。土中固体颗粒的矿物成分各异，其土粒间的联结也比较微弱，土粒还可能与周围的水发生一系列复杂的物理、化学作用。因此，在外力作用下，土体并不显示出一般固体的特性，土粒间的联结也并不像胶体那样易于相对位移，也不表现出一般液体的特性。因此，在研究土的工程性质时，既有别于固体力学，也有别于流体力学。

在古典土力学中，研究土的各种工程性质时，首先注意到土粒的物理特性（如土粒的大小、形状等）、土的物理状态以及土的三相比例关系。而在近代土力学中，还注意到土的三相在空间的分布、排列以及土粒间的联结对土的性质的重要影响。

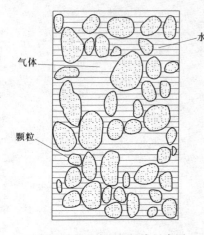

图 1-1　土的三相组成示意图

本章首先介绍土的三相组成及结构，然后介绍土的物理指标及其换算方法，无黏性土的密实度，黏性土的物理特性以及土的压实原理和地基土（岩）的分类。

1.2　土　的　形　成

天然土的三相物质成分、相互关系和作用是十分复杂和各不相同的。其主要原因是土的生成条件和生成历史等很不相同。

土是地壳表层的岩石长期经受风化作用如水流、冰川、风等自然力的剥蚀、搬运及堆积作用而生成的松散堆积物。其历史在地质年代中一般较短，多数是在 100 万年内，即属于第四纪堆积，见表 1-1。

1.2.1　风化作用

风化作用是由于气温变化、大气、水及生物活动等自然条件使岩石产生破坏的地质作用。风化作用可分为物理风化、化学风化和生物风化三种类型。

表 1 - 1	土 的 形 成 年 代		
纪（或系）	世（或统）		年代（距今）（万年）
第四纪（Q）	全新世（Q₄）	Q₄₃（晚期）	<0.25
		Q₄₂（中期）	0.25~0.75
		Q₄₁（早期）	0.75~1.2
	更新世（Qₚ）	晚更新世（Q₃）	1.2~12.8
		中更新世（Q₂）	12.8~73
		早更新世（Q₁）	73~248

物理风化作用的主要因素是气温变化。在昼夜、晴雨的气温变化中，岩石表面的温度变化比内部大，因而表里胀缩不均，加之所含不同矿物的膨胀系数不同，在气温变化时也削弱了矿物间的结合作用，久而久之，使岩石产生裂隙，由表及里遭到破坏。这种现象在大陆性干燥气候地区表现最为显著。另外，在冷湿地区，渗入岩石裂隙中的水由于气温变化而不时地冻结和融化，导致裂隙逐渐扩大，岩石崩裂破碎。在干旱地区，大风挟带砂砾对岩石的打磨也可使岩面迅速剥蚀。

物理风化作用只引起岩石的机械破坏，其产物如砂、砾石和其他粗粒土，其矿物成分与母岩相同。

化学风化作用是岩石在与水溶液和大气中的氧、二氧化碳等的化学作用下受到的破坏作用。化学风化作用有水化作用、水解作用、氧化作用、碳酸化作用及溶解作用等。化学风化作用不仅使岩石破碎，而且使其化学成分发生变化，形成性质不同的新矿物。

生物风化作用是指生物活动过程中对岩石产生的破坏作用，可分为物理生物风化和化学生物风化两种。如植物根部生长在岩缝中，使岩石产生机械破坏；动植物新陈代谢所排出的各种酸类物质、动植物死亡后遗体的腐烂产物以及微生物作用等，则使岩石遭到腐蚀破坏，岩石成分发生变化。

上述风化作用常常是同时存在、互相促进的。但在不同环境，会有不同的主次。风化作用对不同岩石成分和结构构造的破坏程度也会有很大差别。

1.2.2 土类型的地质成因分类

常见的岩石风化产物因经受不同自然营力的剥蚀、搬运和堆积作用而生成不同类型的土。不同地质成因的土具有不同的地质特征和工程性质。按其搬运和堆积方式的不同，主要有如下几种。

1. 残积土

残积土是指母岩表层经风化作用破碎成为岩屑或细小颗粒后，未经搬运和分选，残留在原地的堆积物。它的特征是颗粒表面粗糙、多棱角、孔隙大、无层理构造、均匀性差。残积土与母岩之间没有明显的界限，通常经过一个母岩风化层而直接过渡到新鲜母岩，因而其矿物成分在很大程度上与下伏母岩一致。例如，砂岩风化剥蚀后生成的砂岩碎块，两者矿物成分基本一致。

残积土主要分布在山区、丘陵地带以及剥蚀平原。残积土厚度及特征随所处区域的岩石不同而不同。在残积土上建造建筑物，应当注意地基不均匀沉降和土坡稳定问题。如果其厚度较小，可以将其挖除，将建筑物基础直接置于下伏基岩上。

2. 运积土

运积土是指岩石经风化所形成的土颗粒受自然营力的作用，搬运到远近不同的地点所沉积的堆积物。其特点是颗粒经过相互摩擦等作用，具有一定的磨圆度，即颗粒因摩擦作用而变圆滑。在沉积过程中因受水流等自然营力的分选作用而形成颗粒粗细不同的层次，粗颗粒下沉快，细颗粒下沉慢而形成不同粒径的土层。根据搬运的动力不同，运积土又可分为如下几类。

(1) 坡积土。坡积土是指在雨、雪水流的冲刷作用下，将山上岩石风化产物顺着斜坡搬运到较平缓的山坡或山麓处形成的沉积物。坡积土搬运距离不远，它一般分布在半山腰或山麓处，其上部与残积土相接。岩屑来源于当地山上，颗粒由坡顶向坡脚呈现逐渐由粗变细的分选现象。但其矿物成分与下伏母岩没有直接关系，这一点与残积土不同。由于水流强弱大小不同，强水流从山上冲下粗大颗粒的岩屑，弱水流只能冲下细小颗粒的土。因此坡积土不仅厚薄不同，土质也很不均匀，还有一些垂直裂缝，看起来很疏松。由于坡积土的孔隙大、压缩性高，且可能发生沿下伏基岩倾斜面的滑动，如果在坡积土上建造建筑物，还应注意地基不均匀沉降和稳定性问题。

(2) 洪积土。由暴雨或大量融雪形成的山洪急流，冲刷搬运大量岩屑，流至山谷出口与山前倾斜平原地带，堆积成洪积土。

山洪流出谷口后，水流速度骤减，被搬运的粗岩屑首先大量堆积下来，离山渐远，颗粒逐渐变细。在谷口附近多为块石、碎石、砾石、粗砂等粗粒物质，离谷口远的地带颗粒变细，其分布范围也逐渐扩大。因此，洪积土的地貌特征为，靠近谷口处窄而陡，离开谷口后逐渐变宽变缓，形如扇状，故称洪积扇。由相邻谷口的洪积扇组成洪积扇群。相邻洪积扇群连接起来即形成洪积平原的地貌单元。

通常自然界山洪的发生是周期性的，由于每次山洪的大小不尽相同，堆积物的粗细也随之不同，导致洪积土在垂直方向和水平方向上粒度分布变化较大。因此，洪积土常呈现不规则交错的层理构造，且往往存在黏土夹层、尖灭或透镜体等产状。土的力学性质以近山处较好。

(3) 冲积土。冲积土是岩石风化产物经江、河水流的搬运，沉积在河床较平缓地带后形成的沉积物。其特点是呈现明显的层理构造。在冲刷、搬运过程中，由于颗粒间的滚动摩擦和相互碰撞，岩屑物质由原来带棱角（块石、碎石、角砾）逐渐形成亚圆形或圆形（漂石、卵石、圆砾）。随着搬运距离的增加，颗粒变得越来越细。冲积土在地表的分布很广，主要类型有下列四种。

1) 山区河谷冲积土。在山区，河谷两岸陡峭，大多仅有河谷阶地。地表水和地下水基本都流入河床。山区江河水流流速大，细颗粒被冲走，河谷冲积土多为被砂粒所填充的漂石、卵石及圆砾。冲积土的厚度一般不超过 $10\sim15m$。山间盆地和宽谷中存在河漫滩冲积物，其分选性差，组成物质主要为含泥的砾石，并具有透镜体和倾斜层理构造。通常在高阶地主要是岩石或坚硬土层，为良好地基。

2) 山前平原冲积洪积土。山前平原沉积土有分带性，近山一带由冲积和部分洪积的粗粒物质组成，离山远的平原为较细的砂土和黏性土冲积层。

3) 平原河谷冲积土。平原河谷地貌及沉积物均较复杂，包括河床、河漫滩、阶地及古河道等地貌单元及相应的沉积层。

（a）河床冲积层。上游河床沉积层颗粒粗，下游颗粒细。因搬运的距离长，颗粒具有一定的磨圆度，没有巨大的漂砾，这与洪积土的砾石层有明显差别。山区河床冲积土厚度不超过 10m，但也有近百米的；而平原河床沉积层的厚度高达几十米至数百米，甚至千米。河床沉积层中粗砂与砾石密度较大，是良好的天然地基。

（b）河漫滩沉积层。河流进入中下游地区，河面宽广，水流平缓。但出现洪水时，泥砂会随洪水的消涨而逐渐沉积，形成河漫滩沉积层。通常河漫滩沉积层为两层结构：上层为砂砾、卵石等粗颗粒土；下层为泛滥的细粒土，且往往局部夹有有机土、淤泥和泥炭。该地段地下水埋藏较浅，当沉积物为淤泥质和泥炭层时，压缩性高，强度低，以其作为建筑物地基时应当慎重。当冲积物为砂层时，其承载力可能较高，因此开挖基坑时应注意可能发生的流砂现象。

（c）河流阶地沉积层。由地壳的升降运动与河流的侵蚀、沉积等作用形成。如果地壳交替发生多次升降运动，就可形成多级阶地。由河漫滩向上依次称为一级阶地、二级阶地等。阶地位置越高，其形成的年代越早，通常土质越密实，强度亦越高，最适合作建筑物的地基。同时，由于高级阶地地形平坦，水源丰富，靠近河流航运方便，故许多大城市都建于此。如我国的兰州、重庆、武汉等。

（d）古河道沉积层。由弯曲的平原河道取直改道后留下的古河道牛轭湖，逐渐淤塞而成。这种沉积层通常存在较厚的淤泥、泥炭土。其强度低、压缩性高，为不良地基。

4) 三角洲沉积层。江、河搬运的大量泥砂在入海口或入湖口沉积下来，形成厚度达数百米，面积宽广的三角洲沉积层。这种沉积层通常是淤泥质土或典型淤泥，并具有特殊的交错层构造。其含水率高、承载力低，若作为建筑物地基应慎重对待。

（4）湖泊与沼泽沉积土。

1) 湖泊沉积土湖泊沉积土分为湖边沉积土和湖心沉积土。湖边沉积土主要由湖浪冲蚀湖岸、破坏岸壁形成的碎屑物质组成。近岸带沉积的多数是粗颗粒的卵石、圆砾和砂土，远岸带沉积的则是细颗粒的砂土和黏性土。湖边沉积物具有明显的斜层理构造。作为地基时，近岸带有较高的承载力，远岸带则差些。湖心沉积土是由河流和湖流挟带的细小悬浮颗粒到达湖心后沉积形成的，主要是黏土和淤泥，常夹有细砂、粉砂薄层，称为带状黏土。这种黏土压缩性高、强度低。

2) 沼泽沉积土是由湖泊逐渐淤塞和陆地沼泽化演变而成的。它主要由含有半腐烂的植物残余体逐年积累形成的泥炭所组成。由于泥炭具有以下特征：含水率极高（可达百分之百），这是因为腐殖质是吸水能力极高的物质，任何其他土类没有这种特点；透水性很低；压缩性很高且不均匀，承载能力很低。所以，泥炭层不宜作为永久性建筑物的地基。

（5）海洋沉积土。海洋按海水深度及海底地形划分为滨海带、浅海区、陆坡区和深海区，相应的海洋沉积土分为以下几种。

1) 滨海沉积土。滨海地区是指海水高潮与低潮之间的地区。滨海沉积土主要由卵石、圆砾和砂等粗碎屑物质组成，有的地区存在黏性土夹层，具有基本水平或倾斜的层理构造。例如，我国北戴河、青岛、烟台等地滨海均为砂土。作为地基，其强度尚高，但透水性较大。黏性土夹层干燥时强度高，但遇水软化后强度很低。此外，由于海水大量含盐，因而使形成的黏土具有较大的膨胀性。

2）大陆架浅海沉积土。大陆架浅海是指海水深度为 0～200m，宽度为 100～200km 的地区。这一地区的沉积土主要有细颗粒砂土、黏性土、淤泥和生物化学沉积物（硅质和石灰质等）。离海岸越远，沉积物的颗粒越细。这种沉积物具有层理构造，但其密度小、含水率高，因而其压缩性高、强度低，对工程不利。

3）陆坡和深海沉积土。浅海区与深海区的过渡地带，称宽陆坡区，水深度为 200～1000m，宽度为 100～200km。水深超过 1000m 的海域为深海区。这两个区的沉积物主要为成分均一的有机质软泥。

（6）冰川沉积土。由冰川或冰水挟带搬运所形成的沉积物，由巨大的块石、碎石、砂、粉土及黏土混合组成。一般分选性极差，无层理，但冰川沉积土层常具有斜层理，颗粒呈棱角状，巨大的块石上常有冰川擦痕。此外，还有冰湖沉积，冰湖是由冰川溶解的水所形成的湖泊。冰湖沉积土主要以黏性土为主，性质较差。

（7）风积土。风积土是指在干旱的气候条件下，岩石的风化破碎物由风力搬运所形成的堆积物。常见的风积土分为两类：一类是分布在我国华北、西北地区的黄土，它主要由粉粒或砂粒组成，含可溶性盐，土质均匀，孔隙比大。黄土又分为类黄土和黄土两种，区别在于前者无湿陷性（遇水剧烈下沉），后者具有湿陷性，在实际工程上应当注意区分。另一类是风积砂（沙漠、沙丘），它属于不稳定的土层，随着风向和风力的变化而不断迁移，在其上进行工程建设，常需要采取固砂措施。

1.3　土 的 三 相 组 成

前已指出，土是由岩石风化形成的松散沉积物。其中的固体颗粒构成了土骨架，土骨架间存在孔隙，孔隙当中存在水和气体。一般情况下，土是由固体颗粒（固相）、水（液相）和气体（气相）三部分组成的三相体系。土的三相组成不是固定的，不同成因形成的土其三相组成自然不同，即使是同一成因形成的土，在不同的条件下（如季节气候变化、地下水位升降、承受地面荷载前后等）其三相组成也会发生变化。土的三相组成不同时，会呈现出不同的物理状态，例如，干燥与潮湿、坚硬与软弱、密实与松散等，而土的物理状态与其力学性能有着密切联系。因此，要研究土的工程性质，必须首先分析和研究土的三相组成。

1.3.1　土的固体颗粒（固相）

在土的三相组成中，固体颗粒（简称土粒）构成土的骨架，其大小和形状、矿物成分及组成情况是决定土的物理力学性质的重要因素。粗大土粒往往是岩石经物理风化作用形成的碎屑，或是岩石中未产生化学变化的矿物颗粒，如石英和长石等，其形状呈块状或粒状；而细小土粒主要是化学风化作用形成的次生矿物和形成过程中混入的有机物质，其形状主要呈片状。土粒的组合情况就是大大小小土粒含量的相对数量关系。

1.3.1.1 土的粒组划分与颗粒级配曲线

1. 土的粒组划分

土是一种天然产物，由大小不同的土粒混合而成，土粒粒径往往相差悬殊，例如，漂石的粒径可以达到 200mm 以上，而黏粒的粒径比 0.005mm 还小。土粒的粒径由粗到细逐渐变化时，土的性质也相应地发生变化，例如，土的性质随着粒径的变细可由无黏性变化到有黏性。因而，为了研究方便，工程上通常把工程性质相近的一定尺寸范围的土粒划分为一组，称为"粒组"或"粒级"。各个粒组随着分界尺寸的不同而呈现出一定性质的变化。划分粒组的分界尺寸称为界限粒径。

目前界限粒径的划分，在不同国家甚至同一国家的不同部门，由于用途不同各有不同的规定。我国比较普遍采用的粒组划分办法见表 1-2。表中粒组的大小用"粒径"（mm）表示，土粒被分成六大粒组，即漂（块）石、卵（碎）石、圆（角）砾、砂粒、粉粒、黏粒。根据需要，各大粒组还可划分成若干亚组。

表 1-2　　　　　　　　　粒 粗 划 分 示 意 表

建筑、铁路等部门	漂石、块石		卵石、碎石		圆砾、角砾		砂粒粗中细			粉粒	黏粒
水利部门	漂（块）石组		卵（碎）石组		砾粒（角砾）		砂粒			粉粒	黏粒
分界粒径（mm）		200		60		20	2.0　0.5	0.25	0.075		0.005

粒组划分法各国各部门不完全相同。如砾组上限，我国建筑、铁路等部门采用20mm，水利部门则采用 60mm，国外多采用 60~75mm；粉粒组上限，建筑、水利部门都采用 0.075mm，铁路部门还采用 0.005mm；黏粒组上限，我国一般采用 0.005mm，国外除 0.005mm 外，还有采用 0.002mm 的。

所谓粒径是指颗粒直径。但土粒形状与圆球相差很大，特别是黏粒，多呈片状、薄片状，还有少许呈棒状、管状等。故土粒粒径有其特定含意，可从下面介绍的粒径分析方法中了解到。

2. 粒径分析试验

对土的粒径组成的测定称为粒径分析或颗粒分析。粒径分析的方法，一般是用筛分法测定粒径不大于 60mm 而大于 0.075mm 的粗粒土，用沉淀法（一种水分法）测定粒径小于 0.075mm 的细粒土。沉淀法用密度计（比重计）测定的称密度计法（比重计法）。然后把两部分测定结果合并整理，得到土的粒径组成全貌。

（1）筛分法。将烘干、分散后的试样放进一套标准筛的最上层。各层筛的筛孔自上而下是由大到小的，最下面接以底盘，如图 1-2所示。将按规定方法取得的一定质量的干试样放入依次叠好的筛中，经过摇筛机充分振摇，即可筛分出不同粒组的含量。由此可知，用筛分法得到的土粒粒径是指其刚好能通过筛孔的孔径。自然界存在的岩石碎屑由于生成条件不同，用筛分法得到相同粒径土粒的形状体积常不相同。称出留在各级筛上的土粒的质量，按下式算出小于

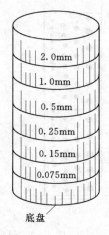

图 1-2　筛子示意图

某土粒粒径的土粒含量百分数 $X(\%)$。

$$X = \frac{m_i}{m} \times 100\%$$ (1-1)

式中 m_i——小于某粒径的土粒质量，g；

m——试样总质量，g。

（2）斯托克斯（Stokes）公式及密度计法。不同大小的土粒在水中下沉的速度是不同的。根据斯托克斯定律，一个直径为 d 的圆球状颗粒在黏滞系数为 η 的液体中以速度 v 垂直下沉时受到的阻力为 $3\pi\eta v d$。今假定土粒为圆球状，单位体积干土粒重为 γ_s，当该阻力等于土粒在该液体（单位体积重为 γ_w）中的重力时，土粒将以匀速 v 下沉。如取 d、η、v 的单位分别为 mm、Pa·s、cm/s，γ_s 及 γ_w 的单位为 kN/m³，则土粒在液体中的受力平衡条件为

$$3\pi\eta v d \times 10 = \frac{1}{6}\pi d^3(\gamma_s - \gamma_w)$$

由此得斯托克斯公式

$$d = \sqrt{\frac{180\eta v}{\gamma_s - \gamma_w}} = \sqrt{\frac{180\eta h}{(\gamma_s - \gamma_w)t}} = K\sqrt{\frac{h}{t}}$$ (1-2)

式中 t——下沉时间，s；

h——下沉深度，cm；

K——粒径计算系数；

其他符号的单位同前。

土粒在液体中刚开始下沉时是加速的，但在极短时间内即达到匀速 v 的值，故可略去此影响。由斯托克斯定律可知，计算所得的土粒粒径是与之同速下沉的假想圆球直径，便实际两者大小和形状可能都不相同。

斯托克斯公式也有其适用范围，当颗粒粒径过大时，其在液体中沉降时会产生非等速运动，如颗粒直径过小，则微粒下沉会受到布朗运动的影响。一般认为斯托克斯公式可用于 $0.0002 \sim 0.2$mm 粒径颗粒。

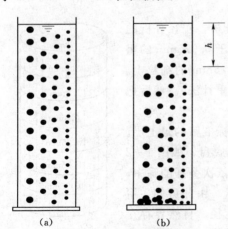

图 1-3 悬液中颗粒下沉

现有容器盛有均匀分布土粒的悬液 [图 1-3 (a)]，由式（1-2）可知，在土粒开始下沉后 t 时刻，悬液中深度 h 以上已没有大于粒径 d 的粒径的颗粒了 [图 1-3 (b)]，但在 h 深度的微段后，等于及小于 d 粒径的颗粒数量不变，因从上面沉至该处的数量与该处沉下去的数量相等。如下沉前每单位均匀悬液体积内的土粒总量为 $q_0 = (q_0 = Q_s/V_L$，Q_s 为全部土粒总量，V_L 为悬液体积），下沉开始后 t 时刻在 h 深处单位体积悬液中的土粒总量为 q。则小于粒径 d 的土粒重占全部土粒重的百分数为 $p = q/q_0$。显然 p 也就是小于粒径 d 的土粒质量占总质量的百分数。

上述容器内在土粒开始下沉后的不同时刻 t 放入一密度计（图
1-4），测得密度计浮泡中心处悬液相对密度为 G_L，浮泡中心离液面距
离为 h，则可将 h、t 代入式（1-2）求得 d，并可如下计算相应于 d 的
p 值。因测得悬液相对密度为 G_L 处的单位体积悬液重 γ_L 为

$$\gamma_L = q + \gamma_w(1 - q/\gamma_s)$$

故

$$G_L = \gamma_L/\gamma_w = pq_o/\gamma_w + 1 - pq_o(1/\gamma_w - 1/\gamma_s)$$

令 G_s 为土粒相对密度，$G_s = \gamma_s/\gamma_w$ 由上式可得 p 的算式为

$$p = \frac{\gamma_s V_L}{Q_s} \frac{G_L - 1}{G_s - 1} \times 100\% \tag{1-3}$$

式（1-3）中对试验量测到的 G_L 还要作若干校正。测悬液相对密度的密
度计是乙种，如用甲种密度计，则可测悬液中干密度，计算式的形式稍
有差别。

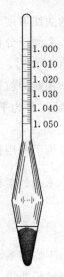

图 1-4 密度计

为保证试验质量，必须把水中细粒聚成的粒团彻底分散，常用方法
是煮沸悬液并加六偏磷酸钠或氨水等进行离子交换，以加厚土粒周围的扩散层，使土粒与
土粒分开。

3. 颗粒级配曲线及应用

土的粒径组成情况可以用颗粒级配（累计）曲线表示，也可用其他方法如表格法表
示。表格法虽然制作简便，但颗粒级配曲线便于评价粒径含量的组合情况，应用较广。颗
粒级配曲线的绘制方法是根据粒径分析试验结果，将试样的粗粒和细粒两部分试验结果合
在一起，算得小于各个已定粒径的土粒累计质量占土粒总质量的百分数，在半对数坐标纸
上标出并连成曲线。因为土粒粒径相差常在百倍、千倍以上甚至上万倍，所以宜采用对数
坐标表示。对数标尺在横坐标上表示粒径，纵坐标则表示小于（或大于）某粒径的土粒质
量百分数（或称累计百分含量），如图 1-5 所示。该图横坐标上的粒径被规定为逐渐减小
（也有规定为增大），故四个土样中以土样①的细粒最多，基本上是粉粒及黏粒，其他几个
土样粗粒较多，主要是各种砂粒。土样②的曲线陡峻，表明颗粒比较均匀，大部分集中在
粒径变化不大的范围内。土样③的曲线中有一平台段，表明该范围粒径的颗粒缺失。土样

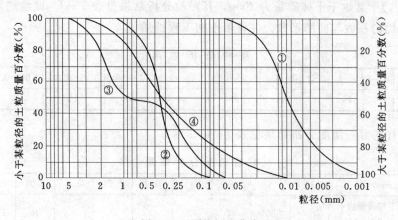

图 1-5 颗粒级配曲线

④的曲线坡度较平缓，表明颗粒不均匀，粒径变化范围较大。

为便于分析颗粒级配曲线，定义以下几个典型粒径：小于某粒径的土粒质量累计百分数为 10% 时，相应的粒径称为有效粒径 d_{10}；小于某粒径的土粒质量累计百分数为 30% 时，相应的粒径 d_{30} 称为中值粒径；小于某粒径的土粒质量累计百分数为 50% 时，相应的粒径 d_{50} 称为平均粒径；当小于某粒径的土粒质量累计百分数为 60% 时，该粒径称为限制粒径 d_{60}。

为了利用颗粒级配（累计）曲线评价土的工程性质，定义以下两个参数：

$$不均匀系数 C_u \qquad\qquad C_u = \frac{d_{60}}{d_{10}} \qquad\qquad (1-4)$$

$$曲率系数 C_c \qquad\qquad C_c = \frac{d_{30}^2}{d_{10}d_{60}} \qquad\qquad (1-5)$$

不均匀系数 C_u 反映大小不同粒组的分布情况。如果土颗粒级配是连续的，C_u 越大，粒径级配曲线越平缓，土的颗粒粒径越不均匀，其级配越良好，作为填方工程的土料时，则比较容易获得较大的密实度。相反，C_u 值越小，粒径级配曲线越陡，土的颗粒粒径越均匀，级配就越差，作为填方工程的土料时，难以获得较大的密实度。如果土颗粒的级配含量是不连续的，那么在级配曲线上会出现平台段，在平台段内，只有横坐标粒径的变化，而没有纵坐标含量的增减，说明平台段内的粒组含量为 0，存在不连续粒径，级配不良。可见，仅用一个指标 C_u 来确定土的级配情况是不够的。而曲率系数描写的是累计曲线的分布范围，反映曲线的整体形状。因此，通常工程上采用两个指标 C_u 和 C_c 来判断土的级配情况，评价土的工程性质。

（1）土的粒径分布曲线同时符合 $C_u \geqslant 5$ 和 $C_c = 1 \sim 3$ 时，则该土的粒径分布不均匀且级配良好，较大土粒间的空隙可由较小土粒填充。图 1-5 的土样④即属于此情况。级配良好的土易被压实，是合适的工程填料。

（2）不完全符合上述两个条件者，如 $C_u < 5$，即粒径分布均匀，颗粒大小差别不大，土样②为一例；如 $C_c < 1$，表明中间粒径颗粒偏小，较小粒径颗粒偏多，土样③为一例；如 $C_c > 3$，表明中间粒径颗粒偏多，较小粒径颗粒偏少。这些情况都属级配不良。

【例 1-1】 某烘干土样质量为 200g，其颗粒分析结果见表 1-3。试绘制颗粒级配曲线，确定不均匀系数与曲率系数，并评价土的工程性质。

表 1-3 颗粒分析结果

粒径（mm）	10~5	5~2	2~1	1~0.5	0.5~0.25	0.25~0.1	0.1~0.05	0.05~0.01	0.01~0.005	<0.005
粒组含量（g）	10	16	18	24	22	38	20	25	7	20

解：土样的颗粒级配分析结果见表 1-4。

表 1-4 颗粒级配分析结果

粒径（mm）	10	5	2	1	0.5	0.25	0.1	0.05	0.01	0.005
小于某粒径土粒质量占总土粒质量的百分比（%）	100	95	87	78	66	55	36	26	13.5	10

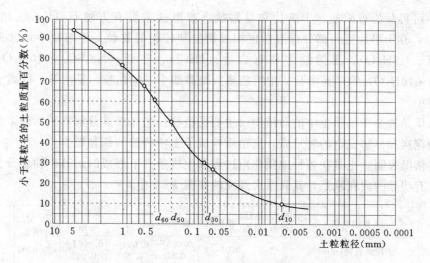

图 1-6 例 1-1 土样的颗粒级配曲线

由曲线可得特征粒径 $d_{60}=0.33$，$d_{50}=0.2$，$d_{30}=0.063$，$d_{10}=0.005$。

由式（1-4），不均匀系数：

$$C_u = \frac{d_{60}}{d_{10}} = \frac{0.33}{0.005} = 66 > 5$$

由式（1-5），曲率系数：

$$C_c = \frac{d_{30}^2}{d_{10}d_{60}} = \frac{0.63^2}{0.33 \times 0.005} = 2.41$$

C_c 在 1～3 之间，故该土级配良好。

1.3.1.2 土的矿物成分

1. 土的矿物成分的分类

土中的固体部分是由矿物构成的。多数土的矿物成分主要是各类无机矿物，可分为原生矿物和次生矿物两大类。次生矿物可再分为可溶性和非溶性两类。原生矿物和非溶性次生矿物是土的基本矿物成分。除了无机矿物外，还有一种特殊的矿物类型是有机质。

原生矿物是母岩风化后化学成分未曾变化的矿物。主要有石英、长石、云母等，颗粒一般较粗，是构成各类砂粒组的主要矿物成分。

非溶性次生矿物是母岩的矿物成分因化学风化作用发生变化，其留存部分形成的新矿物，主要是黏土矿物、倍半氧化物（Al_2O_3、Fe_2O_3）及次生二氧化硅（SiO_2）等。这些次生矿物颗粒细小，构成了土中黏粒的主要矿物成分。

黏土矿物是最重要的次生矿物，有结晶与非结晶两类，最为常见和了解得较多的是结晶类的高岭石、伊利石（水云母）和蒙脱石三类。高岭石由长石及云母类矿物转变而成，容易在酸性介质条件下形成。其颗粒在黏土矿物中相对较粗。蒙脱石常由火山灰或在碱性溶液介质条件下由火山岩风化转变而成，其颗较极为细小。伊利石主要在含有较多钾离子的近于中性的溶液介质中形成，颗粒大小的平均尺寸介于高岭石和蒙脱石之间。

可溶性次生矿物是土中水溶液中的金属离子及酸根离子，因蒸发等作用而结晶沉淀形成的卤化物、硫酸盐和碳酸盐等矿物，大多成为土粒间孔隙中的充填物。根据其溶解度大小可再分为难溶盐、中溶盐和易溶盐。难溶盐主要有方解石（$CaCO_3$）、白云石（$MgCO_3$），在干旱地区一部分难溶盐也构成粉粒和较粗的黏粒。中溶盐中最常见的是石膏（$CaSO_4 \cdot 2H_2O$）。易溶盐主要有岩盐（$NaCl$）、芒硝（$Na_2SO_4 \cdot 10H_2O$）、苏打（$Na_2CO_3 \cdot 10H_2O$）等。易溶盐、中溶盐多数结晶细小、呈黏粒、易溶解，以离子形式存在于溶液中。

有机质是掺杂于堆积土中的动植物（主要是植物）遗体及其分解物质，较多的是分解不完全的泥炭和分解完全的腐殖质，腐殖质构成了土中特殊的细黏粒。

上述情况表明，土是在各种地质作用过程和生成条件下形成的，其矿物成分与粒径大小之间具有明显的内在联系，其联系大致反映在图 1-7 中。

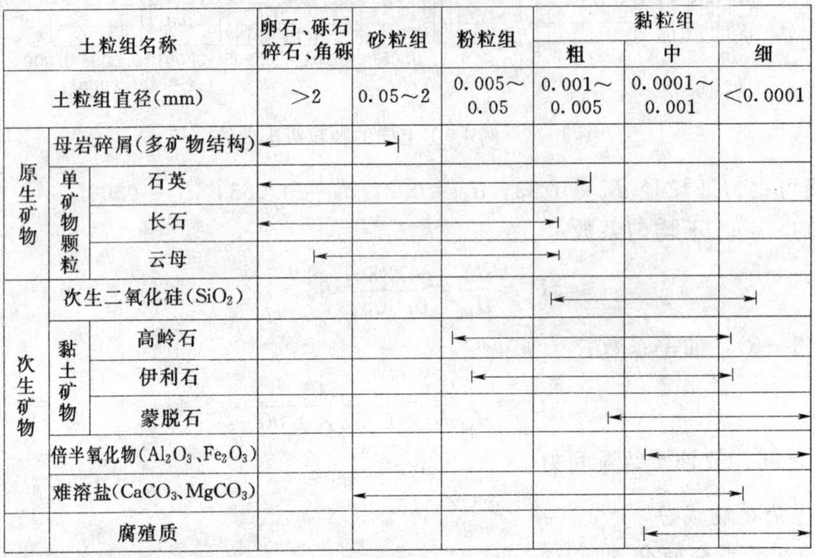

土粒组名称		卵石、砾石碎石、角砾	砂粒组	粉粒组	黏粒组		
					粗	中	细
土粒组直径(mm)		>2	0.05~2	0.005~0.05	0.001~0.005	0.0001~0.001	<0.0001
原生矿物	母岩碎屑(多矿物结构)	←————→					
	单矿物颗粒 石英	←————————————————→					
	长石	←————————————→					
	云母	←—————————→					
次生矿物	次生二氧化硅(SiO_2)			←————————→			
	黏土矿物 高岭石			←————————————————→			
	伊利石			←——————————————————————→			
	蒙脱石				←——————————→		
	倍半氧化物(Al_2O_3、Fe_2O_3)				←——————→		
	难溶盐($CaCO_3$、$MgCO_3$)		←————————————————→				
腐殖质					←——————→		

图 1-7　矿物成分与粒组的关系

2. 土的矿物特性

（1）原生矿物。原生矿物的化学性质比较稳定，具有较强或很强的抗水性和抗化学风化能力。其中以石英最强，所以它也是粉粒的主要矿物成分，甚至可以成为粗黏粒。而长石、云母类矿物在粒径很小时会逐渐风化为次生矿物。

原生矿物的晶体形态、硬度和力学强度不同，则构成的砂粒形状常有明显差别。如云母砂粒性质柔韧、硬度低，呈薄片状；长石砂粒硬度和强度较高，一般呈棱角状；石英砂粒的硬度和强度更高，可呈尖角状或浑圆状。不同大小、不同形状砂粒组成的砂土，其含有的孔隙大小和孔隙率显然不同。

上述因素构成了砂土的工程性质，如抗剪强度、压缩性、透水性、毛细性等的差异。

（2）次生矿物。绝大部分的次生矿物构成土中的黏粒，并使其具有不同程度的胶体特性，最主要的表现是黏粒表面带有电荷。带电的原因与黏粒的矿物晶体结构、黏粒与水溶液在接触面上的相互作用（可称为表面作用）等有关。此外，黏粒不仅颗粒细小，一般还具有比体积相同的圆粒表面积大得多的外形。因而其比表面积（单位质量或体积的颗粒总表面积，常以 m^2/g 为单位）很大。表 1-5 提供了主要黏土矿物的颗粒特征。如取纯砂

的比表面积为 $2\times10^{-4}\,\mathrm{m^2/g}$，则黏土矿物颗粒的比表面积可为砂粒的几万倍至几百万倍之多。

表 1-5 　　　　　　　　　　　　主要黏土矿物的颗粒特征

黏 土 矿 物	形 　状	直径 （μm）	厚度 （μm）	比表面积 （$\mathrm{m^2/g}$）
高岭石	六角形片状	0.3~4	0.05~2	15
伊利石	片状	0.1~2	0.02~0.03	80
蒙脱石	薄片状	0.1~1	0.003	800

1）黏土矿物。黏土矿物是一种复合的铝-硅酸盐晶体，颗粒成片状，是由硅片和铝片构成的晶胞所组叠而成。硅片的基本单元是硅-氧四面体。它是由 1 个居中的硅原子和 4 个在角点的氧离子所构成，如图 1-8（a）所示。由 6 个硅-氧四面体组成一个硅片，如图 1-8（b）所示，简化图形如图 1-8（c）。铝片的基本单元则是铝-氢氧八面体，它是由 1 个铝离子和 6 个氢氧离子所构成，如图 1-9（a）所示。4 个八面体组成一个铝片。每个氢氧离子被相邻 2 个铝离子所共有，如图 1-9（b）所示，简化图形如图 1-9（c）所示。依据硅片和铝片组叠形式的不同，黏土矿物主要有蒙脱石、伊利石和高岭石三类，其晶格结构如图 1-10 所示。

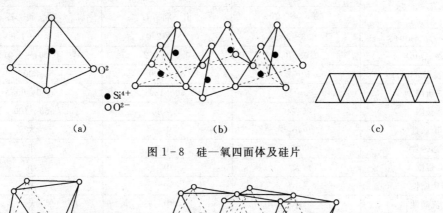

图 1-8　硅—氧四面体及硅片

图 1-9　铝—氢氧八面体及铝片

高岭石的结构单元是由一层铝氢氧晶片和一层硅氧晶片组成的晶胞。高岭石的矿物就是由若干重叠的晶胞构成的。这种晶胞一面露出氢氧基，另一面则露出氧原子。晶胞之间的联结是氧原子与氢氧基之间的氢键，它具有较强的联结力，因此晶胞之间的距离不易改变，水分子不能进入。高岭石的主要特征是颗粒较粗，其亲水性不及伊利石强。

伊利石的结构单元类似于蒙脱石，所不同的是 Si-O 四面体中的 Si^{4+} 可以被 Al^{3+}、Fe^{3+} 所取代，因而在相邻晶包间将出现若干一价正离子（K^+）以补偿晶胞中正电荷的不足。所以伊利石的结晶构造没有蒙脱石那样活动，其吸水能力低于蒙脱石。

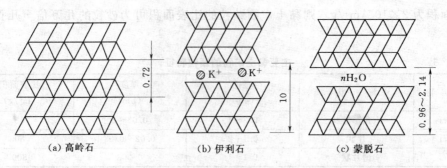

| (a) 高岭石 | (b) 伊利石 | (c) 蒙脱石 |

图 1-10　黏土矿物晶格结构（单位：nm）

蒙脱石是化学风化的初期产物，其结构单元（晶胞）是两层硅氧晶片之间夹一层铝氢氧晶片所组成的。由于晶胞的两个面都是氧原子，其间没有氢键，因此联结很弱，水分子可以进入晶胞之间，从而改变晶胞之间的距离，甚至达到完全分散到单晶胞为止。蒙脱石的主要特征是颗粒细小，具有较大的吸水膨胀和脱水收缩的特性。

三种黏土矿物的主要特性见表 1-6。

表 1-6　　　　　　　　　　　　　　三种黏土矿物的主要特征

特征指标	矿物		
	高岭石	伊利石	蒙脱石
长和宽（μm）	0.3～3.0	0.1～2.0	0.1～1.0
厚（μm）	0.03～0.3	0.01～0.2	0.001～0.01
比表面积（m²/g）	10～20	80～100	800
流限	30～110	60～120	100～900
塑限	25～40	35～60	50～100
膨胀性	小	中	大
渗透性	大	中	小
强度	大	中	小
压缩性	小	中	大
流动性	小	中	大

2）倍半氧化物及次生二氧化硅。倍半氧化物和次生二氧化硅，都是由原生矿物铝硅酸盐经化学风化后，原结构被破坏而游离出结晶格架的细小碎片。次生二氧化硅主要呈准胶粒状，在自然界中性质较稳定，亲水性较弱。倍半氧化物则是指 Al_2O_3 或 Fe_2O_3 等矿物，颗粒很细小，易形成细黏粒或胶粒，亲水性较强。

3）可溶性次生矿物。可溶性次生矿物也称为水溶盐。它有减少土中孔隙，胶结土粒，提高土的力学性质的作用。但当它溶解后，就会使土的性质急剧变坏。土中易溶盐常因土中含水量的多少而改变它的状态（液态或固态）。失水时呈固态，起胶结作用，含水较多时则离解为水溶液中的离子。所以溶解度越大，危害也就越大。

有些水溶盐如芒硝、石膏等含结晶水，其体积可因吸水而增大，失水而变小，使土的结构和性质发生变化。许多水溶盐溶于水后对金属、混凝土有腐蚀性和侵蚀性，危害基础工程和地下建筑物。

因此，土坝、路堤等的填料土对水溶盐，尤其是易溶盐的含量常有相应的限制。

（3）有机质。有机质是由土层中的动植物分解而成的。一种是分解不完全的植物残骸，形成泥炭，疏松多孔；另一种则是完全分解的腐殖质。腐殖质的颗粒更小，呈凝胶状，具有极强的吸附性。有机质含量对土的性质影响比蒙脱石更大，如当土中含有1%～2%的有机质时，其对液限和塑限的影响相当于10%～20%的蒙脱石。总之，土中胶态腐殖质的存在，使土具有高塑性、膨胀性和黏性，而其强度和承载力很低，故对工程建设极为不利。对于有机质含量大于3%～5%的土，应加注意，此种土不适宜作为路基填筑材料。

1.3.2 土中的水（液相）

土中水即为土的液相，其类型和数量对土的状态和性质都有重大影响。土中水除了一部分以结晶水的形式存在于固体颗粒的晶格内部外，还存在结合水和自由水两大类。工程上对土中水的分类见表1-7。

表1-7	土中水的类型	
水 的 类 型		主要作用力
结合水		物理化学力
自由水	毛细管水	表面张力及重力
	重力水	重力

1.3.2.1 黏土颗粒表面的带电现象

列依斯（Ruess）早于1807年通过实验证明黏土颗粒是带电的。其实验时将两根带有电极的玻璃管插入一块潮湿的黏土块内。在玻璃管中撒一些洗净的砂，再加水至相同的高度，接通直流电后发现：在阳极管中，水自下而上地混浊起来，说明黏土颗粒在向阳极移动，与此同时，管中水位却逐渐下降；在阴极管中，水仍是极其清澈的，但水位在逐渐升高，如图1-11（a）所示。如在一块潮湿黏土块上直接插入两个直流电极，通电后会发现阳极周围的土逐渐变干，而阴极周围的土则逐渐变湿。也就是说黏土颗粒带有负电荷，如图1-11（a）、图1-11（b）所示。

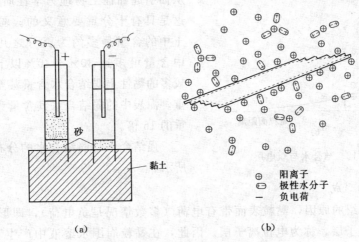

（a）　　　　　　　　　　　　　　（b）

图1-11　黏土颗粒表面的带电现象

1.3.2.2 结合水

1. 结合水

结合水是细小土粒因表面的静电引力而在其周围吸附的水，它在土粒表面形成了一层水膜，故称为结合水膜或水化膜。结合水密度较重力水大，具有较高的黏滞性和抗剪强度。不能传递静水压力，不受重力作用而转移，冰点低于0℃。

结合水中越靠近土粒表面者被吸附得越紧密牢固，活动性越小，吸附的引力越弱，活动性越大。

结合水可分为强结合水和弱结合水。

强结合水是最靠近颗粒粒面的结合水。它不仅可在湿土中形成，也可由土粒从空气中吸收水气形成，故也称吸着水。紧贴粒面的强结合水分子受到的吸引力可达1.0GPa。故强结合水很难移动，要经高温烘烤（150～300℃）才会气化脱离。强结合水没有溶解和导电的能力。相对密度约为1.2～2.4，平均为2.0，冰点约为−78℃。其力学性质类似固体。

强结合水在砂土中含量极微，最多也不到1%（与干土重相比），只含强结合水的砂土呈散粒状态。强结合水在黏性土中的含量可多达10%～20%，如含较多蒙脱石的黏性土甚至可超过30%。只含强结合水的黏性土可呈坚硬的固体状态，磨碎后成粉末状。

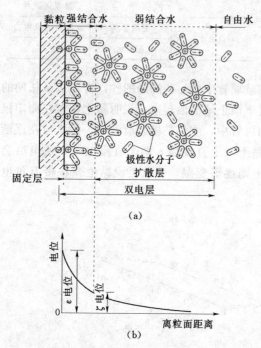

图1-12 结合水与双电层

弱结合水也称薄膜水，位于强结合水外围，占结合水的绝大部分。弱结合水受到的粒面引力随着离粒面距离增大而减弱，并可向引力较大处或结合水层较薄处转移。弱结合水在土中的含量可在一些外因（如压力、水溶液成分及浓度变化、通电流、干燥、浸湿、冻结和融化等）影响下发生变化，从而引起黏性土物理力学性质的显著改变。这是具有十分重要意义的。弱结合水在砂土中的含量最多约为百分之几，在黏性土中含量可多达30%～40%以上，含蒙脱石较多的黏性土弱结合水含量甚至可大于干土重。泥炭中的弱结合水其含量竟可高达干土重的15倍。

强结合水与弱结合水的分布如图1-12所示。

2. 结合水的形成

由于前述介绍的原因，黏粒表面带有电荷（多数情况是负电荷），即形成了一个具有多余电荷的离子层，称为电位离子层。因此，在黏粒周围水溶液中产生了一个电场。在电场范围内，极性水分子和反离子（多数情况是阳离子）受到静电引力的吸附作用而向黏粒表面定向排列和靠拢，如图1-12（a）所示。具有与电位离子符号相同的离子则受排斥而外移。水溶液中的离子也吸附了一些极性水分子而成水化离子。极性水分子和水化离子除受静电引力影响外，还同时受到分子热运动（布朗运动）扩散作用的影响。

越靠近黏粒表面，静电引力越强，把极性水分子和反离子整齐、密集而牢固地吸附在黏粒表面周围，形成反离子浓度很高的固定层（或称吸附层）。

固定层中，除静电引力吸附作用外，紧靠粒面的水分子的氢原子和黏粒矿物晶格内的氧原子可以氢键结合，而使水分子被吸附。

固定层内的水相当于强结合水。固定层厚度很小，一般认为只是由几层水分子（每层水分子平均厚 0.276nm）构成。

固定层外面，因静电引力逐渐减弱，反离子的极性水分子的排列已不很紧密整齐，活动性增加。此层称为扩散层。扩散层内的水相当于弱结合水。扩散层厚度变化较大，可能由几十、几百或更多层水分子构成。离黏粒表面越远，静电引力降低越多。因此，扩散层的内层和外层结合水的性质是有差别的。扩散层外面的水分子已不受静电引力影响，故为自由水，各种离子分布均匀、平衡。

黏粒对于非极性溶液，如煤油、汽油、苯、四氯化碳等不发生上述吸附作用。

3. 双电层及扩散层

固定层和扩散层中所含的阳离子与土粒表面的负电荷的电位相反，故称为反离子，固定层和扩散层又被合称为反离子层。反离子层和土粒表面的负电荷层合称为扩散双电层，简称双电层。

电位离子层决定了粒面静电引力的大小，如图 1-12（b）所示。它的电位与扩散层外的自由水溶液电位（等于零值）之间的电位差称为热力电位（ε 电位）。电位离子的电荷是由反离子层内多余的反离子平衡的，反离子分布不均衡，越近黏粒表面越密集，故随离黏粒表面距离增大，电位迅速下降，在固定层与扩散层界面处的电位差称为电动电位（ζ 电位）。通常电动电位比热力电位低得多。

电动电位是能使黏粒及其周围的反离子层产生电动现象的电位。当通以直流电时，表面具有负电荷的黏粒带着固定层一起向阳极移动，这种现象称为电泳。在这同时，在扩散层内的阳离子及其吸附的极性水分子则向阴极移动，这种现象称为电渗。

电渗是导致扩散层厚度变化的途径之一。人们常把扩散层厚度变化的研究成果作为改变黏性土工程性质的理论基础。当热力电位一定时，电动电位与扩散层厚度有密切关系。扩散层厚度减小时，电动电位降低，反之则电位增高。电动电位比较容易测定，一般按电渗原理通过电动试验求得，故扩散层厚度可用电动电位代表。

影响热力电位、电动电位和扩散层厚度的因素有黏粒含量及其矿物成分、溶液中离子成分及浓度、溶液的 pH 值等。黏粒含量越多，矿物亲水性越强，则热力电位、电动电位一般就越高，扩散层就越厚。而溶液中电解质或反离子的浓度越高，离子价越高，就越能有效地平衡黏粒表面电荷，使电位更快地降低，扩散层更薄（图 1-13）。pH 值的升高一般会增高电动电位和扩散层的厚度。

因此，为了改变扩散层厚度，以改变黏性土的工程性质，对既定的土来说可通过改变扩散层离子成分，即离子交换等途径来实现。

4. 离子交换

离子交换，主要指黏粒表面扩散外水溶液中的离子同扩散层内其他同符号离子交换的现象。离子的交换能力大小，用其在一定条件下土中能进行交换的离子总量，即交换容

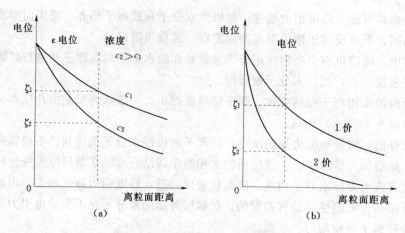

图 1-13 电解质浓度和离子价对 ζ 电位的影响

量表示，土的离子交换容量越大，它就越容易在人为地改变溶液介质离子成分的情况下改变其工程性质。

离子交换能力同矿物成分、土粒大小、交换离子的成分及浓度、溶液的 pH 值等有关。矿物亲水性越强、土粒越小，其交换容量也越大。表 1-8 列出了几种具有代表性的矿物离子交换容量常见值。

表 1-8   **主要黏土矿物及腐殖质胶粒交换容量**

矿 物 类 型	高 岭 石	伊 利 石	蒙 脱 石	腐 殖 质
交换容量（m·eq/100g）	3~15	10~40	80~150	200~400

离子价较高的同价离子中离子半径或摩尔质量较大者交换能力较大，但 H^+ 例外。溶液中阳离子的交换能力次序是：$Fe^{3+} > Al^{3+} > H^+ > Ca^{2+} > Mg^{2+} > K^+ > Na^+$。这些阳离子在反离子层中被交换出来，进入介质溶液的能力的次序刚好相反。阴离子的交换能力次序是：$OH^- > PO_4^{3-} > SiO_3^{2-} > SO_4^{2-} > Cl^-$，即 OH^- 例外。

如水溶液的离子浓度增大，则交换能力也增大。提高水溶液的 pH 值一般会增大交换容量。

在化学反应中能生成更稳定、更难溶的化合物的情况下，低价离子也可能交换高价离子。溶液中与反离子电荷符号相反的离子有使扩散层变厚、胶体体系稳定的不同能力。稳定能力大小的次序与该离子是交换离子时的交换能力次序相同。如用一价阳离子和弱酸根离子或 OH^- 结合而成的化合物作为分散剂，则因后者稳定能力较强，一价阳离子就可能交换扩散层内的高价阳离子，使扩散层厚度增加，土粒团聚体分散。如在颗粒分析试验中，常在悬液中滴入一价的氨水或偏磷酸钠，使土料的扩散层变厚，以达到分散团粒的目的。但分散剂施加要合适，浓度要适当，否则会得到相反的效果。

离子交换原理广泛应用于地基的改良和加固。用高价阳离子交换黏性土中低价阳离子，使扩散层变薄，因而黏粒靠拢、紧密，从而增加了土的强度和稳定性。例如，云南小龙潭电厂的埋管过程中，在管沟中填充富含钙离子的石灰来减弱黏性土膨胀作用对管道的危害；合肥市在城市道路建设中，采用粉煤灰，再加上消石灰，按质量比 8∶2，经搅拌和碾压形成的二灰垫层作为路基，取得了良好的效果。

1.3.2.3 毛细管水

1. 毛细管水

毛细管水是受到水与空气交界面处表面张力的作用，存在于地下水位以上的透水层中的自由水，如图 1-14 所示。土的毛细现象是指土中水在表面张力作用下，沿着细的孔隙向上及向其他方向移动的现象。分布在土粒内部间相互贯通的孔隙，可以看成是许多形状不一、直径互异、彼此连通的毛细管，如图 1-14 所示。按物理学概念，在毛细管周壁，水膜与空气的分界处存在着表面张力 T。水膜表面张力 T 的作用方向与毛细管壁成夹角 α。由于表面张力的作用，毛细管内水被提升到自由水面以上高度 h_c 处。分析高度为 h_c 的水柱的静力平衡条件，因为毛细管内水面处即为大气压，若以大气压力为基准，则该处压力 $P_a=0$。故

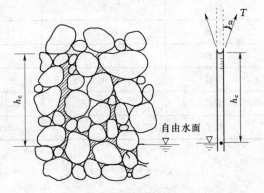

图 1-14 土中的毛细升高

$$\pi r^2 h_c \gamma_w = 2\pi r T \cos\alpha \qquad (1-6)$$

$$h_c = \frac{2T\cos\alpha}{r\gamma_w} = \frac{4T\cos\alpha}{d\gamma_w} \qquad (1-7)$$

式 (1-7) 表明，毛细水上升高度 h_c 与毛细管直径 d（半径 r）成反比，毛细管直径 d 越细时毛细水上升高度越大。如假定黏土颗粒为直径等于 0.0005mm 的圆球，那么这种假想土堆置起来的孔隙直径为 0.00001cm，表面张力 T 取 75.6×10^{-3}（N/m）（温度 0℃），代入式 (1-7) 中将得到毛细水上升高度 $h_c=300$m，这在实际土层中是根本不可能的。特别是黏性土，由于土中水受土颗粒四周电场作用力所吸引，颗粒与水之间积极的物理化学作用，使得天然土层中的毛细现象比毛细管的情况要复杂得多。毛细水上升高度不能简单地由式 (1-7) 计算，而是通过实地调查、观测得到。对于无黏性土，也可根据当地经验、规范或文献中推荐的经验公式估算或经验表格查取。无黏性土毛细水上升高度的大致范围见表 1-9。由表 1-9 可见，砾类（除粉砾外的）与粗砂，毛细水上升高度很小，而粉细砂和粉土（包括粉质黏土），则毛细水高度大，而且上升速度也快，即毛细现象严重；反而黏性土，由于结合水膜的存在，将减小土中孔隙的有效直径，使毛细水在上升时受到很大阻力，故上升速度慢，上升高度也受到影响。

由图 1-15，若弯液面处毛细水的压力为 u_c，分析该处水膜受力的平衡条件。取铅直方向力的总和为 0，则有

$$2T\pi r\cos\alpha + u_c\pi r^2 = 0 \qquad (1-8)$$

若取 $\alpha=0$（即认为是完全湿润的），由式 (1-7) 可知，$T=\dfrac{h_c r\gamma_w}{2}$，代入式 (1-8) 得

$$u_c = \frac{-2T}{r} = -h_c\gamma_w \qquad (1-9)$$

第1章　土的物理性质与工程分类

表1-9　　　　　　　　　　　　土中的毛细水上升高度

土　名　称	颗粒直径 d_{10}(mm)	孔　隙　比	毛细水头（cm）	
			毛细升高	饱和毛细水头
粗砾	0.820	0.27	5.4	6
砂砾	0.200	0.45	28.4	20
细砾	0.300	0.29	19.5	20
粉砾	0.060	0.45	106.0	68
粗砂	0.110	0.27	82.0	60
中砂	0.030	0.36	165.5	112
细砂	0.020	0.48～0.66	239.6	120
粉土	0.006	0.95～0.93	359.2	180

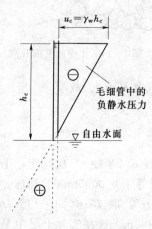

图1-15　毛细水中的张力分布示意图

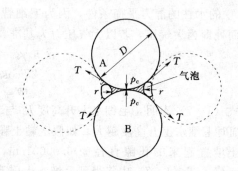

图1-16　毛细压力示意图

式（1-9）表明，毛细区域内的水压力与一般静水压力的概念相同，它与水头高度 h_c 成正比，负号表示拉力。这样，自由水位上下的水压力分别如图1-15所示。自由水位以下为压力，自由水位以上，毛细区域为拉力。颗粒骨架承受水的反作用力，因此自由水位以上，毛细区域内，颗粒间受压力，成为毛细压力。毛细压力呈倒三角形分布。弯液面处最大，自由水面处为0。

毛细压力还可用图1-16来说明。图中两个土粒A、B的接触面上有一些毛细水，由于土粒表面的湿润作用，使毛细水形成弯液面。在水和空气分界面上产生的表面张力总是沿着弯液面切线方向作用的，它促进两个土颗粒相互靠拢，在土粒的接触面上产生了一个压力，这个压力称为毛细压力 p_c，也称为毛细黏聚力。它随含水量的变化时有时无。如干燥的砂土是松散的，颗粒间没有黏结力；而在潮湿砂中有时可挖成直立的坑壁，短期内不会坍塌，但当砂土被水淹没时，表面张力消失，坑壁会倒塌。这就是毛细黏聚力的生成与消失所造成的现象。了解了毛细压力的特征后，在工程中可解决一些实际问题。而毛细现象，是引起路基冻害、建筑物地下室过分潮湿的主要原因之一，在工程中要引起高度

24

重视。

2. 土的冻胀

气温降到零度以下时，地面下水分开始结冰。土冻结后体积常有不同程度的膨胀，称为冻胀。较强的冻胀会使地面明显隆起，到春夏天暖时地面冻结部分融化，使土层变得稀软，产生地基沉陷，也称为融陷现象。冻胀和融陷是不均匀的，故可能造成建筑物、路基等的严重破坏。

(1) 冻胀的原因和冻胀力。土的冻胀性指标一般采用冻胀系数（或称冻胀率）。其定义是土层的冻胀量与土层冻结深度的百分比。粗粒土的冻结基本上是自由水的冻结，冻结区的水分不会增加，甚至会因透水性较强而被体积在增加的冰晶挤离冻结边界。故土的冻胀系数很小，一般不超过 1%。细粒土的冻结则不只是孔隙中原有水的冻结，严重的是冻结过程中发生未冻区水分向冻结区迁移的现象。对此，百余年前国外已有资料介绍，在土冻结期间一个月内土层土壤中水的含量可增加近五倍。对土冻结时水分迁移现象的解释是多种多样的，一般认为主要是黏粒表面静电引力差引起的。

当近地面的土层温度降到零度以下时，土中自由水首先冻结成冰，随着温度的继续降低，黏粒表面最外层的弱结合水也开始冻结。细粒土的透水性较低，水分因冻结而体积膨胀时不易把下面的水挤开，故主要是由地面发展。同时，因部分结合水冻结而使水膜减薄，黏粒表面的电荷就没有全部被平衡，因而对它下面相邻黏粒表面上的结合水产生了吸附引力。此引力随着结合水更多地冻结而增大，于是就发生未冻区黏粒面上被吸附不牢固的弱结合水向冻结区迁移的现象，如图 1-17 所示。

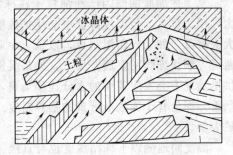

图 1-17 冻结时的水分迁移

迁移到冻结区的弱结合水在一定负温下也会冻结成水则引起水分迁移的因素继续产生影响。如果冻结区下面有充足的水源（如地下水）和能向上及时输送水分的毛细通道，则水分迁移将是连续的，因而冻结区中水分冻结形成的冰晶体就可能大量增加。由于土层是不均匀的，严重的冻胀会使冰晶体发展成大冰凌体或冰夹层。

因此，冻胀主要是近地面处于土中水分的积聚增加和冻结的结果。冻胀时土内会产生很大内应力，称为冻胀力。据有的资料介绍，在饱和黏性土中，建筑物基础侧面受到的切向（平行于基础侧面方向）冻胀力最大可达 392kPa。而在土层为可塑状态季节性冻结土中，现场实测到的接触地面受到的法向冻胀力可达 4.6MPa。实际上基底法向冻胀力同基础被冻起的高度有关，如在室内模拟试验中限制几乎被冻起高为冻结深度的 1%～2% 时，测得最大基底法向冻胀力为 5.8MPa，它将远大于一般建筑物可能有的自重压力。因此设计建筑物时，对基础地面的埋深有相应的要求。

(2) 冻胀的主要影响因素。

1) 粒径组成及矿物成分的影响。根据上述冰晶体的形成和扩大的原因，可能使冻胀比较严重的粒径大小和矿物成分首先是含有一定数量的亲水性矿物黏粒，它能吸附较多的结合水，具备大量结合水迁移和聚集的条件。但如黏粒含量太多，以致孔隙中全是结合水，则水分的继续供应全靠结合水的移动，速度很慢，距离稍远即供应不上，冻胀系数就大大减少。如土中还有相当数量粉粒，以提供毛细水通道，则因供水速度较快，上升高度较大，可能形成较充分的水源补给条件。故冻胀系数随粒径小于 0.05mm 的含量增加而增加，含量小于 15% 时不会有明显冻胀。细砂以上的粗粒土，冻胀系数很小。

2）水源的影响。冻胀的水源包括本身的水源和外来水源。本身水源是指土中水的天然含量。显然，天然含水量大的粉土和黏性土，其冻胀和融化沉陷也会大，即冻结时水分迁移明显，土中有较多冰夹层，地表有明显隆起，融化时土结构被破坏，下陷明显。如土的天然含水量较小，则冻胀系数也较小，含水量接近塑限时，土中水分都是受静电引力较大的结合水，土几乎没有冻胀。

外来水源主要由地下水补给。如地下水位离当地冻结深度不超过 1.5m（粉砂）至 2.0m（黏性土）时，就具备了较好的水源条件。

3）温度的影响。据资料介绍，几种塑性指数不同的黏性土中，在不同的负温下都仍有部分未冻结水，例如，在 -0.3℃ 时，未冻结水含量约为 6%～35%；在 -10℃ 时，约为 4%～16%；在 -30℃ 时，约为 4%～13%。塑性指数越大，未冻结水含量越高。所以在已冻的黏性土中，如含水量较大，仍会有结合水的迁移和冻胀的增长。

从上述冻胀的原因已知细粒土在冻结时会产生使结合水向冻结区迁移的引力，温差大，引力也大。但温度降低也会使扩散层水分子的活动能力降低，因而也使水的迁移速度大大降低，如大气负温很低，以致土中弱结合水和毛细水迅速被冻结，则冰晶会堵塞供水通道，制止冻胀的发展。反之，如是缓慢降温，且负温不是很低，持续期长，则在有水源供给情况下会发生连续的水分迁移集聚，冻胀就会很严重。因此，不是温度越低，冻胀越严重，而是有个冻胀最严重的临界温度。根据经验，一般是 -8℃～-10℃ 时冻胀力达到最大值。

温度同地面以下冻结深度也有直接关系，温度越低，冻结深度一般就越大。在冻结深度范围内，冻胀程度是自上而下递减的。一般要求建筑物基础底面在冻胀以上冻结深度以下。

3. 冻胀的分类

根据严寒地区调查资料，不少建筑物破坏是因冻胀作用造成的，故对地基土进行冻胀性分类时以冻胀系数 η（%）为直接控制指标，将其划分为：不冻胀土（$\eta < 0.5\%$）、弱冻胀土（$\eta = 0.5\% \sim 2.5\%$）、冻胀土（$\eta = 2.5\% \sim 5.0\%$）和强冻胀土（$\eta > 5.0\%$）。为了现场应用方便起见，有关设计规范制订了地基土冻胀分类表，主要考虑了土的颗粒组成、天然含水量及稠度、地下水低于冻深的最下距离等因素。

1.3.2.4　重力水

重力水是在重力或压力差作用下运动的普通水，存在于土粒间较大孔隙中。重力水对水中土粒有浮力作用，可传递静水压力。振动时可能引起砂土的液化。运动的水可带走土中的细粒或使土处于失重状态而丧失稳定。重力水还能溶蚀或析出土中的水溶盐，改变土的工程性质。

1.3.3　土中的气体（气相）

土中气体主要是空气和水气，土中气体的存在形式主要有两种。

1. 自由气体

在粗颗粒土的孔隙中，存在有在颗粒间相互贯通，并与大气直接连通的空气，称为自由气体。该部分气体在土层受到外部压力后，土体发生压缩时逸出，它对土的性质影响不大。

2. 封闭气泡

在细粒土中，存在与大气隔绝的密闭型气体，称为封闭气泡。封闭气泡在土层受到外部荷载作用时不能逸出，而是被压缩。当土中封闭气泡较多时，将增加土的弹性，它能阻塞土内的渗流通道使土的渗透性减小，并能延长土体受力后变形达到稳定的时间。

此外，对于淤泥和泥炭等有机质土，由于微生物的分解作用，在土中蓄积了某种可燃气体（如硫化氢、甲烷等），使土层在自重作用下长期得不到压密，而形成高压缩性土层。

1.4 土 的 结 构 与 构 造

1.4.1 土的结构

土的结构是反映土的三相组成之间相互作用、相互关联的堆积方式。它综合地反映了土体的物理性质和状态对其力学性质的决定性作用。

从工程性质考虑，土的结构主要包括土粒的外表特征及粒径组成、土粒的排列和土粒间的联结三个方面。这三个方面相互关联，构成了土的总的结构特征和性状。

1. 单粒结构

单粒结构是砂、砾等粗粒土在沉积过程中形成的代表性结构。这是由于砂、砾的颗粒较粗大，其比表面积小，在沉积过程中粒间力的影响与其重力相比可以忽略不计，即土粒在沉积过程中主要受重力控制。当土粒在重力作用下下沉时，一旦与已沉稳的土粒相接触，就滚落到平衡位置形成单粒结构。这种结构的特征是土粒之间以点与点的接触为主。根据其排列情况，又可分为紧密和疏松两种情况，如图 1-18 所示。一般来说，单粒结构比较稳定，孔隙所占的比例较小。但是对于疏松情况下的砂土，

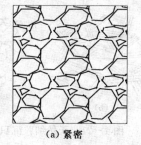
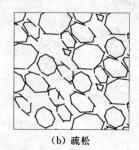

(a) 紧密　　　　　　　　　(b) 疏松

图 1-18　土的单粒结构

特别是饱和的粉细砂，当受到地震等动力荷载作用时，极易产生液化而丧失其承载能力，必须引起重视。

2. 蜂窝状结构

蜂窝状结构形式主要存在于细颗粒所形成的土中，细小颗粒在下沉过程中接触到已下沉的土颗粒，由于颗粒间存在着分子引力，当这种引力大于下沉土颗粒本身重力时，该土颗粒就停留在粒间接触点处，不再下沉，如此形成孔隙较大的蜂窝状结构，如图 1-19 所示的蜂窝状结构较不稳定，在外力作用下会产生较大的变形。

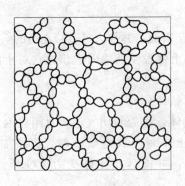

图 1-19　土的蜂窝状结构　　　　　　　　图 1-20　土的絮状结构

3. 絮状结构

又称絮凝结构，由于极细小的土颗粒在水中常处于悬浮状态，当悬浮液的介质发生变化，如细小颗粒被带到电解质较大的海水中，土粒在水中作杂乱无章的运动时一旦接触，粒间力表现为净引力，彼此容易结合在一起逐渐形成小链环状的土粒集合体，使质量增大而下沉。当一个小链环碰到另一个小链环时相互吸引，不断扩大形成大链环，称为絮状结构。由于土粒的角、边常带正电荷，面带负电荷。角、边与面接触时净引力最大，因此絮状结构的特征是土粒之间以角、边与面的接触或边与边的搭接形式为主，如图 1-20 所示。

这种结构的土粒呈任意排列，具有较大的孔隙，因此其强度低，压缩性高，对扰动比较敏感。但土粒间的联结强度会由于压密和胶结作用而逐渐得到增强。

天然沉积土的结构极为复杂。通常土粒总是成团存在，称为粒团。粒团及土粒的排列，既有粒团内土粒的任意或定向排列，又有粒团之间的任意或定向排列，如图 1-21 所示。

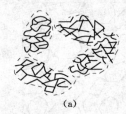　　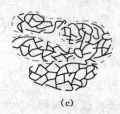　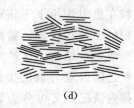

（a）　　　　　　　（b）　　　　　　　（c）　　　　　　　（d）

图 1-21　天然细粒沉积土的结构

当粒团及粒团内的土粒都任意排列时，则土体是完全各向同性的，如图 1-21 （a）；当粒团任意排列，而粒团内的土粒是定向排列时，则土体在主体上是各向同性的，如图 1-21 （b）；当粒团是定向排列，而粒团内的土粒是任意排列时，则土体在主体上是各向异性的，如图 1-21 （c）；当粒团及粒团内的土粒都定向排列时，则土体是完全是各向异性的，如图 1-21 （d）。

1.4.2　黏性土的灵敏度和触变性

天然状态下的黏性土，由于地质历史作用常具有一定的结构性。当土体受到外力扰动作用，其结构遭受破坏时，土的强度降低，压缩性增高。某些在含水量不变的条件下使其

原有结构受彻底扰动的黏土，称为重塑土。工程上常用灵敏度 S_t 来衡量黏性土结构性对强度的影响，即

$$S_t = \frac{q_u}{q_u'} \qquad\qquad (1-10)$$

式中　q_u、q_u'——原状土、重塑土试样的无侧限抗压强度。

根据灵敏度可将饱和黏性土分为：低灵敏性土（$1.0 < S_t \leqslant 2.0$）、一般（中等）灵敏性土（$2.0 < S_t \leqslant 4.0$）、灵敏性土（$4.0 < S_t \leqslant 8.0$）、高灵敏性土（$8.0 < S_t \leqslant 16.0$）、超灵敏性土或流动性黏土（$S_t > 16.0$）。国外最有名的高灵敏度黏性土是挪威的某些黏性土，其中海相晚期冰川黏土的灵敏度高达 1000。

但上述划分灵敏度的等级还不能包括所有地区土的结构特性。如成都黏土坚硬致密，但节理裂隙发育和软弱结构面较多，被扰动后的强度反而明显高于原状土强度，即 $S_t < 1$。

与结构性相反的是土的触变性。饱和黏性土受到扰动后，结构产生破坏，土的强度降低。但当扰动停止后，土的强度随时间又会逐渐增长，这是土体中土颗粒、离子和水分子体系随时间而逐渐趋于新的平衡状态的缘故。也可以说土的结构逐步恢复而导致强度的恢复。黏性土结构遭到破坏，强度降低，但随时间发展土体强度恢复的胶体化学性质称为土的触变性。例如，打桩时会使周围土体的结构扰动，使黏性土的强度降低；而打桩停止后，土的强度会部分恢复。所以打桩时要"一气呵成"，才能进展顺利，提高工效，这就是受土的触变性影响的结果。

1.4.3　土的构造

土的构造是指土体在空间构成上不均匀特征的总和，如不同土层的相互组合以及被节理、裂隙等切割后所形成土块在空间上的排列、组合方式。土的构造是在土的生成过程和各种地质因素作用下形成的，所以不同土类和成因类型，其构造特征是不一样的。

碎石土常呈块状构造、假斑状构造，粗碎屑（颗粒）之间有细碎屑或黏性土充填。粗粒含量高时，土的渗透性强，力学强度高，压缩性低。当粗粒由细粒土包围，则其工程特性与细粒土的物质成分、性质、稠度状态有关。

砂类土中常见的有水平层理和交错层理构造，其层理构造如图 1-22 所示。但有时与黏性土互层，构成"千层土"或夹层。黏性土的构造可分为原生构造与次生构造。原生构造是土在沉积过程中形成的，其特征多表现为层

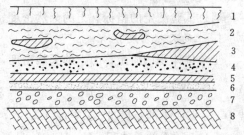

图 1-22　土的层理构造
1—表层土；2—淤泥夹黏土透镜体；3—黏土尖灭层；
4—粗砂土；5—黏土层；6—细砂土；
7—砾石层；8—基岩层

状、片状、条带状等，其工程性质常呈各向异性。如河流三角洲沉积的黏性土中常夹数层含砂夹层或透镜体。滨海或三角洲相静水环境沉积的黏性土常夹数量很多的极薄层（1～2mm）砂，呈"千层饼状"。这类构造常使土呈各向异性，并有利于排水固结。次生构造是土层形成后又经历了不断的改造所形成的构造，如土中因物质成分的不均一性，干燥后出现各种垂直裂隙、网状裂隙等，使土体丧失整体性，强度和稳定性剧烈降低。

总之，在土体的宏观构造中，层理、断层、透镜体和深部裂隙等的存在对工程极为不

利，因为它们的存在导致了土的高压缩性、低强度和高沉降差。因此，在进行地基基础设计及施工时应当引起足够的注意。

1.5　土的三相含量指标

前面已介绍了土的形成及组成等知识，可以定性地了解影响土性质的一些因素。定量描述土的基本物理性质，如软或硬、干或湿、松散或紧密等是本节要讨论的主要内容。土的一些物理性质主要决定于组成土的固体颗粒、孔隙中的水和气体这三相所占的体积和质量（重）量的比例关系，反映这种关系的指标称为土的物理性质指标。土的物理性质指标不仅可以描述土的物理性质和它所处的状态，而且，在一定程度上反映土的力学性质。

土的物理性质指标可分为两类：一类是必须通过试验测定的，如含水量、密度和土粒比重，称为试验指标；另一类是根据直接指标换算的，如孔隙比、孔隙率、饱和度等，称为换算指标。

为便于说明这些物理性质指标的定义和它们之间的换算关系，常用三相含量示意图表示土体内三

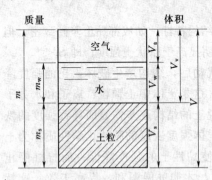

图 1-23　土的三相含量示意图

相的相对含量，如图 1-23 所示。m 表示质量，V 表示体积，下标 s、w、a 及 v 分别表示土粒、水、气体和孔隙，例如，m_s 表示土粒的质量，V_v 表示孔隙的体积等，一般认为，$m_a=0$。

1.5.1　试验指标

通过试验测定的指标有土的天然密度、土粒相对密度与含水量。

1. 土的天然密度 ρ

土单位体积的质量称为土的天然密度，用 ρ 表示，单位为 g/cm³，其表达式为

$$\rho=\frac{m}{V} \tag{1-11}$$

式中　m——土的总质量，$m=m_s+m_w$；

　　　V——土的总体积，$V=V_a+V_w+V_s$。

天然状态下土的密度变化范围较大。一般黏性土为 1.8～2.0g/cm³；砂土为 1.6～2.0g/cm³；腐殖质土为 1.5～1.7g/cm³。

黏性土的密度用"环刀法"测定，用一个环刀（刀刃向下）放在削平的原状土样面上，徐徐削去环刀外围的土，边削边压，使保持天然状态的土样压满环刀内，称出环刀内土样的质量，求得它与环刀容积之比值即为其密度。

砂和砾石等粗颗粒土的密度用灌水法或灌砂法测定，根据试样的最大粒径确定试坑尺寸，称出从试坑中挖出的试样质量，在试坑里铺上塑料薄膜，灌水或砂量测试坑的体积，也即被测土样的体积，最后算出密度。对于容易破裂的土或形状不规则的坚硬土块，可采用蜡封法测其密度，具体操作方法可见相关试验规程。

2. 土粒相对密度 G_s

土粒相对密度 G_s 是土粒与同体积 4℃时纯水之间的质量比或重量比，为无量纲量。其表达式为

$$G_s = \frac{m_s}{V_s} \frac{1}{\rho_{w1}} = \frac{\rho_s}{\rho_{w1}} \qquad (1-12)$$

或

$$G_s = \frac{m_s}{M_w} = \frac{m_s}{V_s \rho_{w1}} \qquad (1-13)$$

式中 ρ_s——土粒的密度，即单位体积土粒的质量（g/cm^3）；

ρ_{w1}——4℃时纯水的密度，$\rho_{w1} = 1g/cm^3$。

土粒相对密度常用比重瓶法测定，事先将比重瓶注满纯水，称瓶加水的质量。然后把若干克烘干土装入该空比重瓶内，再加纯水至满，称出瓶、土、水的质量，按下式计算土粒相对密度为

$$G_s = \frac{m_s}{m_1 + m_s + m_2} \qquad (1-14)$$

式中 m_1——瓶加水的质量，g；

m_2——瓶、土、水的质量，g；

m_s——烘干土的质量，g。

相对密度的大小取决于土粒的矿物成分。天然土含有不同矿物组成的土粒，它们的相对密度一般是不同的。由试验测定的相对密度值代表整个试样内所有土粒的平均值。土粒相对密度多在 2.65～2.75 之间。砂土约为 2.65，黏性土变化范围较大，以 2.65～2.75 最常见。如土中含铁锰矿物较多时，相对密度较大。含有机质较多的土粒相对密度较小，可能会降至 2.4 以下。

3. 含水量 w

土的含水量 w 是土中水的质量与土粒质量之比，以百分数计。也称为土的含水率，表达式为

$$w = \frac{m_w}{m_s} \times 100\% = \frac{m - m_s}{m_s} \times 100\% \qquad (1-15)$$

式中 m_w——土中水的质量，g；

m_s——土颗粒的质量，g。

含水量是标志土的湿度的一个重要物理指标。天然土层的含水量变化范围很大，与土的种类、埋藏条件及所处的自然地理环境有关。一般砂土含水量的范围为 0～40%，干燥粗砂土，其值接近于 0，而饱和砂土，可达 40%；黏性土含水量的范围为 20%～60%，坚硬的黏性土的含水量小于 30%，而饱和状态的软黏性土（如淤泥）含水量可达 60%或更大。黏性土随含水量的大小发生状态变化，含水量越大的土压缩性越高，强度越低。

土的含水量一般用"烘干法"测定。先称出小块原状土样的湿土质量，放入烘干箱内，恒控制温度 105～110℃，恒温 8h 左右，然后秤出烘干之后土的质量，计算出湿、干土质量之差与干土质量的比值，即为土的含水量。

在野外没有烘箱而需要快速测定含水量时，可用酒精燃烧法或红外线烘干法测定。卵石的含水量可用铁锅炒干法测定。

1.5.2 换算指标

1. 孔隙比 e 和孔隙率 n

孔隙比 e 是土中孔隙体积与固体颗粒体积之比，以小数计。表达式为

$$e = \frac{V_v}{V_s} \qquad (1-16)$$

孔隙比是土的一个重要的物理性质指标，它反映天然土层的密实程度，同时又是软黏土分类的指标。

一般土孔隙比的范围为砂土 e 为 $0.5\sim0.8$，黏性土和粉土 e 为 $0.6\sim1.2$，淤泥土 $e \geqslant 1.5$。$e \leqslant 0.6$ 的砂土为密实状态，是良好的地基；$1.0 < e < 1.5$ 的黏性土为软弱淤泥质地基。

孔隙率 n 是土中孔隙体积与土的总体积之比，以百分数计。表达式为

$$n = \frac{V_v}{V} \times 100\% \qquad (1-17)$$

孔隙比反映土中孔隙大小的程度，一般土的孔隙率范围为 $30\% \sim 50\%$。

孔隙比和孔隙率都是用来表示孔隙体积含量的概念。容易证明两者之间具有以下关系：

$$n = \frac{e}{1+e} \times 100\%$$

$$e = \frac{n}{1-n}$$

2. 饱和度 S_r

土的饱和度 S_r 是土孔隙中水的体积与孔隙总体积之比，以百分数计。表达式为

$$S_r = \frac{V_w}{V_v} \times 100\% \qquad (1-18)$$

表 1-10 砂土湿度状态的划分

砂土湿度状态	稍湿	很湿	饱和
饱和度 S_r（%）	$S_r \leqslant 50$	$50 < S_r \leqslant 80$	$S_r > 80$

砂土根据饱和土 S_r 的指标值分为稍湿、很湿和饱和三种湿度状态，其划分标准见表 1-10。显然，干土的饱和度 $S_r = 0$，而完全饱和土的饱和度 $S_r = 100\%$。

3. 土的饱和容重 γ_{sat}、浮容重 γ'、干容重 γ_d

土的饱和容重是指 $S_r = 1$ 的饱和土容重 γ_{sat}。根据定义并按土的三相草图可得

$$\gamma_{sat} = \frac{\gamma_s + e\gamma_w}{1+e}$$

式中 γ_w——水的容重，即单位体积水受到的重力，$\gamma_w = \rho_w g = 1 \times 9.81 = 9.81 \times 10^3 \approx 10kN/m^3$。

土的浮容重 γ' 是浸入水中受到浮力的土的容重。根据其定义可得

$$\gamma' = \gamma_{sat} - \gamma_w = \frac{\gamma_s - \gamma_w}{1+e} \qquad (1-19)$$

土的干容重 γ_d（也有采用干密度 ρ_d 的）是单位体积土中的干土粒重。由土的三相草图得

$$\gamma_d = \frac{W_s}{V} = \frac{\gamma_s}{1+e} = \frac{\gamma}{1+w} \tag{1-20}$$

在工程计算中，应根据具体情况采用不同状态的土的容重。例如，作为天然地基的土在地下水位以上部分应采用原状土的容重，在地下水位以下部分，有的部门常采用浮容重，有的部门则可能还要根据土的透水性和工程特点等因素确定是采用浮容重还是采用饱和容重。

同工程有关的土一般都含有或多或少的水分。但由式（1-20）可知：γ_d 越大 e 越小（γ_s 不变），即土越密实，故堤坝、机场、填土地基等工程常以土压实后的干容重作为保证填土质量的指标。如填筑黏性土路堤，堤面以下 1.2m 内的 γ_d 一般应达到其试验所得最大值的 90%～95%，1.2m 以下要求达到 85%～90%；而在填土地基，则一般应达到94%～97%。

利用三相草图换算指标，就是利用已知的指标，计算出三相草图中的各相数值再根据所求指标的定义直接计算。事实上，由于三相量的指标都是相对的比例关系，不是量的绝对值，因此，为了简化计算，常常可以假设三相中某相的值为 1 个单位，实用上最常用的是假设 $V_s=1$ 或 $V=1$ 进行计算。

在实际生产工作中，常需进行大量的计算，现把上述推导而来的各项指标换算公式列于表 1-11，以备查用。

表 1-11　　　　　　　　　　土的三相比例指标换算公式

名　称	符　号	三相比例表达式	常用换算公式	常见的数值范围
土粒相对密度	G_s	$G_s = \dfrac{m_s}{V_s \rho_{w1}}$	$G_s = \dfrac{S_r e}{w}$	黏性土：2.72～2.76 粉　土：2.70～2.71 砂类土：2.65～2.69
含水量	w	$w = \dfrac{m_w}{m_s} \times 100$	$w = \dfrac{S_r e}{G_s}$ $w = \dfrac{\rho}{\rho_d} - 1$	20%～60%
密度	ρ	$\rho = \dfrac{m}{V}$	$\rho = \rho_d(1+w)$ $\rho = \dfrac{G_s(1+w)}{1+e}\rho_w$	1.6～2.6g/cm³
干密度	ρ_d	$\rho_d = \dfrac{m_s}{V}$	$\rho_d = \dfrac{\rho}{1+w}$ $\rho_d = \dfrac{G_s}{1+e}\rho_w$	1.3～1.8g/cm³
饱和密度	ρ_{sat}	$\rho_{sat} = \dfrac{m_s + V_v\rho_w}{V}$	$\rho_{sat} = \dfrac{G_s + e}{1+e}\rho_w$	1.8～2.3g/cm³
有效密度	ρ'	$\rho' = \dfrac{m_s - V_s\rho_w}{V}$	$\rho' = \rho_{sat} - \rho_w$ $\rho' = \dfrac{d_s - 1}{1+e}\rho_w$	0.8～1.3g/cm³

名　称	符　号	三相比例表达式	常用换算公式	常见的数值范围
容重	γ	$\gamma = \dfrac{m}{V}g = \rho g$	$\gamma = \dfrac{G_s(1+w)}{1+e}\gamma_w$	$16 \sim 20\text{kN/m}^3$
干容重	γ_d	$\gamma_d = \dfrac{m_s}{V}g = \rho_d g$	$\gamma_d = \dfrac{G_s}{1+e}\gamma_w$	$13 \sim 18\text{kN/m}^3$
饱和容重	γ_{sat}	$\gamma_{sat} = \dfrac{m_s + V_s \rho_w}{V}g = \rho_{sat}$	$\gamma_{sat} = \dfrac{G_s + e}{1+e}\gamma_w$	$18 \sim 23\text{kN/m}^3$
浮容重	γ'	$\gamma' = \dfrac{m_s - V_s \rho_w}{V}g = \rho' g$	$\gamma' = \dfrac{G_s - 1}{1+e}\gamma_w$	$8 \sim 13\text{kN/m}^3$
孔隙率	n	$n = \dfrac{V_v}{V} \times 100\%$	$n = \dfrac{e}{1+e}$ $n = 1 - \dfrac{\rho_d}{G_s \rho_w}$	黏性土和粉土: $30\% \sim 60\%$ 砂类土: $25\% \sim 45\%$
饱和度	S_r	$S_r = \dfrac{V_w}{V_v} \times 100\%$	$S_r = \dfrac{wG_s}{e}$ $S_r = \dfrac{w\rho_d}{n\rho_w}$	$0 \sim 100\%$

【例 1-2】　某原状土样，经试验测得天然密度 $\rho = 1.91\text{g/cm}^3$，含水率 $w = 9.5\%$，土粒相对密度 $G_s = 2.70$。试计算：

（1）土的孔隙比 e、饱和度 S_r；

（2）当土中孔隙充满水时土的密度 ρ_{sat} 和含水量 w。

解：（1）绘三相草图。设土的体积 $v = 1.0\text{cm}^3$

根据密度定义，得：$\qquad m = \rho v = 1.91 \times 1.0 = 1.91(\text{g})$

根据含水量定义，得：$\qquad m_w = w \times m_s = 0.095 m_s$

从三相草图有：$\qquad m_w + m_s = m$

因此 $\qquad 0.095 m_s + m_s = 1.91(\text{g})$，$m_s = 1.744(\text{g})$，$m_w = 0.166(\text{g})$

根据土粒相对密度定义，得土粒密度 ρ_s 为：

$$\rho_s = G_s \rho_{w1} = 2.70 \times 1.0 = 2.70(\text{g/cm}^3)$$

土粒体积为：

$$v_s = \frac{m_s}{\rho_s} = \frac{1.744}{2.70} = 0.646(\text{cm}^3)$$

根据孔隙比定义：

$$e = \frac{V_v}{V_s} = \frac{1 - 0.646}{0.646} = 0.548$$

根据饱和度定义，得：

$$S_r = \frac{V_w}{V_v} \times 100\% = \frac{0.166}{0.354} \times 100\% = 46.9\%$$

（2）当土中孔隙充满水时，由饱和密度定义，有：

$$\rho_{sat}=\frac{m_s+V_v\rho_w}{V}=\frac{1.744+0.354\times1.0}{1.0}=2.1(\text{g/cm}^3)$$

由含水率定义，有：

$$w=\frac{V_v\rho_w}{m_s}\times100\%=\frac{0.354\times1.0}{1.744}\times100\%=20.3\%$$

【例 1-3】 已知某原状土的天然容重 $\gamma=17.0\text{kN/m}^3$，土粒密度 $\rho_s=2.72\text{g/cm}^3$，天然孔隙比 $e=0.96$，试问 1.0m^3 土中三相成分体积各占多少？

解： 可以有两种解法。第一种方法是直接采用表 1-11 中的换算公式计算；第二种方法是利用试验指标按三相草图分别计算。

方法一：

设 $V=1.0\text{m}^3$ 土中，土粒、水、气体的体积分别为 V_s、V_w、V_a，孔隙体积为 V_v。则有：

$$V_w+V_a=V_v,V_s+V_v=V=1.0(\text{m}^3)$$

由 $e=\dfrac{V_v}{V_s}$ 得：

$$(1+e)\,V_s=V=1$$

$$V_s=1/(1+e)=0.51(\text{m}^3)$$

所以

$$V_v=V-V_s=1-0.51=0.49\ (\text{m}^3)$$

含水量为：

$$w=\frac{\gamma(1+e)}{\gamma_s}\times100\%-1=\frac{17\times(1+0.96)}{27.2}\times100\%-1=22.5\%$$

饱和度为：

$$S_r=\frac{w\gamma_s}{e\gamma_w}\times100\%=\frac{0.225\times27.2}{0.96\times10}\times100\%=63.75\%$$

因

$$S_r=\frac{V_w}{V_v}\times100\%=63.75\%$$

故

$$V_w=S_rV_v=0.6375\times0.49=0.31(\text{m}^3)$$

$$V_a=V_v-V_w=0.49-0.31=0.18(\text{m}^3)$$

方法二：

设 $V=1.0\text{m}^3$ 土中，土粒、水、气体的体积分别为 V_s、V_w、V_a，孔隙体积为 V_v。则有：

$$V_w+V_a=V_v,V_s+V_v=V=1.0(\text{m}^3)$$

由 $e=\dfrac{V_v}{V_s}$ 得：

$$(1+e)V_s=V=1$$

$$V_s=1/(1+e)=0.51(\text{m}^3)$$

土粒质量：

$$m_s=\rho_s v_s=2.72\times10^6\times0.51=1.3872\times10^6(\text{g})$$

土的质量：

$$m=\rho v=1.7\times10^6\times1=1.7\times10^6(\text{g})$$

水的质量：

$$m_w=m-m_s=(1.7-1.3872)\times10^6=0.3128\times10^6(\text{g})$$

水的体积：

$$V_w=\frac{m_w}{\rho_w}=0.3128(\text{m}^3)$$

气体体积：

$$V_a=V_v-V_w=0.49-0.3128=0.1772(\text{m}^3)$$

1.6 土的物理状态及有关指标

1.6.1 无黏性土的密实程度

1. 用天然孔隙比作为划分密实度的标准

对于同一种无黏性土，当其孔隙比小于某一限度时，处于密实状态，随着孔隙比的增大，则处于中密、稍密直到松散状态。《建筑地基基础设计规范》（GB 50007—2002）以孔隙比作为砂土的密实程度的判别的一种方法，划分标准见表1-12，《岩土工程勘察规范》（GB 50021—2001）以孔隙比作为粉土密实度的分类标准，见表1-13。显然，这种方法用起来比较简便，但却存在明显的缺陷。事实上，无黏性土的孔隙比受土颗粒的大小、形状以及粒径级配等因素的影响，仅用孔隙比的大小来判断两种不同的土孰松孰密，有时是不准确的。因为一种粒径级配均匀的土处于密实状态，它的孔隙比可能大于另一种粒径级配良好土的松散的孔隙比。此外，现场采取原状不扰动的土样较困难，尤其是位于地下水位以下或较深的砂层更是如此。为了弥补上述不足，国内外通常采用相对密实度评价无黏性土的密实程度。

表1-12　　　　**孔隙比 e 对砂土的密实度的划分标准　（GB 50007—2002）**

土的名称	密实	中密	稍密	松散
砾砂、粗砂、中砂	$e<0.60$	$0.60\leqslant e\leqslant 0.75$	$0.75<e\leqslant 0.85$	$e>0.85$
细砂、粉砂	$e<0.70$	$0.70\leqslant e\leqslant 0.85$	$0.85<e\leqslant 0.95$	$e>0.95$

表1-13　　　　**孔隙比 e 对粉土的密实度的划分标准　（GB 50021—2001）**

孔隙比 e	密实度	孔隙比 e	密实度
$e<0.75$	密实	$e>0.90$	稍密
稍密	$0.70\leqslant e\leqslant 0.90$	中密	

2. 用相对密实度 D_r 作为密实度划分标准

无黏性土的最大孔隙比 e_{max} 与天然孔隙比 e 之差和最大孔隙比 e_{max} 与最小孔隙比 e_{min} 之差的比值，称为相对密实度，以 D_r 表示。表达式为

$$D_r = \frac{e_{max}-e}{e_{max}-e_{min}} \tag{1-21}$$

式中　e——无黏性土的天然状态孔隙比；

e_{max}——该无黏性土的最疏松状态孔隙比，可取风干砂样，通过长颈漏斗轻轻的倒入容器来确定；

e_{min}——该无黏性土的最密实状态孔隙比，可将风干砂样分批装入容器，采用振动或锤击夯实的方法增加砂样的密实度，直至密度不变时确定其最小孔隙比。

从式（1-21）可知，若无黏性土的天然孔隙比 e 接近于 e_{min}，即相对密实度 D_r 接近于1时土呈密实状态；当 e 接近于 e_{max} 时，即相对密实度 D_r 接近于0，则呈现三种密实度，其划分如下：

当 $0<D_r\leqslant1/3$，属疏松；

当 $1/3<D_r\leqslant2/3$，属中密；

当 $2/3<D_r\leqslant1$，属密实。

我国一些地区砂土的最大孔隙比和最小孔隙比的实测资料见表 1-14，从表 1-14 中可以看出颗粒的大小和级配对砂土的这两个指标的影响，随着粒度的增大，最大孔隙比和最小孔隙比都相应的减少；级配良好的砂土与级配均匀的相比，最大孔隙比增大，最小孔隙比减小。显然，从理论上采用这种方法作为判断砂土密实度的标准是较为完善的。但是，在实际应用中，由于现场采取原状土样较为困难，不易测定，对同一种砂由不同的人做试验可能测得不同的结果，甚至，同一个人重复做试验也会有不同的结果，这就影响相对密实度的准确性。因此，在实际应用中，这一判别方法多用于填方工程的质量控制；若是判断原状土的密实度，还要进行现场勘察。

表 1-14 砂土最大孔隙比和最小孔隙比资料

土　类	地区	最大孔隙比	最小孔隙比	土　类		地区	最大孔隙比	最小孔隙比
粉砂	黑龙江	1.21	0.62	中砂	（级配均匀）	四川德阳	1.05	0.67
细砂		1.08	0.59		（级配良好）		1.14	0.51
中砂		1.01	0.55	粗砂	（级配均匀）		0.89	0.56
粗砂		0.98	0.52		（级配良好）		1.04	0.48
砾砂		0.98	0.48	砾砂	（级配均匀）		0.64	0.40
					（级配良好）		0.74	0.38

相对密实度的概念比较合理。但测定 e_{max} 和 e_{min} 的方法不够完善，且砂土的原状土不易取得，尤其是在地下水位以下的砂土，故天然孔隙比也难确定准确。这是相对密实度试验不足之处。

采用标准贯入试验可以避免上述缺点。试验方法的要点是用质量 63.5kg 的穿心锤，以 760mm 的落距，把一个特制的对开式标准贯入器（图 1-24）按一定的要求打入土中，记录每打下 300mm 所需的锤击数，即 $N_{63.5}$ 或 N 值。根据实测平均的 $N_{63.5}$ 值即可划分砂土的密实程度，见表 1-15。

但标准贯入试验的结果也受到很多因素的影响。较长的触探杆受锤击时的弹性变形会损耗锤击功能，减少每次锤击的贯入深度，使锤击次数增加，因此实测 $N_{63.5}$ 值应乘以杆长修正系数 a。在有的规范附录中提供了杆长为 3～21m 时的 a 值。但国内外对修正系数的分析和建议还有较大差异。此外，还有地下水、上覆土重、贯入器和探杆受到的侧向摩擦以及贯入设备和试验钻进方法等，都可能对锤击数有影响。

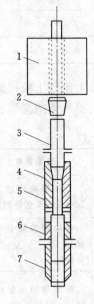

图 1-24　标准贯入试验设备
1—穿心锤；2—锤垫；3—触探杆；
4—贯入器头；5—出水孔；6—
由两半圆形管并合而成贯
入器身；7—贯入器靴

表 1-15 砂土按标准贯入击数 $N_{63.5}$ 划分密实（程）度

岩土工程勘察规范 （GB 50021—2001）		铁路桥涵地基和基础设计规范 （TB 10002.5—2005）		
密实度	N	密实度	$N_{63.5}$	
密实	>30	密实	$30\sim50$	
中密	$15<N\leqslant30$	中密	$10\sim29$	
稍密	$10<N\leqslant15$	松散	稍松	$5\sim9$
松散	$\leqslant10$		极松	<5

《岩土工程勘察规范》（GB 50021—2001）规定碎石土的密实度可根据重型动力触探锤击数按表 1-16 或表 1-17 确定，表中的 $N_{63.5}$ 和 N_{120} 应按触探杆长进行修正。

表 1-16 碎石土的密实度按重型动力触探锤击数 $N_{63.5}$ 分类（GB 50021—2001）

重型动力触探锤击数 $N_{63.5}$	密 实 度	重型动力触探锤击数 $N_{63.5}$	密 实 度
$N_{63.5}\leqslant5$	松散	$10<N_{63.5}\leqslant20$	中密
$5<N_{63.5}\leqslant10$	稍密	$N_{63.5}>20$	密实

表 1-17 碎石土的密实度按重型动力触探锤击数 N_{120} 分类（GB 50021—2001）

重型动力触探锤击数 N_{120}	密 实 度	重型动力触探锤击数 N_{120}	密 实 度
$N_{120}\leqslant3$	松散	$11<N_{120}\leqslant14$	密实
$3<N_{120}\leqslant6$	稍密	$N_{120}>14$	极密
$6<N_{120}\leqslant11$	中密		

碎石土比砂土粒径更大的粗粒土，既难取原状土样，又不易打下标准贯入器，故一般在现场根据具体情况综合评定其密实程度，见表 1-18。

表 1-18 碎石密实度野外鉴别方法

密实度	骨架颗粒含量和排列	可 挖 性	可 钻 性
密实	骨架颗粒质量大于总质量的70%，呈交错排列，连续接触	锹镐挖掘困难，用撬棍方能松动，井壁一般较稳定	钻进极困难，冲击钻探时钻杆、吊锤跳动剧烈，孔壁较稳定
中密	骨架颗粒质量等于总质量的60%～70%，呈交错排列，大部分接触	锹镐可挖掘，井壁有掉块现象，从井壁取出大颗粒处，能保持颗粒凹面形状	钻进较困难，冲击钻探时钻杆、吊锤跳动不剧烈，孔壁有坍塌现象
稍密	骨架颗粒质量小于总质量的60%，排列混乱，大部分不接触	锹可以挖掘，井壁易坍塌，从井壁取出大颗粒后，砂性土立即坍塌	钻进较容易，冲击钻探时，钻杆稍有跳动，孔壁易坍塌

1.6.2 黏性土的物理状态

黏性土的矿物含量高、颗粒细小，颗粒表面存在结合水膜，并且结合水膜厚度随土中含水量的变化而改变。因而反映黏性土的物理状态指标不是密实度，而是软硬程度（或称稠度）。

黏性土根据其含水量的大小可以处于不同的状态。当黏性土含水量很大时，如刚沉积的黏土像液体泥浆那样，不能保持其形状，极易流动，称其处于流动状态。随着黏土含水量逐渐减少，泥浆变稠，体积收缩，其流动能力减弱，逐渐进入可塑状态。这时土在外力作用下将改变形状但不显著改变其体积也不开裂，外力卸除后仍能保持已有的形状，黏性土的这种性质称为可塑性。当含水量继续减小时，黏性土将丧失其可塑性，在外力作用下不产生较大的变形而容易破裂，土进入半固体状态。若使黏性土的含水量进一步减少，它的体积也不再收缩，这时，空气进入土体，使土的颜色变淡，土就进入了固体状态。土从流动状态逐渐进入到可塑、半固体、固体状态的过程示意如图1-25所示。

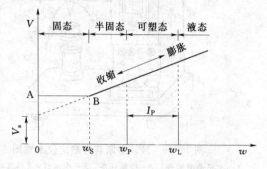

图1-25 黏性土的状态转变过程

1. 黏性土的界限含水量及测定

黏性土从一种状态过渡到另一种状态，可用某一界限含水量来区分，这种界限含水量称为阿太堡（Atterberg）界限或稠度界限。工程上常用的界限有以下三种。

（1）液限（w_L）——从流动状态转变为可塑状态的界限含水量，也就有可塑状态的上限含水量。

（2）塑限（w_P）——从可塑状态转变为半固体状态的界限含水量，也就是可塑状态的下限含水量。

（3）缩限（w_S）——从半固体状态转变为固体状态的界限含水量，亦即黏性土随着含水量的减小而体积开始不变时的含水量。

必须指出，黏性土从一种状态转变为另一种状态时是逐渐过渡的，并无明确的界限。目前工程上只有根据某些通用的试验方法测定这些界限含水量。

2. 液、塑限的测定

测定塑限的方法有搓滚法和液、塑限联合测定法。搓滚法是将土先调匀成硬塑状态，然后在毛玻璃板上用手掌搓滚成细条，当土条搓成直径正好为3mm时产生横向裂缝并开始断裂，此时土条的含水量就是塑限。液、塑限联合测定法试验取代表性试样，加不同数量的纯水，调制成三种不同稠度的试样，用电磁落锥法（图1-26）分别测定圆锥在自重下经5s后沉入试样的深度。以含水量为横坐标，圆锥入土深度为纵坐标，在双对数坐标纸上绘制关系曲线，三点应在一直线上，如图1-27所示，入土深度为2mm所对应的含水量为塑限，取值以百分数表示，准确至0.1%。

测定液限的方法有液、塑限联合测定法和碟式仪法。液塑限联合测定法的试验方法同前述，一般规定在含水量与圆锥下沉深度的关系曲线上入土深度恰好为10mm所对应的含水量为10mm液限，如图1-27所示。如果入土深度恰好为17mm，则所对应的含水量为17mm液限。另外，液限的测定国外多用碟式仪，把调制均匀的湿土样平铺在铜碟前半

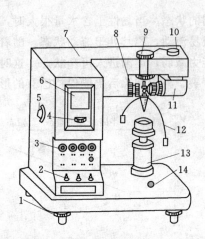

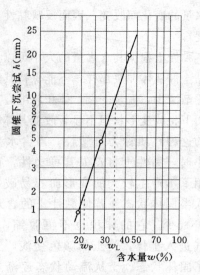

图 1-26　液、塑限联合测定仪示意图

1—水平调节螺丝；2—控制开关；3—指示灯；4—零线调节
螺丝；5—反光镜调节螺丝；6—屏幕；7—机壳；8—物镜
调节螺丝；9—电磁装置；10—光源调节螺丝；11—光源；
12—圆锥仪；13—升降台；14—水平泡

图 1-27　含水量与圆锥下沉
深度关系曲线

部内，可调土刀将铜碟前沿试样刮成水平，使试样中心厚度为 10mm，用开槽器经蜗形轮的中心沿铜碟直径把碟内试样分成两半，形成 V 形槽，如图 1-28 所示。然后，以每秒两转的速度转动摇柄，使铜碟反复起落，坠击于底座上，直至槽底两边试样的合拢长度为 13mm 时，记录击数，取槽两边的土样测其含水量。将加以不同水量的试样，重复上述步骤测定槽底两边试样合拢长度为 13mm 所需要的击数及相应的含水量，以击次为横坐标，

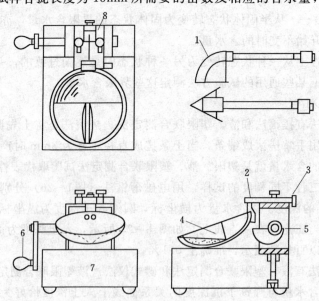

图 1-28　碟式液限仪示意图

1—开槽器；2—销子；3—支架；4—土碟；5—涡轮；6—摇柄；7—底座；8—调整板

含水量为纵坐标，在半对数纸上绘制击次与含水量相关曲线，如图 1－29 所示，取曲线上击次为 25 击所对应的整数含水量即为土的液限。

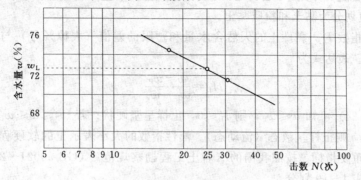

图 1－29　击次与含水量关系曲线

　　还有一种液限测定方法——锥式（瓦氏）液限仪（图 1－30）主要部件为一个质量为 76g 的平衡锥，其锥角为 30°。如平衡锥在重塑黏性土的土面上凭自重下沉，经 5s 后的沉入深正好是 10mm 和 17mm，则此时的土的含水量分别称为 10mm 液限和 17mm 液限。我国较普遍应用的是锥式液限仪和 10mm 液限法。但各国采用的平衡锥及沉入深不都相同。

　　土的缩限用收缩皿法测定，把土料的含水率调制到大于土的液限，然后将试样分层填入收缩皿中，刮平表面，烘干，测出干试样的体积并称量准确至 0.1g 后，按下式计算

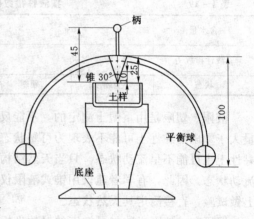

图 1－30　锥式液限仪（单位：mm）

$$w_S = w - \frac{V_1 - V_2}{m_s} \rho_w \times 100 \qquad (1-22)$$

式中　w_S——土的缩限，%；

　　　w——制备时的含水率，%；

　　　V_1——湿试样的体积，即收缩皿的体积，cm^3；

　　　V_2——干试样的体积，cm^3；

其余符号意义同前。

3. 塑性指数和液性指数

（1）塑性指数 I_p。土样的液限和塑限的差值（省去%符号）称为塑性指数。表达式为

$$I_P = w_L - w_P \qquad (1-23)$$

　　塑性指数表示黏性土处于可塑状态的含水率的变化范围。塑性指数越大，说明该状态的含水量变化范围也越大。而含水量主要取决于黏粒含量。黏粒含量越高，则其比表面以及所吸附的结合水含量越高，因而塑性指数就越大。此外，塑性指数还与土粒的矿物成分以及土中水的离子成分及浓度等因素有关，这里不作详述。

41

由于塑性指数在一定程度上综合反映了影响黏性土特征的各种因素，故工程上常按塑性指数对黏性土进行分类。《建筑地基基础设计规范》（GB 50007—2002）规定黏性土按塑性指数 I_P 值划分为黏土和粉质黏土。

（2）液性指数 I_L。黏性土的天然含水量和塑限的差值（去掉％号）与塑性指数之比称为液性指数。表达式为

$$I_L = \frac{w - w_P}{w_L - w_P} \tag{1-24}$$

由式（1-24）可知 $w \leqslant w_P$，则 $I_L \leqslant 0$，土样呈坚硬状；若 $w_P \leqslant w \leqslant w_L$，土样呈塑性状；若 $w \geqslant w_L$，则土样呈液态（流动态）。液性指数的大小表示土的软硬程度，是确定黏性土承载力的重要指标。按照我国的《岩土工程勘察规范》（GB 50021—2001），黏性土稠度状态可按表 1-19 划分。

表 1-19   按液性指数确定黏性土状态

含水量 w		w_P				w_L	
液性指数 I_L		0	0.25	0.5	0.75	1	
状态	坚硬	硬塑		可塑		软塑		流塑

液限、塑限是用重塑土测定的，不能反映黏性土在天然状态时的结构性。故天然含水量大于塑限的黏性土可能不表现为可塑状态，而处于半固体状态；天然含水量大于液限的黏性土也可能不呈流动状态。只当天然结构被破坏后才发生状态突变，表现为可塑状态或流动状态。因此，有学者建议用锥式液限仪在天然结构未被破坏，含水量未改变的原状土上做试验，直接测定其天然状态。

据研究，液限指数与灵敏度的对数坐标大致有线性关系，前述灵敏度高达 1000 的挪威晚期冰川黏土的液性指数达 4.0。液限指数在一定程度上反映了黏性土的结构特征，故可用以评价土的强度和压缩性。

另外，也可以用稠度指数 I_C 来描述黏土和粉土的性态。稠度指数定义为

$$I_C = \frac{w_L - w}{I_P}$$

根据 ISO（国际标准协会）标准，如果 $I_C < 0.05$，土样非常软弱；如果 I_C 在 $0.25\sim0.75$ 之间土样坚硬；如果 I_C 在 $0.75\sim1$ 之间，土样则非常坚硬。

【例 1-4】 室内试验结果给出某地基土样的天然含水率 $w = 19.3\%$，液限 $w_L = 28.3\%$，塑限 $w_P = 16.7\%$。

①计算该土的塑性指数 I_P 及液性指数 I_L；

②确定该土的物理状态。

解：①由式可知塑性指数：$I_P = w_L - w_P = 28.3 - 16.7 = 11.6$

再由式得液性指数：

$$I_L = \frac{w - w_P}{w_L - w_P} = \frac{19.3 - 16.7}{28.3 - 16.7} = 0.224$$

②由表 1-19 可知 $0 < I_L = 0.224 < 0.25$，所以该土处于硬塑状态。

1.7　土 的 压 实 性

工程中广泛用到填土，如路基、堤坝、飞机跑道、平整场地修建建筑物以及开挖基坑后回填土、吹填土等。这些填土都要经过压实，以减少其沉降量，降低其透水性，提高其强度。

实际工程中采用的压实方法很多，但可归纳为碾压、夯实和振动三类。大量工程实践经验表明，对于过湿的黏性土进行碾压或夯实时会出现软弹现象，土体难以压实，对于很干的土进行碾压或夯实也不能把土充分压实；而只有在适当的含水量范围内才能压实。在一定的压实功能下使土最容易压实，并能达到最大密实度时的含水量称为土的最优（或最佳）含水量，用 w_{OP} 表示。相对应的干密度则称为最大干密度，以 ρ_{dmax} 表示。

土的击实是指用重复性的冲击动荷载，将土体中的空气和水挤出使土粒压密的过程。

现以黏性土为例说明土的击实原理。在一定的击实功作用下，当土中含水量很小时，由于土颗粒表面仅存在结合水膜，土粒相互间相对移动需要克服很大的粒间阻力（毛细压力或者结合水的剪切阻力），需要消耗很大的能量，因而土的干密度增加很少。随着含水量的增加，土粒表面水膜逐渐增厚，粒间阻力迅速减小，在外力作用下土粒容易改变相对位置而移动，达到更紧密程度，此时干密度增加。当土中含水量达到某一合适值时，土最易于压密，并能获得最大干密度 ρ_{dmax}，此时土中的含水量称为最优含水量 w_{OP}。

当土中含水率超过最优含水量 w_{OP} 以后，土粒孔隙中几乎充满了水，甚至出现了自由水，在外力作用下，孔隙当中过多的水分不易立即排出，阻止土粒互相靠拢。同时，土中孔隙里剩余不多的气体大多以微小封闭气泡的形式存在，封闭气泡也很难被全部挤出，因而，此时土的干密度反而减小。在排水不畅的情况下，过多次数的反复击实，甚至会导致土体密实度不加大而土体结构破坏的后果。例如，工程上俗称的"橡皮土"即源于此。

土的最优含水量 w_{OP} 可在室内通过击实试验测定。大量试验统计表明，黏性土的最优含水量 w_{OP} 与 w_P 相近，大约为 $w_{OP}=w_P+2$，如图 1-31 所示。土中所含的细粒越多（即黏土矿物越多），则最优含水量越大，最大干密度越小。

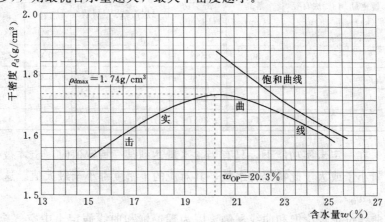

图 1-31　击实曲线

1.7.1　击实试验

室内击实试验是利用击实仪（图1-32）把某一含水率的土料填入击实筒内，用击锤按规定落距对土打击一定的次数，即用一定的击实功击实土，测其含水率和干密度，并进一步确定土的最优含水率 w_{OP} 和最大干密度 ρ_{dmax}。

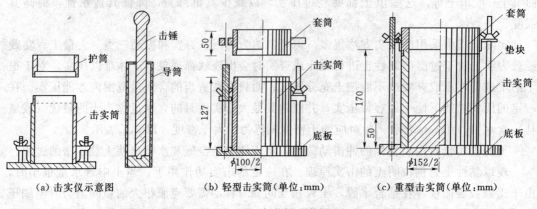

（a）击实仪示意图　　　（b）轻型击实筒（单位：mm）　　　（c）重型击实筒（单位：mm）

图1-32　击实仪示意图

目前我国通用的击实仪分为轻型和重型两种类型，击实仪的规格见表1-20。击实仪的基本部分都是击实筒和击实锤，前者是用来盛装制备土样，后者对土样施以击实功能。击实筒分为轻型击实筒和重型击实筒（图1-32），大击实筒用于测试最大粒径为38mm的土，小击实筒用于测试最大粒径为25mm的土。实验室击实试验的主要步骤为：将某一土样分成6～7份，每份掺不同的水量并拌合入均匀，得到各种不同含水率的土样；每份试样都分3层击实，击锤的高度和夯击的次数保持一样；测出每份土样的含水率和干密度；以含水量为横坐标，干密度为纵坐标，绘制含水率与干密度的关系曲线，即为击实曲线（图1-31）。击实曲线有如下特点。

表1-20　　　　　　　　　　　击实仪的规格

击实仪型号	锤重量（kg）	锤底直径（cm）	落高（cm）	击实功（kJ/m³）	每层击数	层数	击实筒		
							直径（cm）	高度（cm）	容积（cm³）
轻型Ⅰ	2.5	5	30	598	27	3	10.0	12.7	997
轻型Ⅱ	2.5	5	30	598	59	3	15.2	12.0	2177
重型Ⅰ	4.5	5	45	2687	27	3	10.0	12.7	997
重型Ⅱ	4.5	5	45	2687	98	5	15.2	12.0	2177

（1）峰值。在一定击实功能下，只有当含水量达到某一特定值时，土才被击实至最大干密度。含水量小于或大于此特定含水量，其对应的干密度都小于最大值。这一特定含水量称最优含水量 w_{OP}。

（2）击实曲线位于理论饱和曲线左侧。因为理论饱和曲线假定土中空气全部被排出，孔隙完全被水占据，而实际上不可能做到。

（3）击实曲线的形态。击实曲线在最优含水量两侧左陡右缓，且大致与饱和曲线平行，其表明土在较最优含水量偏干状态时，含水量对土的密实度影响更为显著。

实际上，实验室内的击实试验方法很多，现场填土的方式也多种多样，但是最终得到的击实曲线都具有相似的峰值特征。通常击实曲线上的这一峰值，即为最大干密度 ρ_{dmax}，与之相对应的含水量，即为最优含水量 w_{OP}。

1.7.2　影响土击实性的因素

土的击实性除受含水量影响外，还与击实功能、土质情况、所处状态、击实条件以及颗粒级配等有关。

1. 压实功能的影响

压实功能是指压实每单位体积土所消耗的能量，击实试验中的压实功能用下式表示为

$$N=\frac{Wdnm}{V} \tag{1-25}$$

式中　W——击锤质量，kg，在标准击实试验中击锤质量为 2.5kg；

$\quad\quad\ d$——落距，m，击实试验中定为 0.30m；

$\quad\quad\ n$——每层土的击实次数，标准试验为 27 击；

$\quad\quad\ m$——铺土层数，试验中分 3 层；

$\quad\quad\ V$——击实筒的体积，为 $1\times10^{-3}\ m^3$。

同一种土，用不同的功能击实，得到的击实曲线有一定的差异，如图 1-33 所示。可以看出：

（1）土的最大干密度 ρ_{dmax} 和最优含水量 w_{OP} 不是常量。ρ_{dmax} 随击数的增加而逐渐增大，而 w_{OP} 则随击数的增加而逐渐减小。

（2）当含水量较低时，击数的影响较明显；当含水量较高时，含水量与干密度关系曲线趋近于饱和线，也就是说，这时提高击实功能是无效的。

因此，实际施工中应注意控制好压实功与含水量之间的关系，用尽量小的能量达到规定的密实度。

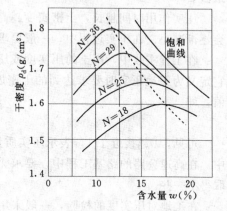

图 1-33　不同压实功能的击实曲线

2. 土质的影响

在一定的击（压）实能量作用下，不同的土质，其压实效果不同，如图 1-34 所示。前面已述在一定的击实功作用下，黏性土达到最优含水量时，最易于密实。黏性土的最优含水量 w_{OP} 与 w_P 相近，为液限的 0.55～0.65 倍，此时土饱和度一般在 80% 左右。

无黏性土情况有些不同。无黏性土的压实性也与含水量有关，不过不存在一个最优含水量。一般在完全干燥或者充分洒水饱和的情况下容易压实到较大的干密度。潮湿状态，由于具有微弱的毛细水连结，土粒间移动所受阻力较大，不易被挤紧压实，干密度不大。试验和实践证明，粗砂在含水量为 4%～5% 时，压实干密度最小，而中砂压实密度最小

时的含水量为 7% 左右，如图 1-35 所示。

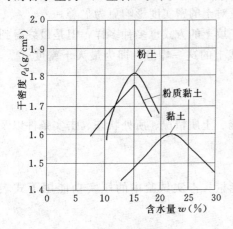

图 1-34　不同土质的击实曲线

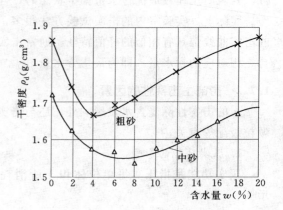

图 1-35　粗料土的击实曲线

3. 颗粒级配的影响

在同类土中，土的颗粒级配对土的压实效果影响很大，颗粒级配不均匀的容易压实，均匀的不易压实。这是因为级配均匀的土中较粗颗粒形成的孔隙很少有细颗粒去充填。

4. 压实工具和压实方法的影响

在实际工程中，通常采用不同的压实机具对土体进行压实。不同的压实工具，其压力作用深度不同，因而压实效果也不同，通常夯击式作用深度大，振动式次之，静力碾压式最浅。

压实作用时间越长，土密实度越高，但随着时间的进一步加长，其密实度的增长幅度会逐渐减小。在压实过程中，一般要求压实机具以较低速度行驶，以保证压实质量。

在工程实践中，用土的压实度或压实系数来直接控制填方质量。压实系数用 λ 表示，它定义为工地压实时要求达到的干密度 ρ_d 与室内击实试验所得到的最大干密度 ρ_{dmax} 之比值，即

$$\lambda = \rho_d / \rho_{dmax}$$

可见，λ 越接近于 1，表示压实质量的要求越高，这应用于主要受力层或者重要工程中。在高速公路的路基工程中，要求 $\lambda > 0.95$，但是对于路基的下层或次要工程，λ 值可取得小一些。

在工地对压实度的检验，一般采用灌砂（水）法、湿度密度仪法或核子密度仪法来测定土的干密度和含水量。

【例 1-5】 某土料场土料为中液限黏质土，天然含水量 $w = 21\%$，土料相对密度 $d_s = 2.72$。室内标准击实试验得到最大干密度 $\rho_{dmax} = 1.86 \text{g/cm}^3$。设计取压实系数 $\lambda = 0.95$，并要求压实后土的饱和度 $S_r \leqslant 0.9$，问土料的天然含水量是否适于填筑？碾压时土料应控制多大的含水量？

解：（1）求压实后土的孔隙比。

填土干密度 $\rho_d = \rho_{dmax} \times \lambda = 1.86 \times 0.95 = 1.77 (\text{g/cm}^3)$

绘三相草图，并设 $V_s = 1$，根据干密度 ρ_d 的定义，由三相草图（图 1-36）求得孔隙

比 e 为

$$\frac{d_s}{1+e}=1.77e=0.537$$

（2）求碾压时的含水量。

根据题意，按饱和度 $S_r=0.9$ 控制含水量，则

$$V_w=S_rV_v=0.9\times0.537=0.48(cm^3)。$$

因此，水的质量为

$$m_w=\rho_w\times V_w=0.48(g)$$

则含水量为

$$w=\frac{m_w}{m_s}\times100\%=\frac{0.48}{2.72}\times100\%=17.6\%<21\%$$

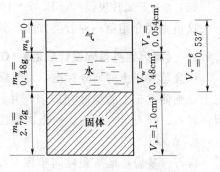

图 1-36 例 1-5 示意图

即碾压时的含水量应控制在 18% 左右。料场含水量高 3% 以上，不适于直接填筑，应进行翻晒处理。

1.8 土（岩）的工程分类

自然界土的成分、结构和性质千变万化，其工程性质也千差万别。为了能大致判别土的工程特性和评价土作为地基或建筑材料的适宜性，有必要对土进行科学的分类。分类体系的建立是将工程性质相近的土归为一类，以便对土作出合理的评价和选择恰当的方法对土的特性进行研究。为了能通用，这种分类体系应当是简明的，而且尽可能直接与土的工程性质相联系。

目前国内外还没有统一的土分类标准，但分类的原则基本一致。关于土的工程分类体系，目前国内外主要有两种。一种是建筑工程系统的分类体系。它侧重于把土作为建筑地基和环境，故以原状土为基本对象，对土的分类除考虑土的组成外，很注重土的天然结构性，即土的粒间联结性质和强度，例如，我国《建筑地基基础设计规范》（GB 50007—2002）和《岩土工程勘察规范》（GB 50021—2001）、美国国家公路协会（AASHTO）分类及英国基础试验规程（CP2004，1972）的分类等。另一种是材料系统的分类体系。它则侧重于把土作为建筑材料，用于路堤、土坝和填土地基等工程，故以扰动土为基本对象，对土的分类以土的组成为主，不考虑土的天然结构性，例如，我国《土的分类标准》（GBJ 145—1990）水电部门分类法、公路路基土分类法和美国试验与材料协会（ASTM）统一分类法体系等。

由于土分类的侧重点不同，对同样的土选用不同的规范分类，定出的名称可能存在差异。在使用规范时必须充分注意这个问题。

目前国内应用于对土进行分类的标准、规程（规范）主要有以下几种。

（1）《建筑地基基础设计规范》（GB 50007—2002）。

（2）《土的工程分类标准》（GB/T 50145—2007）。

（3）《岩土工程勘察规范》（GB 50021—2001）。

（4）《公路土工试验规程》（JTG E40—2007）。

（5）《土工试验规程》（SL237—1999）分类法。

这里主要介绍第一种分类方法，其他可查相应规范或规程。

1.8.1　《建筑地基基础设计规范》（GB 50007—2002）的土（岩）分类系统

该规范关于土的划分标准，对粗颗粒土，主要考虑其结构、强度和颗粒级配；对细颗粒土，则侧重于土的塑性和成因，并且给出了岩石的分类标准。规范把土划分成六种类型：岩石、碎石土、砂土、粉土、黏性土和人工填土。

1. 岩石

岩石（基岩）是指颗粒间牢固联结，形成整体或具有节理、裂隙的岩体。它的分类如下。

（1）按成因不同分为岩浆岩、沉积岩和变质岩。

（2）根据坚硬程度分为坚硬岩、较硬岩、较软岩、软岩和极软岩五种，详见表 1-21。

表 1-21　　　　　　　　　　　岩石按坚硬程度分类

坚 硬 程 度 类	坚硬岩	软硬岩	较软岩	软岩	极软岩
饱和单轴抗压标准值 f_{rk}（kPa）	$f_{rk} > 60$	$60 \geqslant f_{rk} > 30$	$30 \geqslant f_{rk} > 15$	$15 \geqslant f_{rk} > 5$	$f_{rk} \leqslant 5$

（3）根据风化程度分为未风化、微风化、中等风化、强风化和全风化五种。其中微风化或未风化的坚硬岩石，为最优良地基；强风化或全风化的软质岩石，为不良地基。

（4）按完整性分为完整、较完整、较破碎、破碎和极破碎五种，详见表 1-22。

表 1-22　　　　　　　　　　　岩石按完整程度分类

完整程度等级	完整	较完整	较破碎	破碎	极破碎
完整性指数	>0.75	0.75～0.55	0.55～0.35	0.35～0.15	<0.15

注　完整性指数为岩体纵波波速与岩块纵波波速之比的平方。

2. 碎石土

如果土中粒径大于 2mm 的含量超过整个土体总重量的 50%，该土称为碎石土。碎石土是典型的粗粒土，按粒组含量和颗粒形状，碎石土又可以进一步细分，见表 1-23。

表 1-23　　　　　　　　　　　碎石土的分类标准

土 的 名 称	颗 粒 形 状	粒 组 含 量
漂石	圆形及亚圆形为主	大于 200mm 粒径的粒组含量超过整个土体质量的 50%
块石	棱角形为主	
卵石	圆形及亚圆形为主	大于 20mm 粒径的粒组含量超过整个土体含量的 50%
碎石	棱角形为主	
圆砾	圆形及亚圆形为主	大于 2mm 粒径的粒组含量超过整个土体含量的 50%
角砾	棱角形为主	

注　分类是应根据粒组含量由大到小以最先符合者确定。

碎石土根据骨架颗粒含量与排列，可挖性与可钻性，分为密实、中密、稍密三种状态。碎石土的压缩性小、强度高、渗透性大，是良好的地基土。

3. 砂土

粒径变化在 0.075～2mm 之间，大于 0.075mm 的土粒含量超过土体总重量的 50%，该土称为砂土。砂土属于细中粒土，无塑性，由细小岩石及矿物碎片组成。按粒组含量，砂土又可以进一步分为砾砂、粗砂、中砂、细砂和粉砂五类，见表 1-24。

通常砾砂、粗砂和中砂为良好的地基；细砂和粉砂密实状态为良好地基，疏松状态，则不然。另外，饱和疏松的砂土，在受到地震和其他动荷载作用时，易产生液化，在选择地基基础方案时应当注意。

表 1-24 砂土的分类标准

土的名称	粒组含量
砾砂	大于 2mm 的粒径的粒组含量占总质量的 25%～50%
粗砂	大于 0.5mm 的粒径的粒组含量占总质量的 50%
中砂	大于 0.25mm 的粒径的粒组含量占总质量的 50%
细砂	大于 0.075mm 的粒径的粒组含量占总质量的 85%
粉砂	大于 0.075mm 的粒径的粒组含量占总质量的 85%

注 分类是应根据粒组含量由大到小以最先符合者确定。

4. 粉土

粉土是指粒径大于 0.075mm 的土粒含量不超过土体总重量的 50%，且塑性指数不大于 10 的土。粉土是细粒土，其性质介于砂土和黏土之间。无机质粉土亦称"岩粉"。

通常密实的粉土是良好地基，而饱和稍密的粉土在地震作用下，土体结构容易遭到破坏，产生液化。

《岩土工程勘察规范》（GB 50021—2001）规定，以 76g 瓦氏圆锥仪入土深 10mm 定重塑土的液限和以搓条法定重塑土的塑限，所得的塑性指数可用以划分细粒土，包括粉土和黏性土。由于塑性指数综合反映了黏粒含量和土粒与水溶液表面作用强弱等因素的影响，用塑性指数对黏性土或细粒土分类是比较简便的。但不同规范采用的分类法不同，采用的土名称也不同。《岩土工程勘察规范》（GB 50021—2001）对粒径大于 0.075mm 的颗粒质量不超过总质量的 50%，且塑性指数 $I_P \leqslant 10$ 的土定为粉土。

粉土野外鉴别特征为有干面似的感觉，砂粒少，粉粒多，潮湿时呈流体状，不能搓成土条、土球。

5. 黏性土

塑性指数 I_P 大于 10 的土，称为黏性土。黏性土是典型的细粒土，形状不规则。黏性土依据塑性指数 I_P 可以细分成两类：粉质黏土和黏土，见表 1-25。

表 1-25 黏性土的分类标准

塑性指数 I_P	土的名称	塑性指数 I_P	土的名称
$I_L > 17$	黏土	$10 < I_P \leqslant 17$	粉质黏土

硬塑状态的黏性土的承载力高，压缩性小，为良好地基；流塑状态的黏性土非常软弱，为不良地基。

黏土野外鉴别特征为极细的均匀土块，搓捻无砂感，黏塑滑腻，易搓成细于 0.5mm 的长条。

粉质黏土野外鉴别特征为无均质感，搓捻时有砂感，塑性，弱黏结，能搓成比黏土较粗的短土条。

【例 1-6】 有一砂土试样，经筛析后各粒组含量的百分数见表 1-26。试确定砂土的名称。

表 1-26 土 样 筛 分 试 验 结 果

粒组（mm）	<0.075	0.075~0.1	0.1~0.25	0.25~0.5	0.5~1.0	>1.0
含量（%）	8.0	15.0	42.0	24.0	9.0	2.0

解： 由表中土样筛分试验数据和表 1-21 的划分标准可知：

粒径 $d>0.075mm$ 的颗粒含量占 92%（>85%），可定名为细砂；

粒径 $d>0.075mm$ 的颗粒含量占 92%（>50%），可定名为粉砂。

但根据表 1-21 的注解，应根据粒径由大到小，以先符合者确定，故该砂土应定名为细砂。

【例 1-7】 确定例 1-4 所述土样的名称。

解： 由例 1-4 的计算结果 $I_P=11.6$

根据表 1-22 的划分标准，$10<I_P=11.6\leqslant17$，故该土为粉质黏土。

1.8.2 塑性图分类

塑性图分类最早由美国卡萨格兰德（Casagrande）于 1942 年提出，是美国试验与材料协会（ASTM）统一分类法体系中细粒土的分类方法，后来为欧美许多国家所采用。塑性图以塑性指数为纵坐标，液限为横坐标，如图 1-37 所示。图中有两条经验界限，斜线称为 A 线，它的方程为 $I_P=0.73(w_L-20)$，作用是区分有机土和无机土、黏土相粉土，根据卡萨格兰德的建议，A 线上侧是无机黏土，下侧是无机粉土或有机土；竖线称为 B

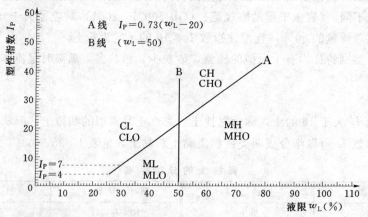

注 1. 图中横坐标为土的液限 w_L，纵坐标为塑性指数 I_P。

2. 图中的液限 w_L 为用碟式仪测定的液限含水量或用质量 76g、锥角为 30°的液限仪锥尖入土深度 17mm 对应的含水量。

3. 图中虚线之间区域为黏土—粉土过渡区。

图 1-37 细粒土分类塑性图（GB/T 50145—2007）

线，其方程为 $w_L=50$，作用是区分高塑性土和低塑性土。

在 ASTM 的分类体系中，在 A 线以上的土分类为黏土，如果液限大于 50，称为高塑性黏土 CH，液限小于 50 的土称为低塑性黏土 CL；在 A 线以下的土分类为粉土，液限大于 50 的土称为高塑性粉土 MH，液限小于 50 的土称为低塑性粉土 ML。在低塑性区，如果土样处于 A 线以上，而塑性指数范围在 4～7 之间，则以上的分类应给以相应的搭界分类 CL—ML。土的具体定名和代号见表 1-27。

表 1-27　　　　　　　　　　塑性图分类（GB/T 50145—2007）

塑性指标		土类代号	土类名称
$I_P \geqslant 0.73(w_L-20)$ 和 $I_P \geqslant 7$	$w_L \geqslant 50\%$	CH	高液限黏土
	$w_L < 50\%$	CL	低液限黏土
$I_P < 0.73(w_L-20)$ 和 $I_P < 7$	$w_L \geqslant 50\%$	MH	高液限粉土
	$w_L < 50\%$	ML	低液限粉土

注　黏土、粉土过渡区（CL-ML）的土可按相邻土层的类别细分。

在应用 ASTM 塑性图分类时应注意其试验标准与我国的标准不同，其液限是用卡萨格兰德碟式仪测定的，碟式仪是在欧美国家通用的液限仪。我国《土的工程分类标准》（GB/T 50145—2007）则采用锥式仪沉入深度 17mm 的标准，由于试验标准不同，测定的结果不一样，因此用塑性图分类的结果也可能不同。

【例 1-7】　有 100g 的土样，颗粒分析试验结果见表 1-28，采用《建筑地基基础设计规范》（GB50007—2002）分类法确定这种土的名称，并计算土的 C_u 和 C_c，评价土的工程性质。

表 1-28　　　　　　　　　　土样颗粒分析试验结果

试样编号	A								合计
筛孔直径（mm）	200	60	20	2	0.5	0.25	0.075	<0.075	
留筛质量（g）	0	34.7	5.5	30.8	5.2	13.82	9.98	0	100
大于某粒径的土样占全部土样质量的百分数（%）	0	34.7	40.2	71	76.2	90.0	100	0	
通过某筛孔径的土样质量的百分数（%）	100	65.3	59.8	29	23.8	9.98	0	0	

解：（1）采用《建筑地基基础设计规范》（GB 50007—2002）分类法。分类时应根据粒组含量由大到小，以最先符合者确定。根据表 1-28 颗粒分析结果可知，粒径大于 2mm 的颗粒含量占全部质量的 71%。查表 1-20 可知，该土应定名为圆砾（角砾）。

（2）根据表 1-28 中所给数据，土样的有效粒径 $d_{10} \approx 0.25$mm，限制粒径 $d_{60} \approx 20$mm，中值粒径 $d_{30} \approx 2$mm，则

不均匀系数为：
$$C_u = \frac{d_{60}}{d_{10}} = \frac{20}{0.25} = 80 > 5$$

曲率系数为：
$$C_c = \frac{d_{30}^2}{d_{10} \times d_{60}} = \frac{2^2}{0.25 \times 20} = 80 < 1.0$$

所以，此土样级配不良，工程性质不好。

1.8.3　特殊性土

1. 黄土

黄土按生成年代早晚可分为老黄土及新黄土。老黄土按年代先后可分为 Q_1 午城黄土和 Q_2 离石黄土。老黄土的大孔结构退化，土质密实，一般无湿陷性，即在一定压力作用下受水浸湿后，因结构破坏而具有显著附加沉陷的性质。马兰黄土分布最广，是湿陷性黄土的主体。另外，新近堆积黄土是第四纪最近的沉积物，土质松软，压缩性高，湿陷性不均，土的承载力较低。

2. 软土

软土是天然含水量大于液限，天然孔隙比不小于 1 的细粒土。具有高压缩性（$a>0.5\text{MPa}^{-1}$）和低强度（$C_u<30\text{kPa}$）等特性。其中有机质质量 $W_u=5\%\sim10\%$ 者为淤泥（$e\geqslant1.5$）、淤泥质土（$1.5>e\geqslant1.0$），$10\%<W_u\leqslant60\%$ 为泥炭质土，$W_u>60\%$ 为泥炭。

有机质含量大的软土含水量极高，压缩性很大且不均匀，对工程建筑十分不利。

我国软土多属灵敏黏性土，完全扰动后强度降低 $70\%\sim80\%$。

3. 冻土

冻土可分为季节性冻土和多年冻土。季节性冻土是指在冬季冻结的冻土，它在春夏天暖时即会融化。对季节性冻土以冻胀性为评价分级标准。多年冻土是指严寒地区地表以下较深处，因终年温度低于零度而多年（3 年以上）不融化的冻土。对多年冻土以含冰情况不同而有不同的融沉性为评价分级标准。

4. 膨胀土（胀缩土、裂土）

膨胀土具有明显的吸水膨胀软化、失水收缩开裂、反复变形与强度变化的特征。含有强亲水性矿物，液限 w_L 大于 40%，塑性指数 I_P 大于 17，自由膨胀率 e_{FS} 一般大于 40%，自然条件下多呈硬塑或坚硬状态，裂隙较发育，多出露于二级及二级以上的阶地、山前丘陵和盆地边缘。

5. 红黏土

红黏土是指亚热带暖湿地区的碳酸盐类岩石强烈风化后残积、坡积形成的褐红色（或棕红、褐黄等色）高塑性黏土，其液限不小于 50%，红黏土经搬运、沉积后仍保留其基本特征，其液限大于 45% 的土称为次生红黏土。

红黏土黏粒含量很高，矿物成分则以石英和伊利石或高岭石为主，塑性指数一般为 $20\sim40$，天然含水量接近塑限，故虽孔隙比大于 1.0，饱和度大于 85%，但强度仍较高，压缩性低。随深度增加含水量可能增加，因而土质由硬变软，有些地区红黏土也具有胀缩性，厚度分布不均，岩溶现象较发育。

6. 盐渍土

盐渍土是指地表土层中易溶盐含量大于 0.5% 的土。一般深度不大，多在 $1\sim1.5\text{m}$ 以内。其性质与所含盐分成分和含盐量有关。氯盐很易溶解而使土被泡软，硫酸盐溶解度随温度升降而增减，使盐分溶解或结晶，土体体积减少或增大，因而土结构被破坏而松胀。碳酸盐水溶液呈较大碱性反应，含有较多钠离子，吸水膨胀性强，透水性小。

因此路堤填料对土中易溶盐含量一般有限制性规定。但在西北极干旱地区，路基堤料和基底土不受氯盐含量限制。盐渍土对混凝土和金属管道有腐蚀性，应采取防护措施。

7. 人工填土

人工填土是由于人类活动而堆积形成的土。由于它形成的年代较近，通常工程性质不良。常见的人工填土有素填土、压实填土、杂填土和冲填土。

(1) 素填土是由碎石土、砂土、粉土、黏性土等组成的填土。

(2) 压实填土。素填土分层填筑后，再经过人工或机械压实后形成的填土。

(3) 杂填土。各种垃圾混杂形成的人工土，包括工业废料、建筑垃圾和生活垃圾等。

(4) 冲填土。水力冲填泥砂形成的填土。

此外，自然界中还分布有许多特殊性质的土，包括淤泥、淤泥质土、膨胀土、湿陷黄土、红黏土等。这些土分布在我国的不同地区。它们的分类都有各自的规范，在实际工程中可选择相应的规范查用。

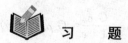

思 考 题

1. 什么叫土？土是怎样形成的？土由哪几部分组成？粗粒土与细粒土在组成上有哪些不同？

2. 土中水分哪几类？其特征如何？对土的工程性质有何影响？

3. 什么是土的级配？土的级配曲线是怎样绘制的？

4. 评价土的级配曲线有哪些指标？它们是怎样定义的？如何利用土的级配曲线来判别土的级配的好坏？

5. 什么是土的结构？土的结构有哪几种类型？它们各有何特征？

6. 土的三相含量指标有哪些？哪些可以直接测定？哪些通过换算求得？

7. 反映无黏性土密实度状态的指标有哪些？采用相对密实度判断砂土的密实度有何优点？但工程上为何应用得并不广泛？

8. 什么是黏性土的稠度？黏性土随着含水量不同可分为几种状态？

9. 塑性指数和液性指数是什么？各有何用途？

10. 土的冻胀发生的原因是什么？发生冻胀的条件是什么？

11. 什么是最优含水量？影响填过压实效果的主要因素有哪些？

12. 土的工程分类的目的是什么？土分为哪几大类？各类土的划分依据是什么？

习 题

1. 取某土样 100g，颗粒分析结果见下表，试绘出颗粒级配曲线，并确定该土的 C_u 和 C_c，以及评价该土的级配状况。

粒径（mm）	>2	2~0.5	0.5~0.25	0.25~0.1	0.1~0.05	<0.05
粒组含量（%）	9	27	28	19	8	9

2. 用体积为 72cm³ 的环刀取得某原状土样重 125.5g，烘干后土重 116.5g，土粒相对密度为 2.7，试计算土样的含水量 w、孔隙比 e、饱和度 S_r、容重 γ、饱和容重 γ_{sat}、浮容重 γ' 以及干容重 γ_d，并比较各容重的数值大小。

3. 某土样处于完全饱和状态，土粒相对密度为 2.65，含水量为 33.0%，试求该土样的孔隙比 e 和容重。

4. 某湿土样重 180g，已知其含水量为 18%，现需制备含水量为 25% 的土样，需加水多少？

5. 某砂土的含水量 $w=28.5\%$，土的天然容重 $\gamma=18.5\text{kN/m}^3$，土粒相对密度 $G_s=2.68$，颗粒分析结果见下表。

土粒组的粒径范围（mm）	>2	2~0.5	0.5~0.25	0.25~0.075	<0.075
粒组占干土总质量的百分数（%）	9.4	18.6	21.0	37.5	13.5

试求：（1）确定该土样的名称；

（2）计算该土的孔隙比和饱和度；

（3）确定该土的湿度状态；

（4）如该土埋深在离地面 3m 以内，其标准贯入试验锤击数 $N=14$，试确定该土的密实度。

6. 某黏性土的含水量 $w=36.4\%$，液限 $w_L=47.8\%$，塑限 $w_P=33.5\%$。

（1）计算该土的塑性指数 I_P 及液性指数 I_L；

（2）确定该土的名称及状态。

7. 某土样的含水量为 16.0%，密度为 1.65g/cm³，土粒相对密度为 2.70，若设孔隙比不变，为使土样完全饱和，问 100cm³ 土样中应加多少水？

8. 某工地在填土施工中所用土料的含水量为 6%，为便于夯实需在土料中加水，使其含水量增至 13%，试问每 1000kg 质量的土料应加水多少？

9. 用某种土筑堤，土的含水量 $w=15\%$，土粒相对密度 $G_s=2.67$。分层夯实，每层先填 0.5m，其容重 $\gamma=16.5\text{kN/m}^3$，夯实达到饱和度 $S_r=90\%$ 后再填下一层，如夯实时水没有流失，求每层夯实后的厚度。

10. 某饱和土样重 50g，体积为 31.5cm³，将其烘干后，重为 43g，体积缩至 25.7cm³，饱和度 $S_r=75\%$，试求土样在烘烤前和烘烤后的含水量、孔隙比和干容重。

11. 试从基本定义证明：

（1）干密度

$$\rho_d=\frac{G_s\rho_w}{1+e}=G_s\rho_w(1-n)$$

（2）天然密度

$$\rho=\frac{G_s+S_re}{1+e}\rho_w$$

（3）有效密度

$$\rho'=\frac{(G_s-1)}{1+e}\rho_w$$

第2章 土的渗透性及渗流

2.1 概 述

由前一章叙述可知，土是具有连续孔隙的介质。由于土体本身具有连续的孔隙，土孔隙中的自由水在重力作用下，只要有水头差，就会发生流动。水透过土孔隙流动的现象，称渗透或渗流，而土被水流透过的性能，称为土的渗透性。

如图 2-1 所示，在高层建筑基础及桥梁墩台基础工程中、深挖基坑排水与土体隧道开挖时，都需计算涌水量，以配置排水设备和进行支挡结构的设计计算；在河滩上修筑堤坝或渗水路堤时，需考虑路堤材料的渗透性；在计算饱和黏性土上建筑物的沉降和时间的关系时，也需掌握土的渗透性。因此，土的渗透性及渗流与土体强度、变形问题一样，是土力学中主要的基本课题之一。渗流与强度、变形三者相互关联、相互影响。

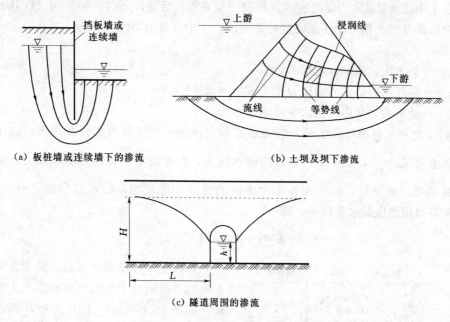

（a）板桩墙或连续墙下的渗流　　　　　　　（b）土坝及坝下渗流

（c）隧道周围的渗流

图 2-1　土木工程中的渗流问题

作为土木、水利工程对象的地基或土工建筑物内一般都存在着各种形态的水分，而土本身又具有渗透性，所以会产生各种各样的工程问题。这些问题可以分为水的问题和土的问题。

所谓水的问题是指在工程中由于水本身所引起的工程问题，如基坑、隧道等开挖工程中普遍存在地下水的渗出而出现需要排水的问题；相反在以蓄水为目的的土坝中会由于渗透造成水量损失而出现需要挡水的问题；另外还有一部分污水的渗透引起地下水污染，地下水开采引起大面积地面沉降及沼泽枯竭等地下水环境的问题。也就是说，水自身的量（涌水量、渗水量）、质（水质）、赋存位置（地下水位）的变化所引起的问题。

所谓土的问题是指由于水的渗透引起土体内部应力状态的变化或土体、地基本身的结构、强度等状态的变化，从而影响建筑物或地基的稳定性或产生有害变形的问题。在坡面、挡土墙等结构物中常常会由于水的渗透而造成内部应力状态的变化而失稳；土坝、堤防、基坑等结构物会由于管涌逐渐改变地基土内的结构而酿成破坏事故；非饱和的坡面会由于水分的渗透而造成非饱和土的强度降低从而引起滑坡。由于渗透而引起地基变形的代表性例子就是地下水开采造成的地面沉陷问题。

此外，土的渗透性的强弱，对土体的固结、强度以及工程施工都有非常重要的影响。为此，必须对土的渗透性质、水在土中的渗透规律及其与工程的关系进行很好的研究，从而给土工建筑物或地基的设计、施工提供必要的资料。

2.2　土的渗透性及渗透规律

2.2.1　水头与水力梯度

水在土中流动遵从水力学的连续方程和能量方程。后者即著名的伯努利（D. Bernoulli）方程，根据该方程，相对于任意确定的基准面，土中一点的总水头 h 为

$$h = z + h_w + h_v \tag{2-1}$$

式中　z——势水头，或称位置水头；

　　　h_w——静压水头，又叫做压力水头或压强水头；

　　　h_v——动水头，又称速度水头或流速水头。

z 与 h_w 之和叫做测压管水头，它表示安装在该点的测压管内水面在基准面以上的高度。静压水头 $h_w = \dfrac{u}{\gamma_w}$，其中 u 为该点的静水压力，在土力学中称为孔隙水压力。动水头 h_v 与流速的平方成正比，由于水在土中渗流的速度一般很小，h_v 可以忽略不计。这样，总水头 h 可以用测压管水头代替，即

$$h = z + h_w = z + \frac{u}{\gamma_w} \tag{2-2}$$

如果土中存在总水头差，则水将从总水头高的部位沿着土孔隙通道向总水头低处流动。如图 2-2 所示，土中 A 和 B 两点的势水头 z_A 和 z_B，图中 $h_A > h_B$，故水从 A 点流向 B 点，引起这两点间渗流的总水头差 Δh 为

$$\Delta h = h_A - h_B \tag{2-3}$$

图 2-2 中 A、B 两点处测压管水头的连线叫做测压水头线或总水头线，两点间的距离 L 称为流程，也称为渗流路径或渗流

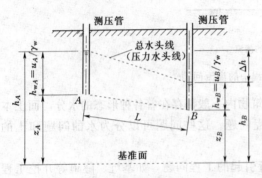

图 2-2　势水头、静压水头、总水头
和总水头差

长度。从测压管水头线容易求得渗流路径上任一点
处的总水头及该路径上任一区段的总水头差。

式（2-3）的总水头差 Δh 亦即从 A 点流至 B
点的水头损失，单位流程的水头损失即为渗流的水
力梯度 i，即

$$i=\frac{\Delta h}{L} \qquad (2-4)$$

i 也称为水力坡度或水力坡降，研究土的渗透性和渗
流问题时，i 是一个重要的物理量。

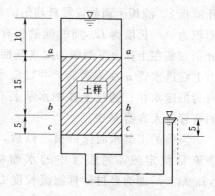

图 2-3　例 2-1 图（单位：cm）

【例 2-1】　渗透试验装置如图 2-3 所示，试
求：①土样中 $a-a$、$b-b$、$c-c$ 三个截面的静水头
和总水头；②截面 $a-a$ 至 $c-c$，$a-a$ 至 $b-b$ 及 $b-b$ 至 $c-c$ 的水头损失；③水在土样中
渗流的水力梯度。

解：取截面 $c-c$ 为基准面，则截面 $a-a$ 和 $c-c$ 的势水头 z_a 和 z_c、静水头 h_{wa} 和 h_{wc}
及总水头 h_a 和 h_c 各为

$$z_a=15+5=20(\mathrm{cm}); \quad h_{wa}=10(\mathrm{cm}); \quad h_a=20+10=30(\mathrm{cm})$$
$$z_c=0(\mathrm{cm}); \quad h_{wc}=5(\mathrm{cm}); \quad h_c=0+5=5(\mathrm{cm})$$

从截面 $a-a$ 至 $c-c$ 的水头损失 Δh_{ac} 为

$$\Delta h_{ac}=30-5=25(\mathrm{cm})$$

截面 $b-b$ 的总水头 h_b、势水头 z_b 和静水头 h_{wb} 分别为

$$h_b=h_c+\frac{5}{15+5}\Delta h_{ac}=5+\frac{5}{20}\times25=11.25(\mathrm{cm})$$
$$z_b=5(\mathrm{cm}); \quad h_{wb}=11.25-5=6.25(\mathrm{cm})$$

从截面 $a-a$ 至 $b-b$ 的水头损失 Δh_{ab} 及截面 $b-b$ 至 $c-c$ 的水头损失 Δh_{bc} 各为

$$\Delta h_{ab}=30-11.25=18.75(\mathrm{cm});$$
$$\Delta h_{bc}=11.25-5=6.25(\mathrm{cm})$$

水在土样中渗流的水力梯度 i 可由 Δh_{ac}、Δh_{ab} 或 Δh_{bc} 及相应的流程求得：

$$i=\frac{\Delta h_{ac}}{15+5}=\frac{25}{20}=1.25$$

2.2.2　达西渗透定律

土体中孔隙的形状和大小是极不规则的，因而水在土体孔隙中的渗透是一种十分复杂
的水流现象。然而，由于土体中的孔隙一般非常微小，水在土体中流动时的黏滞阻力很
大、流速缓慢，因此，其流动状态大多属于层流。

法国工程师达西（H. Darcy，1855）利用图 2-4 所示的实验装置对均匀土进行了大
量渗透试验，得出了层流条件下，土中水渗透速度与能量（水头）损失之间关系的渗流规
律，即达西渗透定律。

试验装置如图 2-4 所示。一个上端开口的直立圆筒，下部放碎石，碎石上放一块多

孔滤板 c，滤板上面放置颗粒均匀的砂土样，其断面积为 A，长度为 L。筒的侧壁装有两支测压管，分别安装在土样上下两端的过水断面1、2处。水由上端进水管 a 注入圆筒，并以溢水管 b 保持筒内为恒定水位。透过土样的水从装有控制阀门 d 的弯管流入容器V中。

当筒的上部水面保持恒定以后，通过砂土的渗流是恒定流，测压管中的水面将恒定不变；$\Delta h=h_1-h_2$ 即为经过砂样渗流长度 L 后的水头损失，即常水头差。

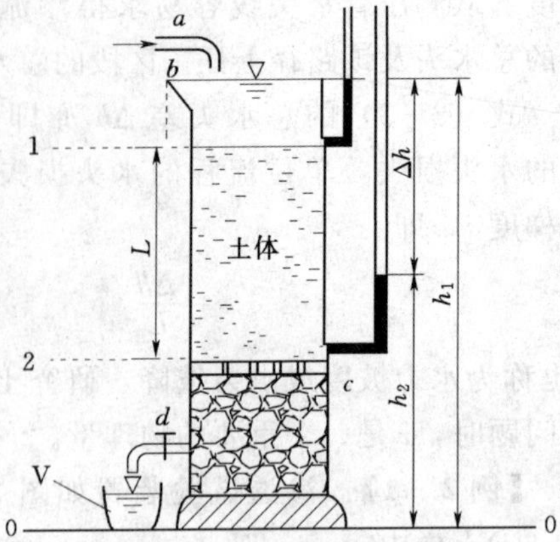

图2-4 达西渗透试验装置示意图

达西进行试验后发现，单位时间内的渗水量 q 与水力梯度 i 和圆筒断面积 A 成正比，且与土的渗透性质有关，即

$$q=kiA \tag{2-5}$$

或

$$v=ki \tag{2-6}$$

式中 v——断面平均渗透速度，cm/s 或 m/s；

q——单位渗流量，cm^3/s 或 m^3/s；

i——水力梯度或水力坡降，无量纲，$i=\frac{h_1-h_2}{L}$ 即水头差与其距离之比，也表示沿渗流方向单位距离的水头损失（$\Delta h/L$）；

k——渗透系数，cm/s 或 m/s，其物理意义是当水力梯度 i 等于1时的渗透速度；

A——试样截面积，cm^2 或 m^2。

这就是著名的达西渗透定律。

从式（2-6）可知，砂土的渗透速度与水力梯度呈线性关系，如图2-5（a）所示。但是，对于密实的黏土，由于结合水具有较大的黏滞阻力，因此，只有当水力梯度达到某一数值时，克服了结合水的黏滞阻力以后，才能发生渗透。将这一开始发生渗透时的水力梯度称为黏性土的起始水力梯度。试验资料表明，黏性土不但存在起始水力梯度，而正当水力梯度超过起始水力梯度后，渗透速度与水力梯度的规律还偏离达西定律而呈非线性关

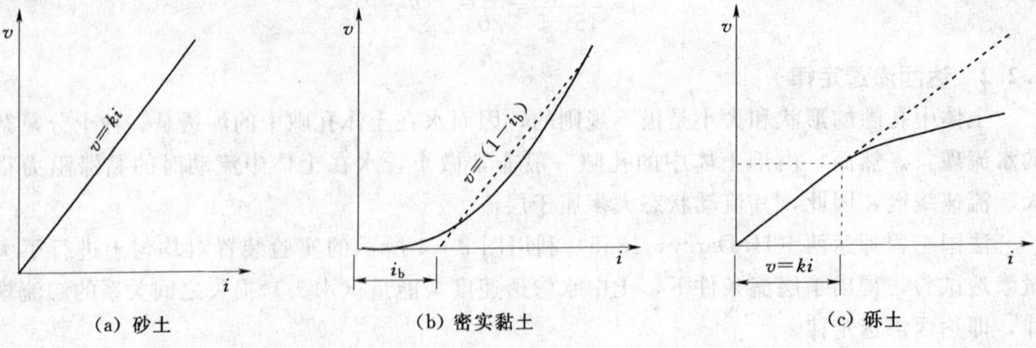

图2-5 土的渗透速度与水力梯度的关系

系，如图 2-5（b）中的实线所示。但是，为了实用方便，常用图 2-5（b）中的虚直线来描述密实黏土的渗透速度与水力梯度的关系，用以下形式表示为

$$v = k(i - i_b) \qquad (2-7)$$

式中　i_b——密实黏土的起始水力梯度；

　　其余符号意义同前。

另外，试验也表明，在粗粒土中（如砾、卵石等），只有在小的水力梯度下，渗透速度与水力梯度才呈线性关系，而在较大的水力梯度作用下，水在土中的流动即进入紊流状态，渗透速度与水力梯度呈非线性关系，此时达西定律同样不能适用，如图 2-5（c）所示。

必须指出，由式（2-6）求出的渗透速度是一种假想的平均流速，因为它假定水在土中的渗透是通过整个土体截面来进行的。而实际上，渗透水仅仅通过土体中的孔隙流动。因此，水在土体中的实际平均流速要比由式（2-6）所求得的数值大得多，它们之间的关系为

$$v = v'n = v' \frac{e}{1+e} \qquad (2-8)$$

式中　v——按式（2-6）求得的假想平均流速；

　　v'——通过土体孔隙的实际平均流速；

　　$n,\ e$——土的孔隙率和孔隙比，这里假定面积孔隙率与体积孔隙率相等。

由于土体中的孔隙形状和大小异常复杂，要直接测定实际的平均流速是困难的。目前，在渗流计算中广泛采用的流速是假想平均流速。因此，下面所述的渗透速度均指这种流速。

虽然从式（2-6）可以看到达西渗透定律是把流速 v 与水力坡度 i 的关系作为正比关系来考虑。通过许多学者的研究证明这一正比关系在一定的条件下才能成立，其适用范围是由雷诺（Renolds）数（Re）来决定的，也就是说只有当渗流为层流的时候才能适用。太沙基通过大量实验证明从砂土到黏土达西渗透定律在很大的范围内都能适用。

根据水的密度 ρ，流速 v，水的黏滞系数 η，土粒的平均粒径 d，可以算出雷诺数（Re）为

$$Re = \rho_w vd / \eta \qquad (2-9)$$

从层流转换为紊流时的 Re 数一般为 $0.1\sim7.5$ 的范围，而一般认为在土的孔隙内水流只要 $Re < 1.0$，达西渗透定律就可以满足。因此，达西渗透定律的适用界限可以考虑为

$$\rho_w vd / \eta \leqslant 1.0 \qquad (2-10)$$

在式（2-6）内，如果考虑水的密度 $\rho = 1.0\text{g/cm}^3$，水温 10℃时水的黏滞系数 $\eta = 0.0131\text{g/s·cm}$，而一般的流速可以考虑 $v = 0.25\text{cm/s}$ 的话，可以算出满足达西渗透定律的土的平均粒径 d 为

$$d \leqslant \eta Re / \rho_w v \leqslant 0.52\text{mm} \qquad (2-11)$$

也就是说，对于比粗砂更细的土来说，达西渗透定律一般是适用的，而对粗粒土来讲，只有在水力坡降很小的情况下才能适用。

2.3 渗透系数及其测定

前节已经提到，渗透系数就是当水力梯度等于1时的渗透速度。因此，渗透系数的大小是直接衡量土的透水性强弱的一个重要的力学性质指标。但它不能由计算求出，只能通过试验直接测定。

渗透系数的测定可以分为现场试验和室内试验两大类。一般现场试验比室内试验所得到的成果要准确可靠。因此，对于重要工程常需进行现场测定。关于现场试验的原理和方法请读者参阅水文地质方面的书籍。本节将主要介绍室内试验。

室内测定土的渗透系数的仪器和方法较多，但就其原理而言，可分为常水头试验和变水头试验两种。前者适用于透水性强的无黏性土，后者适用于透水性弱的黏性土。下面将分别介绍这两种方法的基本原理，有关它们的试验仪器和操作方法请参阅相关试验指导书。

2.3.1 常水头法

常水头法是在整个试验过程中，水头保持不变，其试验装置如图2-6所示。

设试样的厚度即渗流路径长度为 L，截面积为 A，试验时的水位差为 h，这三者在试验前可以直接量出或控制。试验中我们只要用量筒和秒表测出在某一时刻 t 内流经试样的水量 V，即可求出该时段内通过土体的流量为

$$q = \frac{V}{t} \qquad (2-12)$$

将式（2-12）代入式（2-5）中，便可得到土的渗透系数为

$$k = \frac{VL}{A \Delta h t} \qquad (2-13)$$

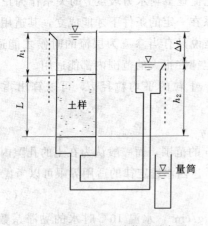

图2-6 常水头试验装置示意图

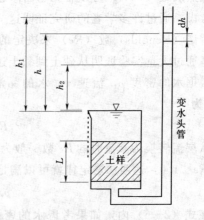

图2-7 变水头试验装置示意图

2.3.2 变水头法

黏性土由于渗透系数很小，流经试样的水量很少，难以直接准确量测，因此，应采用变水头法。

变水头法在整个试验过程中，水头是随着时间而变化的，其试验装置如图2-7所示。

试样的一端与细玻璃管相接，在试验过程中测出某一时段内细玻璃管中水位的变化，就可根据达西渗透定律，求出土的渗透系数。

设细玻璃管的内截面积为 a，试验开始以后任一时刻 t 的水位差为 h，经时段 dt，细玻璃管中水位下落 dh，则在时段 dt 内流经试样的水量

$$dV = -adh \qquad (2-14a)$$

式中负号表示渗水量随 h 的减小而增加。

根据达西定律，在时段 dt 内流经试样的水量又可表示为

$$dV = k\frac{h}{L}Adt \qquad (2-14b)$$

可知，式（2-14a）等于式（2-14b），则可以得到

$$dt = \frac{aL}{kA}\frac{dh}{h}$$

将上式两边积分

$$\int_{t_1}^{t_2} dt = \int_{h_1}^{h_2} \frac{dL}{kA}\frac{dh}{h}$$

即可求出土的渗透系数

$$k = \frac{aL}{A(t_2-t_1)}\ln\frac{h_1}{h_2}$$

$$k = 2.3\frac{aL}{A(t_2-t_1)}\lg\frac{h_1}{h_2} \qquad (2-15)$$

式（2-14）中的 a，L，A 为已知，试验时只要测出与时刻 t_1 和 t_2 对应的水位 h_1 和 h_2，就可求出渗透系数。

影响渗透系数的因素很多，诸如土的种类、级配、孔隙比以及水的温度等。因此，为了准确地测定土的渗透系数，必须尽力保持土的原始状态并消除人为因素的影响。几种常见土类的渗透系数参考值见表 2-1。

表 2-1 不同土的渗透系数

土 类	渗透系数 k(cm/s)	渗透性	土 类	渗透系数 k(cm/s)	渗透性
纯砾	$>10^{-1}$	高渗透性	粉土、砂与黏土混合物	$10^{-7}\sim10^{-5}$	极低渗透性
纯砂与砾混合物	$10^{-3}\sim10^{-1}$	中渗透性	黏土	$<10^{-7}$	几乎不透水
极细砂	$10^{-5}\sim10^{-3}$	低渗透性			

2.3.3 渗透系数的原位测定方法

原位试验是在现场对土层进行测试，能获得较为符合实际情况的土性参数，对于难以取得原状土样的粗颗粒土尤其具有重要实用意义。渗透系数的原位测定方法有多种，下面只介绍较为常用的抽水实验法。

抽水试验有几种方法，其中之一如图 2-8 所示。在测试现场打一个抽水孔，贯穿所要试验的所有土层，另在距抽水孔适当距离处打一个或两个观测孔。然后以不变的速率从抽水孔连续抽水，其四周的地下水位随之逐渐下降，形成以抽水孔位轴心的漏斗状

地下水面。当该水面稳定后，量测观测孔内的水位高度 h_1 和 h_2，同时记录单位时间的抽水量 q。根据这些数据及观测孔至抽水孔的距离 r_1 和 r_2，可按下述方法求得土的渗透系数。

假设抽水时水沿着水平方向流向抽水孔，则土中的过水断面是以抽水孔中心轴为轴心的圆柱面。用 h 表示距抽水孔 r 处的地下水位高度，则该处的过水断面积 $A = 2\pi rh$。设过水断面积 A 上各点的水力梯度为常量，且等于该处地下水位的坡度，即

$$i = \frac{\mathrm{d}h}{\mathrm{d}r}$$

于是，根据式（2-5）的达西定律可得

$$q = 2\pi krh\frac{\mathrm{d}h}{\mathrm{d}r}$$

将上式改写为

$$q\frac{\mathrm{d}r}{r} = 2\pi kh\mathrm{d}h$$

等式两边分别积分，r 的积分区间为 $r_1 \sim r_2$，h 的积分区间为 $h_1 \sim h_2$，然后求 k，得

$$k = \frac{q}{\pi(h_2^2 - h_1^2)}\ln\left(\frac{r_2}{r_1}\right) \tag{2-16}$$

此即按图 2-8 所示的抽水试验测定 k 值的计算公式。如果设置一个观测孔，例如，图 2-8 只有观测孔 1，则式（2-16）的 h_1 和 h_2 各用 h_0 和 h_1 代替，r_1 和 r_2 分别代之以 r_0 和 r_1 即可。其中 h_0 为抽水孔内稳定后的水位高度，r_0 为抽水孔的半径。

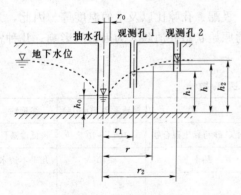

图 2-8 抽水试验示意图

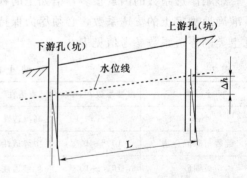

图 2-9 渗透速度测定试验

对于渗流速度较大的粗颗粒土层，还可以通过量测地下水在土孔隙中的流速 v' 来确定 k 值。如图 2-9 所示，沿着地下水流动方向隔适当距离 L 打两个不带套管的钻孔，或者挖两个探坑，均深入地下水位以下。在上游孔（坑）内投入染料或食盐等易于检验的物质，然后观察检验下游孔（坑）内的水，当其内出现所投物质的颜色或成分时，记下所经历的时间 t，则

$$v' = \frac{L}{t}$$

再测出两个孔（坑）内的水位差 Δh，得渗流的水力梯度 $i = \dfrac{L}{t}$。这样，按照式（2-6）的达西定律并注意到式（2-8）v' 与 v 的关系，得

$$k = \frac{n v' L}{\Delta h} \tag{2-17}$$

式中土的孔隙率 n 可根据有关土性指标换算而得到。

2.3.4 成层土的渗透系数

天然沉积土往往由渗透性不同的土层所组成。对于与土层层面平行和垂直的简单渗流情况，当各土层的渗透系数和厚度为已知时，我们可求出整个土层与层面平行和垂直的平均渗透系数，作为进行渗流计算的依据。

现在，先来考虑与层面平行的渗流情况。图 2-10（a）为在渗流场中截取的渗径长度为 L 的一段与层面平行的渗流区域，各土层的水平向渗透系数分别为 k_1，k_2，$\cdots$，k_n，厚度分别为 H_1，H_2，$\cdots$，H_n，总厚度为 H。若通过各土层的渗流量为 q_{1x}，q_{2x}，$\cdots$，q_{nx}，则通过整个土层的总渗流量 q_x 应为各土层渗流量之总和，即

$$q_x = q_{1x} + q_{2x} + \cdots + q_{nx} = \sum_{i=1}^{n} q_{ix} \tag{2-18a}$$

根据达西定律，总渗流量又可表示为

$$q_x = k_x i H \tag{2-18b}$$

式中　k_x——与层面平行的土层平均渗透系数；

　　　　i——土层的平均水力梯度。

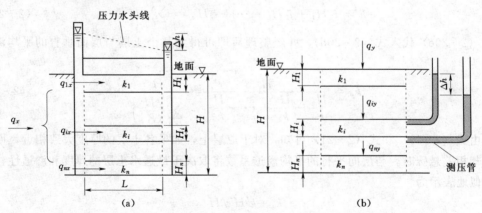

图 2-10　成层土渗流情况

对于这种条件下的渗流，通过各土层相同距离的水头损失均相等。因此，各土层的水力梯度以及整个土层的平均水力梯度亦应相等。于是任一土层的渗流量为

$$q_{ix} = k_i i H_i \tag{2-18c}$$

将式（2-18b）和式（2-18c）代入式（2-18a）后可得

$$k_x i H = \sum_{i=1}^{n} k_i i H_i$$

因此，最后得到整个土层与层面平行的平均渗透系数为

$$k_x = \frac{1}{H}\sum_{i=1}^{n}k_i H_i \qquad\qquad (2-19)$$

对于与层面垂直的渗流情况如图 2-10（b）所示，我们可用类似的方法求解。设通过各土层的渗流量为 q_{1y}，q_{2y}，…，q_{ny}，根据水流连续定理，通过整个土层的渗流量 q_y 必等于通过各土层的渗流量，即

$$q_y = q_{1y} = q_{2y} = \cdots = q_{ny} \qquad\qquad (2-20a)$$

设渗流通过任一土层的水头损失为 Δh_i，水力梯度 i_i 为 $\Delta h_i/H_i$，则通过整个土层的水头总损失 h 应为 $\sum \Delta h_i$，总的平均水力梯度 i 应为 h/H。由达西定律通过整个土层的总渗流量为

$$q_y = k_y \frac{h}{H} A \qquad\qquad (2-20b)$$

式中　k_y——与层面垂直的土层平均渗透系数；

　　　A——渗流截面积。

通过任一土层的渗流量为

$$q_{iy} = k_i \frac{\Delta h_i}{H_i} A = k_i i_i A \qquad\qquad (2-20c)$$

将式（2-20b）、式（2-20c）分别代入式（2-20a），消去 A 后可得

$$K_y \frac{h}{H} = k_i i_i \qquad\qquad (2-20d)$$

而整个土层的水头总损失又可表示为

$$h = i_1 H_1 + i_2 H_2 + \cdots + i_n H_n = \sum_{i=1}^{n} i_i H_i \qquad\qquad (2-20e)$$

将式（2-20e）代入式（2-20d），并经整理后即可得到整个土层与层面垂直的平均渗透系数为

$$k_y = \frac{H}{\dfrac{H_1}{k_1} + \dfrac{H_2}{k_2} + \cdots + \dfrac{H_n}{k_n}} = \frac{H}{\sum\limits_{i=1}^{n}\left(\dfrac{H_i}{K_i}\right)} \qquad\qquad (2-21)$$

由式（2-19）和式（2-21）可知，对于成层土，如果各土层的厚度大致相近，而渗透性却相差悬殊时，与层向平行的平均渗透系数将取决于最透水土层的厚度和渗透性，并可近似地表示为

$$k_x = k'H'/H$$

式中　k'、H'——最透水土层的渗透系数和厚度。

而与层面垂直的平均渗透系数将取决于最不透水土层的厚度和渗透性，并可近似地表示为

$$k_y = k''H/H''$$

式中　k''、H''——最不透水土层的渗透系数和厚度。

因此成层土与层面平行的平均渗透系数总大于与层面垂直的平均渗透系数。

2.3.5　影响土的渗透性的因素

影响土的渗透性的因素主要有以下几种。

1. 土的颗粒大小、形状及级配

土的颗粒大小、形状及级配，影响土中孔隙大小及形状，因而影响土的渗透性。土颗粒越粗、越浑圆、越均匀时，渗透性就越大。砂土中含有较多粉土及黏土颗粒时，其渗透性就大大降低。

土的矿物成分对于卵石、砂土和粉土的渗透性影响不大，但对于黏土的渗透性影响较大。黏性土中含有亲水性较大的黏土矿物（如蒙脱石）或有机质时，由于它们具有很大的膨胀性，就大大降低土的渗透性。含有大量有机质的淤泥几乎是不透水的。

2. 结合水膜的厚度

黏性土中若土粒的结合水膜厚度较厚时，会阻塞土的孔隙，降低土的渗透性。如钠黏土，由于钠离子的存在，使黏土颗粒的扩散层厚度增加，所以透水性很低。又如在黏土中加入高价离子的电解质（如 Al^{3+}、Fe^{3+} 等），会使土粒扩散层厚度减薄，黏土颗粒会凝聚成粒团，土的孔隙因而增大，这也将使土的渗透性增大。

3. 土的结构构造

天然土层通常不是各向同性的，在渗透性方面往往也是如此。如黄土具有竖直方向的大孔隙，所以竖直方向的渗透系数要比水平方向大得多。层状黏土常夹有薄的粉砂层，它的水平方向的渗透系数要比竖直方向大得多。

4. 水的黏滞度

水在土中的渗流速度与水的密度及黏滞度有关，而这两个数值又与温度有关。一般水的密度随温度变化很小，可略去不计，但水的动力黏滞系数 η 随温度的变化而变化。故室内渗透试验时，同一种土在不同温度下会得到不同的渗透系数。在天然土层中，除了靠近地表的土层外，一般土中的温度变化很小，故可忽略温度的影响；但是在室内试验的温度变化较大，故应考虑它对渗透系数的影响。目前常以水温为 10℃ 时的 k_{10} 作为标准值，在其他温度测定的渗透系数 k_{10} 可按式（2-22）进行修正：

$$k_{10} = k_t \frac{\eta_t}{\eta_{10}} \tag{2-22}$$

式中 η_t、η_{10}——t℃、10℃时水的动力黏滞系数，$N \cdot s/m^2$。

$\dfrac{\eta_t}{\eta_{10}}$ 的比值与温度的关系参见表 2-2。

表 2-2   **η_t/η_{10} 与温度的关系**

温度（℃）	η_t/η_{10}	温度（℃）	η_t/η_{10}	温度（℃）	η_t/η_{10}
-10	1.988	10	1.000	22	0.735
-5	1.636	12	0.945	24	0.707
0	1.369	14	0.895	26	0.671
5	1.161	16	0.850	28	0.645
6	1.121	18	0.810	30	0.612
8	1.060	20	0.773	40	0.502

5. 土中气体

当土孔隙中存在密闭气泡时,会阻塞水的渗流,从而降低土的渗透性。这种密闭气泡有时是由溶解于水中的气体分离出来而形成的,故室内渗透试验有时规定要用不含溶解空气的蒸馏水。

2.4 二维渗流及流网

2.4.1 二维渗流方程

前面所研究的渗流情况比较简单、属一维渗流问题,只要渗透介质的渗透系数和厚度以及两端的水位或水位差为已知,介质内的流动特性,如测压管水头、渗透速度和水力梯度等均可根据达西定律确定。然而,工程中遇到的渗流问题常常较为复杂,土中各点的总水头、水力梯度及渗流速度都与其位置有关,属二维或三维渗流问题,需用微分方程的形式表示,然后根据边界条件进行求解。

工程中二维渗流的情况较为常见。如长度较大的板桩墙或混凝土连续墙 [图 2-1 (a)] 下的渗流,土坝及坝下 [图 2-1 (b)] 的渗流等,均可看成发生在平行于渗流方向的垂直平面内的二维渗流问题。如果土是完全饱和的,并且可以认为渗流中土和水均不可压缩,则水流的状态不随时间而变。这种渗流即为稳定渗流。

下面就简要地讨论二维渗流。

设从稳定渗流场中任取一微小的土单元体,其面积为 $dxdy$,厚度为 $dz=1$,如图 2-11 所示。若单位时间内在 x 方向流入单元体的水量为 q_x,流

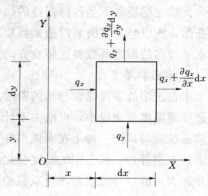

图 2-11 稳定渗流场中的单元体

出的水量为 $\left(q_x+\dfrac{\partial q_x}{\partial x}dx\right)$;在 y 方向流入的水量为 q_y,流出的水量为 $q_y+\dfrac{\partial q_y}{\partial y}dy$。假定在渗流作用下单元体的体积保持不变,水又是不可压缩的,则根据连续性条件,单位时间内流入单元体的总水量必等于流出的总水量,即

$$q_x+q_y=\left(q_x+\frac{\partial q_x}{\partial x}dx\right)+\left(q_y+\frac{\partial q_y}{\partial y}dy\right)$$

或

$$\frac{\partial q_x}{\partial x}dx+\frac{\partial q_y}{\partial y}dy=0 \tag{2-23}$$

根据达西定律,q_x 等于 $k_x i_x dy$,q_y 等于 $k_y i_y dx$,其中 x 和 y 方向的水力梯度分别为 i_x 等于 $\partial h/\partial x$,i_y 等于 $\partial h/\partial y$。将上列关系式代入式 (2-23) 中并化简后可得

$$k_x\frac{\partial^2 H}{\partial x^2}+k_y\frac{\partial^2 H}{\partial y^2}=0 \tag{2-24}$$

式中 k_x，k_y——x，y方向的渗透系数；

　　　　h——总水头或测压管水头。

此即为各向异性土在稳定渗流时的连续方程。

如果土是各向同性的，即k_x等于k_y，则式（2-24）可改写成

$$\frac{\partial^2 h}{\partial x^2}+\frac{\partial^2 h}{\partial y^2}=0 \qquad (2-25)$$

式（2-25）即为著名的拉普拉斯（Laplace）方程，又称为调和方程，它是描述稳定渗流的基本方程式。

由式（2-25）可知，渗流场内任一点的水头是其坐标的函数，而一旦渗流场中各点的水头为已知，其他流动特性也就可以通过计算得出。因此，作为求解渗流问题的第一步，一般就是先确定渗流场内各点的水头，亦即求解渗流基本微分方程式（2-25）。

众所周知，满足拉普拉斯方程的将是两组彼此正交的曲线。就渗流问题来说，一组曲线称为等势线，在任一条等势线上各点的总水头是相等的，或者说，在同一条等势线上的测压管水位都是同高的；另一组曲线称为流线，它们代表渗流的方向。等势线和流线交织在一起形成的网格叫流网。然而，必须指出，只有满足边界条件的那一种流线和等势线的组合形式才是方程式（2-25）的正确解答。

为了求得满足边界条件的解答，常用的方法主要有解析法、数值法、电拟法和图解法四种。一般解析法是比较精确的，但也只有在边界条件较简单的情况才容易得到，因此并不实用。对于边界条件比较复杂的渗流，一般采用数值法和电拟法。图解法最为简便。但不论采用哪种方法求解，其最后结果均可用流网表示。

2.4.2　流网的特征、绘制与应用

上述拉普拉斯方程表明，渗流场内任一点水头是其坐标的函数，知道了水头分布，即可确定渗流场的其他特征。求解拉普拉斯方程的四类方法中尤以图解法简便、快捷，在工程中实用广泛。因此，这里简要介绍图解法。该法应用绘制流网的方法求解拉普拉斯方程的近似解。

1. 流网的特征

流网是由流线和等势线所组成的曲线正交网格。在稳定渗流场中，流线表示水质点的流动路线，流线上任一点的切线方向就是流速矢量的方向。势线是渗流场中势能或水头的等值。图2-12为板桩墙围堰的流网图。图中实线为流线，虚线为等势线。对于各向同性渗流介质，由水力学可知，流网具有下列特征。

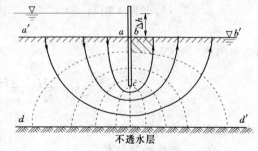

图2-12　流网绘制

（1）流线与等势线彼此正交。

（2）流线和等势线构成的各网格的长度比为常数，为了方便常取1，这时的网格就为正方形或曲边正方形。

（3）相邻等势线间的水头损失相等。

（4）各流槽的渗流量相等。

由这些特征可进一步知道，流网中等势线越密的部位，水力梯度越大，流线越密的部位流速越大。

2. 流网的绘制

如图2-12所示，流网绘制步骤如下：

（1）按一定比例绘出结构物和土层的剖面图。

（2）判定边界条件：图中 aa' 和 bb' 为等势线（透水面）；acb 和 dd' 为流线（不透水面）。

（3）先试绘若干条流线（应相互平行，不交叉且是缓和曲线）；流线应与进水面、出水面（等势线 aa' 和 bb'）正交，并与不透水面（流线 dd'）接近平行，不交叉。

（4）加绘等势线。须与流线正交，且每个渗流区的形状接近"方块"。

上述过程不可能一次就合适，经反复修改调整，直到满足上述条件为止。

3. 流网的应用

流网既然是二维稳定渗流连续方程的解，渗流场内各点的总水头 h 便可从其求得，此外还可以据之计算渗流的水力梯度、流速、流量及渗透力。由于水力梯度一经求出，便可分别根据达西定律和式（2-22）计算渗流速度和渗透力，所以下面仅就总水头、水力梯度、渗流量、孔隙水压力与渗流速度的计算，以图2-13的流网为例加以说明。

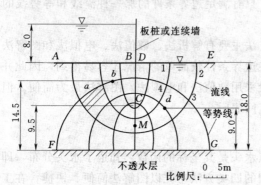

图2-13 流网（单位：m）

（1）总水头的计算。从前面所述流网的绘制可知，对于图2-12所示的曲边正方形流网，任意相邻等势线间的总水头差相等。设该水头差为 Δh，渗流场的总水头差为 ΔH，每一流槽的网格数（包括四边形和非四边形网格）为 N，则

$$\Delta h = \frac{\Delta H}{N} = \frac{\Delta H}{n-1}, (N = n-1) \tag{2-26}$$

式中 ΔH——上、下游水头差；

$\quad\quad N$——等势线间隔数；

$\quad\quad n$——等势线数。

按上式算出 Δh，确定基准面，就可以计算渗流场内任一点的总水头。

例如，图2-13中 b 和 d 是在不同等势线上的两点，试求这两点总水头 h_b 和 h_d。对于该图的渗流场和流网，$\Delta H = 8.0\text{m}$，$N = 8$，按式（2-26）得 $\Delta h = 1.0\text{m}$。以不透水层顶面 FG 为基准面，先来看 h_b 的计算。因 b 点所在的等势线上总水头比边界等势线 AB 的总水头低 Δh，而后者总水头为势水头 18.0m 与静水头 8.0m 之和，故

$$h_b = 18.0 + 8.0 - \Delta h = 25.0(\text{m})$$

从流网知，b 点的总水头比 d 点高 $5\Delta h$，故

$$h_d = h_b - 5\Delta h = 20.0(\text{m})$$

如果需要计算 b 和 d 两点的静水头 h_{wb} 和 h_{wd}，则按比例从图中量出两者至基准面 FG 的距离，得出它们的势水头 z_b 和 z_d 为

$$z_b = 14.5(\text{m}) \quad z_d = 9.0(\text{m})$$

于是得

$$h_{wb} = h_b - z_b = 10.5(\text{m})$$

$$h_{wd} = h_d - z_d = 11.0(\text{m})$$

（2）水力梯度的计算。从流网可以求得任一网格的平均水力梯度 i，即

$$i = \frac{\Delta h}{l} \tag{2-27}$$

式中 l 为所计算的网格流线的平均长度，可按比例从图 2-13 中量得。如图 2-13 所示的网格 1234，从图中量得 $l=5.2$m，故该网格的平均水力梯度为

$$i = \frac{1.0}{5.2} = 0.19$$

因流网中各网格的 Δh 相同，i 的大小只随 l 而变，故在网格较小或较密的部位，i 值较大。据此可从流网判定土体最易发生渗透破坏的部位，以便进行检算。对于图 2-13 所示板桩或连续墙下的渗流，DE 段渗流出口处的水力梯度常对土的渗透稳定性起控制作用。

（3）渗流量的计算。由于绘制流网时使各流槽的单位时间流量 Δq 相等，若流网的流槽数为 M，则在垂直于纸面方向的单位长度内，流网中单位时间的总流量 q 为

$$q = M\Delta q \tag{2-28}$$

对于曲边正方形流网，Δq 按式（2-5）计算，故其 q 为

$$q = Mk\Delta h \tag{2-29}$$

在图 2-13 中，$M=4$，若流场内土的渗透系数 $k=2.0 \times 10^{-3}$m/h，则

$$q = 4 \times 2.0 \times 10^{-3} \times 1.0 = 8.0 \times 10^{-3}\text{m}^3/\text{h}$$

（4）孔隙水压力。如前所述，渗流场中各点的孔隙水压力，等于该点以上测压管中的水柱高度 h_u 乘以水的容重 γ_w，故 a 点的孔隙水压力为

$$u_a = h_{ua}\gamma_w \tag{2-30}$$

应当注意，图中所示 a、b 两点位于同一等势线上，其测管水头虽然相同，即 $h_a = h_b$，但其孔隙水压力却不同，$u_a \neq u_b$。

（5）渗流速度。各点的水力梯度已知后，渗透流速的大小可根据达西定律求出，即 $v = ki$，其方向为流线的切线方向。

2.5 渗透力及渗透破坏

2.5.1 渗透力

地下水在土中流动时，由于受到土粒的阻力，而引起水头的损失，从作用力与反作用力的原理可知，水流经过时必定对土粒施加了一种作用力。为研究方便起见，单位体积土颗粒所受到的渗透作用力，称为渗透力或渗流力、动水力。

图2-14为一定水头试验装置，土样长度为 L，面积为 A，为计算方便设 $A=1$，土样两端各安装一测压管，其测管水头相对 0—0 基准面分别为 h_1 和 h_2。当 $h_1=h_2$ 时，土中水处于静止状态，无渗流发生。若将左侧的连通贮水器向上提升，使 $h_1>h_2$，则由于存在水头差，土中将产生向上的渗流。渗流必然对每个土颗粒有推动、摩擦、拖曳的作用力，这就是渗透力，用符号 J 表示。

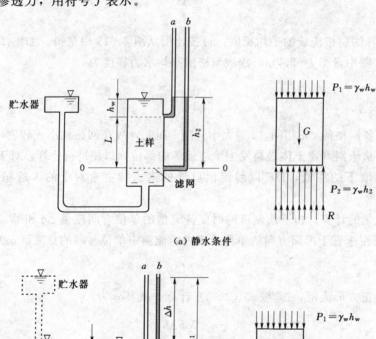

(a) 静水条件

(b) 渗流条件

图2-14 饱和土体中的渗流力土—水整体方法计算

为进一步研究渗流力的大小和性质，首先对图2-14所示静水条件与渗流条件下土体进行分析。

在图中，可采用两种不同的方法来进行受渗流的土柱受力情况分析。

方法一：取土—水为整体作为隔离体。

方法二：把土骨架和水分开取隔离体。

显然，不管哪种取法，其总效果是一样的。为简单起见，现考虑土—水整体隔离体情况，分析其上的作用力，如图 2-14 所示。

（1）当静水条件时，如图 2-14（a）所示受力示意图，作用在土样上的力有：土—水整体所受重力 G、上表面所受水压力 P_1、下表面所受水压力 P_2、滤网对土样的作用力 R，列出他们的力学平衡方程，有

土—水整体所受重力：$\qquad G=L\gamma_{sat}=AL(\gamma'+\gamma_w)$

上表面所受水压力：$\qquad P_1=\gamma_w h_w$

下表面所受水压力：$\qquad P_2=\gamma_w h_2$

滤网支持力：$\qquad R$

由力学平衡得 $\qquad G+P_1=R+P_2$

化简后可得

$$R=\gamma'L \qquad\qquad (2-31)$$

（2）当水自下向上流动时，如图 2-14（b）所示受力示意图，同样地，列出他们的力学平衡方程，有：

土—水整体所受重力：$\qquad G=L\gamma_{sat}=AL(\gamma'+\gamma_w)$

上表面所受水压力：$\qquad P_1=\gamma_w h_w$

下表面所受水压力：$\qquad P_2=\gamma_w h_1$

滤网支持力：$\qquad R$

由力学平衡得 $\qquad G+P_1=R+P_2$

化简后可得

$$R=\gamma'L-\gamma_w\Delta h \qquad\qquad (2-32)$$

比较式（2-31）、式（2-32）可以发现，式（2-32）多出了一项 $\gamma_w\Delta h$，说明向上渗流存在时，滤网支持力减少，减少的部分即为水与土之间的作用力——渗流的拖曳力，也就是渗透力。

总渗透力：$\qquad J=\gamma_w\Delta h$

单位渗透力：$\qquad j=J/V=\gamma_w\Delta h/L=\gamma_w i$

可知，渗透力是一种体积力，量纲与 γ_w 相同，大小与水力梯度成正比，方向与水流方向一致。

对于二元渗流，当流网绘出后，即可方便地求出流网中任意网格上的渗透力及其作用方向。例如从图 2-13 中流网中取出某一个网格，已知任两条等势线之间的水头降落为 Δh，则网格平均水力梯度 $i=\dfrac{\Delta h}{\Delta l}$，单位厚度上网格土体的体积 $V=\Delta s\Delta l\times 1$，则作用于该网格土体上的总渗透力为

$$J=jV=\gamma_w i\Delta s\Delta l\times 1=\gamma_w\Delta h\Delta s$$

假定 J 作用于该网格的形心上，方向与流线平行。显然，流网中各处的渗透力在大小和方向上均不相同，在等势线越密的那些区域，由于水力梯度 i 大，因而渗透力 j 也大。例如，在图 2-13 的流网中，上游的 $A—B$ 入渗处和下游 $D—E$ 的逸出处，渗透力均较大，但两处渗透力对土体稳定性的影响却截然相反。在 $A—B$ 处，由于渗透力方向与重力方向一致，故渗透力对土骨架起压密作用，对土体稳定有利；而在 $D—E$ 处，渗透力方向与重力方向相反，渗透力对土体起浮托作用，对土体稳定十分不利，甚至当渗透力大到某一数值时，会使该处土体发生浮起和破坏。因此，在有渗流的情况下，由于渗透力的存在，将使土体内部受力情况（包括大小和方向）发生变化。一般地说，这种变化对土体的整体稳定是不利的，但是，对于渗流中的具体部位应作具体分析。例如，对于图 2-15 中的1 点，由于渗透力方向与重力一致，渗流力促使土体压密、强度提高，对稳定起着有利的作

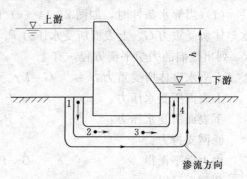

图 2-15　坝下渗流

用；2，3 两点的渗透力方向与重力近乎正交，使土粒有向下游方向移动的趋势，对稳定是不利的；4 点的渗透力方向与重力相反，对稳定最为不利，特别当向上的渗透力大于土体的有效重量时，土粒将被水流冲出，造成流土破坏。所以，研究渗流逸出区域的渗透力或逸出水力梯度，对结构物的安全有很大的意义。

2.5.2　临界水力梯度

若将图 2-14（b）中左端的贮水器不断上提，则 Δh 逐渐增大，从而作用在土体中的渗透力也逐渐增大，而方向与土体重力方向相反；当 Δh 增大到某一数值（土的有效容重 γ'）时，向上的渗透力克服了土体向下的重力，即滤网上作用力为 0，则土体发生浮起而处于悬浮状态失去稳定，土粒随水流动，这种现象称为流土或流砂。这时的水力梯度称为临界水力梯度，用符号 i_{cr} 表示。令式（2-32）中滤网作用力 $R=0$，则化简可得

$$i_{cr} = \frac{\gamma'}{\gamma_w} = \frac{\gamma_{sat}}{\gamma_w} - 1 \qquad (2-33)$$

式中　γ_{sat}——土的饱和容重；

　　　γ_w——水的容重。

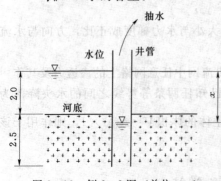

图 2-16　例 2-2 图（单位：m）

土的有效容重 γ' 一般在 $8\sim12\text{kN/m}^3$ 之间，而水的容重 γ_w 一般取 10kN/m^3，因此 i_{cr} 可近似地取 1。

【例 2-2】 设河水深 2m，河床表层为细砂，其颗粒相对密度 $G_s=2.68$，天然孔隙比 $e=0.8$。若将一井管沉至河底以下 2.5m，并将管内的砂土全部挖出，再从井管内抽水（图 2-16），问井内水位降低多少时会引起流土破坏？

解： 设井内水位降低 x 时到达流土的临界状

态，即 $i = i_{cr}$，从图 2-16 可知

$$i = \frac{x}{2.5}$$

故得

$$\frac{x}{2.5} = \frac{\gamma'}{\gamma_w}$$

则

$$x = 2.5 \frac{\gamma'}{\gamma_w}$$

已知土的 G_s 和 e，则其 γ' 为

$$\gamma' = \frac{\gamma_w(G_s - 1)}{1 + e} = \frac{10(2.68 - 1)}{1 + 0.8} = 9.33 (kN/m^3)$$

于是得

$$x = 2.5 \times \frac{9.33}{10} = 2.33 (m)$$

根据上述计算结果，井内水位降低 2.33m 时达到流土的临界状态，若再降低，就会发生流土破坏，即井外的砂土涌入井内。

2.5.3 渗透破坏及防治

土工建筑及地基由于渗流而出现的破坏或变形称为渗透破坏或渗透变形。渗流引起的渗透破坏问题主要有两大类：一是由于渗透力的作用，使土体颗粒流失或局部土体产生移动，导致土体变形失稳；二是由于渗流作用，使水压力或浮力发生变化，导致土体或结构失稳。前者主要表现为流土和管涌，后者则表现为岸坡滑动或挡土墙等构筑物失稳。还有渗流对土坡稳定有影响，这将在第 7 章中介绍。下面主要分析流土和管涌这两种渗透形式。

1. 渗透破坏的形式

按照渗透水流所引起的局部破坏的特征，渗透变形可分为流土和管涌两种基本形式。

流土是指在渗流作用下局部土体表面隆起，或土粒群同时起动而流失的现象。它主要发生在地基或土坝下游渗流逸出处。基坑或渠道开挖时所出现的流砂现象是流土的一种常见形式。图 2-17 表示在已建房屋附近进行排水开挖基坑时的情况。由于地基内埋藏着细

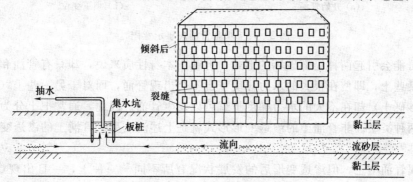

图 2-17 流土涌向基坑引起房屋不均匀下沉

砂层，当基坑开挖至该层时，在渗透力作用下，细砂向上涌出，造成大量流土，引起房屋不均匀下沉，上部结构开裂，影响了正常使用。图2-18为河堤下相对不远水覆盖层下面有一层强透水砂层。由于堤外水位高涨，局部覆盖层被水流冲蚀，砂土大量涌出，危及堤防的安全。

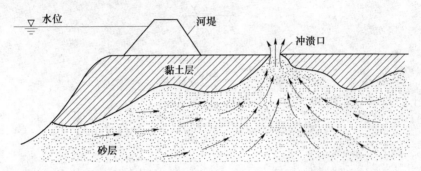

图2-18 河堤下游覆盖层下流砂涌出的现象

管涌是渗透变形的另一形式。它是指在渗流作用下土体中的细土粒在粗土粒形成的孔隙通道中发生移动并被带出的现象。主要发生在砂砾土中。图2-19表示混凝土坝坝基由于管涌失事的实例。开始土体中的细土粒沿渗流方向移动并不断流失，继而较粗土粒发生移动，从而在土体内部形成管状通道，带走大量砂粒，最后上部土体坍塌而造成坝体失事。

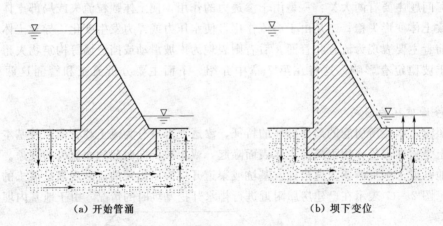

(a) 开始管涌   (b) 坝下变位

图2-19 坝基管涌失事示意图

渗流可能会引起两种局部破坏的形式，但就土本身性质来说，却只有管涌和非管涌之分。对于某些土，即使在很大的水力梯度下也不会出现管涌，而对于另一些土（如缺乏中间粒径的砂砾土）却在不大的水力梯度下就可以发生管涌。因此，通常把土分为管涌土和非管涌土两种类型。非管涌土的渗透变形形式就是上述流土型；管涌土的渗透变形形式属管涌型。

虽同属管涌型土，但渗透变形后的发展状况有所不同。一种土，一旦出现渗透变形，细土粒即连续不断地被带出，土体无能力再承受更大的水力梯度，有的甚至会出现所能承受的水力梯度下降的情况，这种土称为发展型管涌土；另一种土，当出现渗透变形后不久，细土粒即停止流失，土体尚能承受更大的水力梯度，继续增大水力梯度后，直至试样表面出现许多泉眼，渗流量会不断增大，或者最后以流土的形式破坏，这种土称为非发展型管涌土，实际上这种土是介于管涌型和流土型之间的过渡型土。所以，也可以将土细分为：管涌型土、过渡型土与流土型土三种类型。

关于渗透变形的形式，就一般黏性土来说，只有流土而无管涌，但分散性土例外。而对于无黏性土来说，其渗透变形的形式则与土的颗粒组成、级配和密度等因素相关。对过渡型土，其渗透变形的形式因密度的不同而不同，在较大密度下可能会出现流土，而在小密度下又可能变为管涌。中国水利水电科学研究院根据试验资料和一些学者的研究成果加以综合分析后认为，无黏性土的渗透变形形式可以根据土的不均匀系数、级配的连续性、级配中细料的含量以及土孔隙的平均直径等因素，按下列图示的标准进行判别。

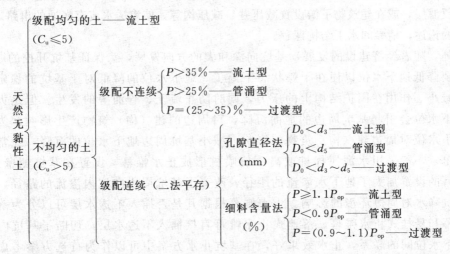

注　1. P 为细料含量，对于级配不连续的土，是指小于粒组频率曲线中谷点对应粒径的土料含量；对于级配连续的土，是指小于几何平均粒径 $d = \sqrt{d_{70}d_{10}}$ 的土粒含量，d_{70}、d_{10} 为小于该粒径的土粒含量分别为 70% 和 10%。

2. d_3、d_5 为小于该粒径的土粒含量分别为 3% 和 5%。

3. D_0 为土孔隙的平均直径，按 $D_0 = 0.63nd_{20}$ 估算，n 为土的孔隙率，d_{20} 为土的等效粒径，是指小于该粒径的土粒含量为 20%。

4. P_{op} 为最优细料含量，$P_{op} = (0.2 - n + 3n^2)/(1 - n)$，$n$ 为土的孔隙率。

2. 渗透破坏的防治

防止流土的关键在于控制逸出处的水力梯度，为了保证实际的逸出水力梯度不超过允许水力梯度，工程上可采取如下措施。

(1) 上游做垂直防渗帷幕，如混凝土防渗墙、打钢板桩或灌浆帷幕等。根据实际需要，帷幕可完全切断地基的透水层，彻底解决地基土的渗透变形问题，也可不完全切断透水层，做成悬挂式，起延长渗流途径、降低下游逸出水力梯度的作用。

(2) 上游做水平防渗铺盖，以延长渗流途径、降低下游逸出坡降。

(3) 水利工程中，下游挖减压沟或打减压井，贯穿渗透性小的黏性土层，以降低作用在黏性土层底面的渗透压力。

（4）下游加透水盖重，以防止土粒被渗透力所悬浮。

（5）土层加固处理，如冻结法。

这几种工程措施往往是联合使用的，具体的设计方法可参阅有关书籍。

防止管涌一般可从下列两方面采取措施。

（1）改变水力条件，降低土层内部渗流逸出处的水力梯度。如上游做防渗铺盖或打板桩等。

（2）改变几何条件。在渗透逸出部位铺设层间关系满足要求的反滤层，是防止管涌破坏的有效措施。反滤层一般是1~3层级配较为均匀的砂子和砾石层，用以保护基土不让细颗粒带出，同时应具有较大的透水性，使渗流可以畅通。

总之，关于如何防止渗透变形的发生，一般可以从两个方面采取措施：一是减小水力梯度，为此，可以采取降低水头或增加渗流路径的办法来实现；二是在渗流逸出处加盖压重或设反滤层，或在建筑物下游设置减压井、减压沟等，使渗透水流有畅通的出路。有关这方面的论述，请参阅水工结构课程。

另外，随着经济建设的发展，基坑向深和大的方向发展，为保证基坑开挖的顺利进行，需要降低地下水位以便在干燥状态下施工。地下水位的降低对于基坑的稳定是有利的，减小了作用在围护结构上的压力，同时防止流土、管涌等的发生。但是大规模降低地下水位会引起基坑周边的地面沉降，对周边的建（构）筑物产生影响。为减轻降低地下水位对周边建（构）筑物的影响，减小基坑周边地下水位的沉降，经常采用止水帷幕，一般采用水泥搅拌桩或高压旋喷桩形成止水帷幕，设置在基坑侧壁外侧。止水帷幕的设置加大了地下水渗流的距径，改变了基坑周边向坑内渗流的路径，从而减小基坑降水对周边环境的影响。止水帷幕根据其是否插入不透水层可以分为落地式止水帷幕和悬挂式止水帷幕。落地式止水帷幕直接插入不透水层，切断了基坑内部和外部地下水位间的联系，止水效果好，在基坑止水方案中可以作为首选方案考虑；但当含水层深厚时，需要应用悬挂式止水帷幕，这种情况下基坑外的水会通过止水帷幕的底端，绕流进入到基坑中。明显地，止水帷幕的插入深度越大，地下水的绕流距离就越长，基坑周边的地下水位降低量越小，对于基坑周边的环境影响就越小，但是相应的工程费用也就会越高。

思 考 题

1. 什么是达西渗透定律？达西渗透定律成立的条件是什么？

2. 什么是渗透系数？确定渗透系数的方法有哪些？它们之间有什么不同？

3. 影响渗透系数的因素是什么？

4. 流网有什么特征？

5. 拉普拉斯（Laplace）方程是基于什么定律（定理）推导的？其解法有哪些？

6. 什么是临界水力梯度？如何对其进行计算？

7. 渗透破坏有哪几种形式？各自有什么特征？如何进行防治？

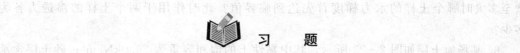

习 题

1. 如图 2-20 所示，观测孔 a、b 的水位标高分别为 23.50m 和 23.20m，两孔的水平距离为 20.0m。

(1) 确定 a—b 段的平均水头梯度 i；

(2) 如该土层为细砂，渗透系数 $k = 5 \times 10^{-2}$ mm/s，试确定 a—b 段的地下水流速度 v 和每小时（符号为 h）通过 1m² 截面积（垂直于纸面）的流量 Q（提示：流量 Q＝流速×过水面积×时间）；

(3) 同 (2)，但该土层为粉质黏土，渗透系数 $k = 6 \times 10^{-3}$ mm/s，起始水头梯度 $i' = 0.006$。

2. 某基坑施工中采用地下连续墙围护结构，其渗流网格如图 2-21 所示。已知土层的孔隙比 $e = 0.92$，土粒密度 $\rho_s = 2.67 \mathrm{g/cm^3}$，坑外地下水距离地表 1.5m，基坑的开挖深度为 9.0m，a、b 点所在的流网网格长度 $l = 2.0$m，试判断基坑中 a—b 区段的渗流稳定性。

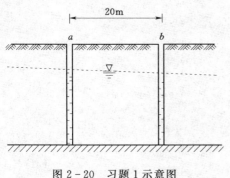

图 2-20 习题 1 示意图

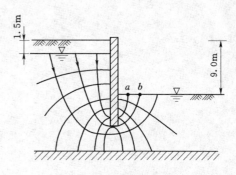

图 2-21 习题 2 示意图

3. 如图 2-22 所示，在恒定的总水头差之下水自下而上透过两个土样，从土样 1 顶面溢出。

(1) 以土样 2 底面 c-c 为基准面，求该面的总水头和静水头；

(2) 已知水流经土样 2 的水头损失为总水头差的 30%，求 b-b 面的总水头和静水头；

(3) 已知土样 2 的渗透系数为 0.05cm/s，求单位时间内土样横截面单位面积的流量；

(4) 求土样 1 的渗透系数。

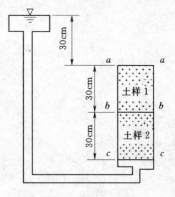

图 2-22 习题 3 示意图

4. 在习题 3 中，已知土样 1 和 2 的孔隙比分别为 0.7 和 0.55，求水在土样中的平均渗流速度和在两个土样孔隙中的渗流速度。

5. 在图 2-22 中，水在两个土样内渗流的水头损失与习题 3 相同，土样的孔隙比见习题 4，又知土样 1 和 2 的土粒相对密度分别为 2.7 和 2.65，如果增大总水头差，问当其增至多大时哪个土样的水力梯度首先达到临界值？此时作用于两个土样的渗透力各为多少？

6. 某场地土层如图 2-23 所示，其中黏性土的饱和容重为 20.0kN/m³；砂土层含承压水，其水头高出该层顶面 8.5m。今在黏性土层内挖一深 7.0m 的基坑，为使坑底土不致因渗流而破坏，问坑内的水深 h 不得小于多少？

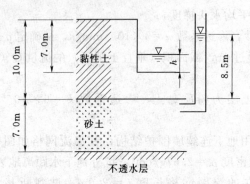

图 2-23 习题 6 示意图

第 3 章　土 中 应 力 计 算

3.1　概　　述

3.1.1　土中应力的计算目的及理论

为保证建筑物的安全和正常使用，在地基设计时要满足两方面的要求：第一，地基强度要求，即保证建筑物地基的稳定性，不发生滑动破坏，有一定的地基强度安全系数；第二，地基的变形条件，即要求建筑物的地基变形不能大于变形允许值。在验证强度条件时，需要计算荷载作用下在地基中引起的应力，并判断是否在允许范围内。地基的变形要求则需先根据土体在荷载作用下产生的应力和土的压缩性指标计算出变形，再与容许变形比较，判断是否在容许的范围内。由上可见，不论是保证地基的强度要求还是其变形要求，都必须要先确定出土中应力的大小及其分布状况，这也是土力学的基本内容之一。

目前，土中应力的计算理论是在认为地基是均质、连续、各向同性的半无限弹性体的前提下推导得到的，这与土体本身由三相组成的非均质、分散、具有明显成层性和各向异性以及变形非线性的特征存在明显差异，因此在假设前提下，计算结果势必会存在误差。实践证明，在一般建筑物荷载作用下地基中应力的变化范围不太大时，这种简化产生的误差在工程允许的范围内，可认为地基土符合弹性半无限体的假定，采用弹性力学公式进行计算。

3.1.2　土中应力

1. 分类

（1）按引起原因不同分为自重应力和附加应力两种。自重应力是指由土体在本身重量的作用下产生的应力，一般在成土的同时产生。附加应力是指由于外荷载（如建筑荷载、地震荷载等）的作用，在土体中产生的应力增量。由于二者的产生原因不同，其分布规律和计算方法也不相同。

（2）按照承担对象不同分为有效应力和孔隙压力。通过土颗粒间的接触，即由土骨架承担或传递的应力叫有效应力。由土体中孔隙（水、气体）所承担的应力叫孔隙压力，对于饱和土体孔隙压力就是孔隙水压力，同一点孔隙水压力各向相等，不直接引起土体变形。有效应力和孔隙压力的和称为总应力。

2. 土体中任一点的应力状态

在局部荷载作用下（如柱下独立基础），地基中的应力状态属于三维应力状态。在选定的直角坐标系中，地基中任一点 $M(x, y, z)$ 的应力状态，可用通过该点的微小立方体上的应力分量表示，其中包括三个法向应力 σ_x、σ_y、σ_z 和三对剪应力 $\tau_{xy} = \tau_{yx}$、$\tau_{yz} = \tau_{zy}$、$\tau_{zx} = \tau_{xz}$。

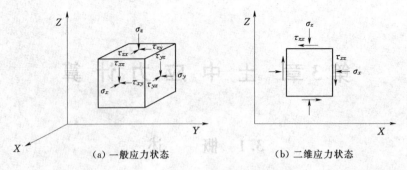

（a）一般应力状态　　　　　　　（b）二维应力状态

图 3-1　一点的应力分量及正方向

由于土力学的研究对象如基底压力、土压力等都属于压应力，因此法向应力规定压应力为正、拉应力为负。对于剪应力，在正面（外法向与坐标轴方向一致的面）剪应力与坐标轴方向相反为正，在负面（外法向与坐标轴方向相反）剪应力与坐标轴方向一致为正。

当建筑物基础在一个方向的尺寸远比另外一个方向的尺寸大得多（如挡土墙下的地基），且每个横截面上应力的大小和分布相同时，地基中的应力可简化为平面问题。正应力以压为正，剪应力逆时针方向为正。

3.2　土中自重应力

假设土是均匀的半无限体，天然地面是一个无限大的水平面，土中任一点仅受自重作用。由于土体关于任意一个竖直面都对称，且无相对位移，因此竖直面上的剪应力必定均是 0，即 $\tau_{xz}=\tau_{yz}=0$。根据剪应力互等的原则可得 $\tau_{zy}=\tau_{zx}=0$。同理，土体在自重作用下无侧向位移及剪切变形，因此有 $\tau_{xy}=\tau_{yx}=0$。由上可知，在自重作用下土体中任一点只受三个法向应力 σ_x、σ_y 和 σ_z 作用。以下将水平方向的应力称为水平自重应力，分别记作 σ_{cx}、σ_{cy}；竖直方向的应力称为竖向自重应力，记作 σ_{cz}，简称自重应力。

1. 均质土的自重应力

地基中任意深度 z 处的竖向自重应力等于单位面积上土柱重力，设天然容重为 γ，则

$$\sigma_{cz}=\frac{W}{A}=\frac{\gamma z A}{A}=\gamma z \tag{3-1}$$

均质土层中自重应力随深度线性增加，呈三角形分布如图 3-2 所示。

2. 成层土的自重应力

对于成层土，地面以下 z 处土的自重应力等于各层土自重应力的和，即

$$\sigma_{cz}=\gamma_1 h_1+\gamma_2 h_2+\gamma_3 h_3+\cdots+\gamma_n h_n$$

$$=\sum_{i=1}^{n}\gamma_i h_i \tag{3-2}$$

式中　n——天然地面至深度 z 处土的层数；

h_i——第 i 层土的厚度，m；

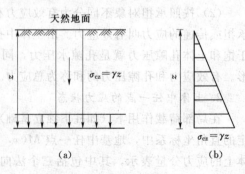

图 3-2　均质地基中自重应力

γ_i——第 i 层土的容重，kN/m³。

由公式（3-2）可知，成层土中自重应力沿深度呈折线分布，转折点在土层交界处。

若计算范围内存在地下水，地下水位以下的土层受浮力作用，自重应力减小，计算时取土层有效容重 γ'。对于毛细饱和带的土层，土体虽然处在饱和状态，但并不传递水压力，计算时取土层饱和容重 γ_{sat}。

在地下水位以下，如埋藏有不透水层（如连续分布的坚硬黏性土层），由于不透水层不受浮力，不透水层面及以下土的自重应力按上覆土层的水土总量计算，即地下水位线至不透水层面之间取土的饱和容重。

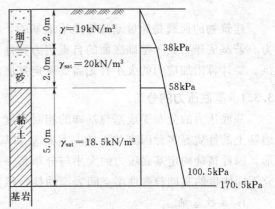

图 3-3 地质剖面图

【例 3-1】 某多层地基，地质剖面如图 3-3 所示，试绘制自重应力 σ_{cz} 沿深度的分布图，并计算基岩顶面的自重应力。

解：

$$\sigma_{cz1}=\gamma_1 h_1=19\times 2=38(\text{kPa})$$

$$\sigma_{cz2}=\gamma_1 h_1+\gamma_2' h_2=19\times 2+(20-10)\times 2=58(\text{kPa})$$

$$\sigma_{cz3}=\gamma_1 h_1+\gamma_2' h_2+\gamma_3' h_3=19\times 2+(20-10)\times 2+(18.5-10)\times 5=100.5(\text{kPa})$$

基岩顶面的自重应力

$$\sigma_{cz4}=\gamma_1 h_1+\gamma_{2sat} h_2+\gamma_{3sat} h_3=19\times 2+20\times 2+18.5\times 5=170.5(\text{kPa})$$

【例 3-2】 若例 3-1 中的地下水位降至地表以下 4.0m 处，假定细砂层容重均为 19kN/m³，σ_{cz} 的分布图将有什么变化？

解： 地下水位变化后：

$$\sigma_{cz1}=\gamma_1 h_1=19\times 2=38(\text{kPa})$$

$$\sigma_{cz2}=\gamma_1 h_1=19\times 4=76(\text{kPa})$$

$$\sigma_{cz3}=\gamma_1 h_1+\gamma_2' h_2=19\times 4+(18.5-10)\times 5=118.5(\text{kPa})$$

38kPa

58kPa

76kPa

地下水位下降前

地下水位下降后

100.5kPa

118kPa

图 3-4 σ_{cz} 分布图

σ_{cz} 的分布如图 3-4 所示。

由例 3-2 可知地下水位降低（如局部降水或者过度开采地下水），会导致自重应力将增加，从而造成地表大面积下沉。

一般土层形成的地质年代较长，在自重作用下已达到变形稳定，不会引起建筑物基础的沉降。对于新近堆积的土层，在自重影响下要达到沉降稳定需要一段时间，确定修建在这类地基上建筑物的沉降量时需考虑自重应力引起的那部分变形。

3.3 基 底 压 力

建筑物的荷载是通过基础传递给地基的，基础底面与地基之间的接触压力称为基底压力。若基底压力大于基础底面的自重应力，地基中将引起附加应力，地基土压缩，基础下沉。要计算附加应力的大小首先需要确定基底压力的分布和大小。

3.3.1 基底压力的分布

基底压力的分布受地基与基础的相对刚度、荷载大小与分布情况、基础埋深大小以及地基土的性质等多种因素的影响，且地基和基础这两种刚度相差很大的材料不能协调变形，因此精确确定基底压力的大小与分布是一个很复杂的问题。目前主要采用弹性理论研究不同刚度的基础与弹性半空间表面的接触压力的分布问题。

1. 柔性基础

土坝、路基、油罐薄板这类基础，本身刚度很小，在竖向荷载作用下几乎没有抵抗变形的能力，基础和地基同步变形。所以柔性基础接触压力分布与其上部荷载分布情况相同，如图3-5所示。

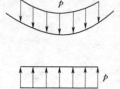

图3-5 柔性基础基底压力分布　　　　图3-6 刚性基础基底压力分布

2. 刚性基础

块式整体基础、素混凝土这类基础，本身刚度较大，抵抗变形的能力强。在竖向荷载

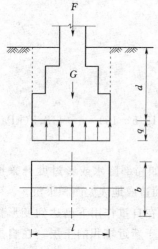

图3-7 中心荷载下矩形
基底压力分布

的作用下基础不发生显著变形，地基与基础的变形一致，基底压力图形分布复杂。在中心荷载下，基底压力成马鞍形分布；荷载较大时，基础边缘土应力过大，产生塑形变形，边缘应力无法再增加，新增荷载由中央部分的土体承担，呈现抛物线形分布；作用在基础上的荷载继续增加至地基将要破坏时，应力呈现钟形分布，如图3-6所示。

基础底面接触压力呈现多种形状的分布，目前尚无精确、简便的方法计算。工程实践中，一般近似认为基底压力分布按直线变化，利用力学公式进行简化计算。

3.3.2 基底压力的简化计算

1. 中心荷载作用下的基底压力

当基础受竖向中心荷载作用时，假定基底压力为均匀分布，作用在基底的荷载合力通过基底形心（图3-7），平均

基底压力可按下式计算，即

$$p=\frac{F+G}{A}\qquad(3-3)$$

其中
$$G=\gamma_G A d$$

式中 F——上部结构传至基础顶面的竖向力设计值，kN；

G——基础自重设计值及其上回填土重标准值之和，kN；

d——基础埋深，m，一般从室内设计地面或室内外平均设计地面算起；

γ_G——基础及回填土的平均容重，一般取 20kN/m^3，地下水位以下部分取有效容重；

A——基础地面面积，m^2

对于条形基础，可沿长度方向取 1 延米计算，上式中的 F、G 取每延米对应值（kN/m）

2. 偏心荷载作用下的基底压力

基础受单向偏心荷载（荷载作用于矩形基底的一个主轴上）作用时，为抵抗荷载的偏心作用，设计时通常把基础底面的长边 l 布置在偏心方向，两个短边边缘最大压力 $p_{\max}$ 与最小压力 $p_{\min}$ 设计值可按材料力学短柱偏心受压公式计算（图 3-8）：

$$\frac{p_{\max}}{p_{\min}}=\frac{F+G}{A}\pm\frac{M}{W}\qquad(3-4)$$

式中 M——作用于基础底面的力矩设计值，kN·m；

W——基础底面的抵抗矩，m^3，对于矩形截面，

$W=\dfrac{bl^2}{6}$。

将偏心荷载偏心距 $e=\dfrac{M}{F+G}$，$A=bl$ 和 $W=\dfrac{bl^2}{6}$ 代入式

（3-4）可得

$$\frac{p_{\max}}{p_{\min}}=\frac{F+G}{A}\left(1\pm\frac{6e}{l}\right)\qquad(3-5)$$

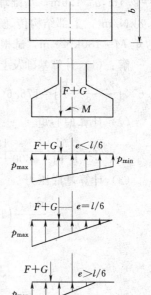

按照 e 的大小不同，基底压力呈三种分布情况（图 3-8）：

（1）当 $e<\dfrac{l}{6}$ 时，基底压力呈梯形分布。

（2）当 $e=\dfrac{l}{6}$ 时，基底压力呈三角形分布。

（3）当 $e>\dfrac{l}{6}$ 时，式中 $p_{\min}<0$，按材料力学的假定，基底

图 3-8 偏心荷载下矩形
基底压力分布

将出现拉应力。而基础与地基之间不可能产生拉力，此时基底

与地基之间将局部脱开，基底压力重新分布。由力学知识可知，基础在地基反力、上部结构传递下来的荷载与基础自重的共同作用下保持平衡。因此，必有 $F+G$ 的作用线通过基底压力图形的形心，基底压力图形底边必为 $3a$，其中 $a=\dfrac{l}{2}-e$，由 $F+G=\dfrac{1}{2}\times 3ap_{\min}b$ 可得

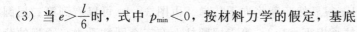

$$p_{\max}=\frac{2(F+G)}{3ab}$$

式中　a——单向偏心竖向荷载作用点至基底最大压力边缘的距离，m，$a = \dfrac{l}{2} - e$；

　　　b——基础底面宽度，m。

3.3.3　基底附加压力

由于形成年代久远，天然土层在自重作用下的沉降可认为已经稳定。此时若在其上施加荷载，则土体必会在新增荷载的作用下产生变形。土力学中将导致地基中产生附加应力的那部分基底压力叫做基底附加压力，在数值上等于基底压力减去基底标高处原有的自重应力，用 p_0 表示。

基底压力为均匀分布时　　　　　$p_0 = p - \gamma_0 d$　　　　　　　　　　　　（3-6）

基底压力为梯形分布时　　　　$\begin{matrix} p_{0max} \\ p_{0min} \end{matrix} = \begin{matrix} p_{max} \\ p_{min} \end{matrix} - \gamma_0 d$　　　　　　　　（3-7）

式中　γ_0——基础埋深范围内土的加权容重。

【例 3-3】　如图 3-9 所示柱下独立基础底面尺寸 $l = 2.4\text{m}, b = 1.6\text{m}$，基础埋深范围内为黏土，容重 $\gamma = 1.8\text{kN/m}^3$，上部结构传递给基础的竖向力 $F = 800\text{kN}$，弯矩 $M = 180\text{kN} \cdot \text{m}$，试根据图中资料计算基底压力。

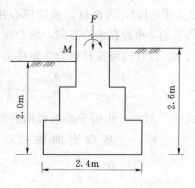

图 3-9　例 3-3 示意图

解：（1）计算基础及上覆土重 $G = \gamma_G A d = 20 \times 2.4 \times$

$1.6 \times \left(\dfrac{2.0 + 2.6}{2} \right) = 176.6 \text{(kN)}$

（2）计算偏心矩

$$e = \frac{M}{F + G} = \frac{180}{800 + 176.6} = 0.184 \text{(m)}$$

（3）计算基底压力

$$\begin{matrix} p_{max} \\ p_{min} \end{matrix} = \frac{F + G}{A} \left(1 \pm \frac{6e}{l} \right) = \frac{800 + 176.6}{2.4 \times 1.6} \left(1 \pm \frac{6 \times 0.184}{2.4} \right) = \begin{matrix} 371.3 \\ 137.3 \end{matrix} \text{(kPa)}$$

3.4　地基中的附加应力

附加应力是指在基底附加压力的作用下地基中引起的应力，下面通过一个实验模型来了解其产生及分布情况。用无数个直径相同、水平放置的小圆柱代表土粒，在最上层中的一个圆柱上作用集中力 $F = 1$，很显然荷载将向下传递。由图 3-10 可以看到第二层圆柱上有两个圆柱受力，每个圆柱承担 $F = 1/2$，第三层圆柱上有三个圆柱受力，承担的荷载大小分别为 $1/4$、$2/4$ 和 $1/4$，……。

通过分析可以得出附加应力不但在竖直方向上向下传递，水平方向上也分布在力的作用线范围以外，这就是应力扩散现象。在附加压力的作用下，地基中的引起的附加应力到底该如何计算呢？下面的内容将作具体介绍。

假定地基是连续、均匀、各向同性的线性变形弹性体，基础刚度为 0，利用弹性力学的原理可计算出地基中的附加应力。

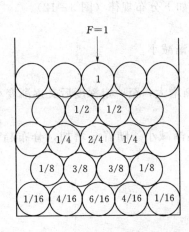

图 3-10 应力扩散原理

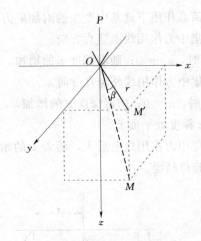

图 3-11 半无限空间弹性体
表面受集中力作用

3.4.1 竖向集中力作用下的地基附加应力

在半无限弹性空间体表面上作用一集中荷载 P，如图 3-11 所示，将在空间内任一点 $M(x，y，z)$ 引起应力。法国学者布辛涅斯克于 1885 年利用弹性理论求出了该点的应力（σ_x、σ_y、σ_z、τ_{xy}、τ_{yz}、τ_{zx}）及位移（u_x、u_y、u_z）的解析解。在应力分量中，与建筑工程地基计算直接相关的为竖向应力 σ_z，下面仅介绍 σ_z 的计算公式，即

$$\sigma_z = \frac{3Pz^3}{2\pi R^5} = \frac{3P}{2\pi R^2}\cos^3\beta \qquad (3-8)$$

式中 R——M 点至坐标原点 O 的距离，$R=\sqrt{x^2+y^2+z^2}=\sqrt{r^2+z^2}$；

r——M' 点至坐标原点 O 的距离。

将 $R^2=r^2+z^2$ 带入式（3-8），可得

$$\sigma_z = \frac{3Pz^3}{2\pi R^5} = \frac{3}{2\pi}\frac{1}{\left[1+\left(\dfrac{r}{z}\right)^2\right]^{\frac{5}{2}}}\frac{P}{z^2} = \alpha\frac{P}{z^2} \qquad (3-9)$$

式中 α——集中力作用下的地基竖向附加应力系数，是 r/z 的函数，由表 3-1 查得。

表 3-1　　集中力作用下的竖向附加应力系数 α

$\dfrac{r}{z}$	K	$\dfrac{r}{z}$	K	$\dfrac{r}{z}$	K	$\dfrac{r}{z}$	K	$\dfrac{r}{z}$	K
0.00	0.4775	0.50	0.2733	1.00	0.0844	1.50	0.0251	2.00	0.0085
0.05	0.4745	0.55	0.2466	1.05	0.0744	1.55	0.0224	2.20	0.0058
0.10	0.4657	0.60	0.2214	1.10	0.0658	1.60	0.0200	1.40	0.0040
0.05	0.4516	0.65	0.1978	1.15	0.0581	1.65	0.0179	2.60	0.0029
0.20	0.4329	0.70	0.1762	1.20	0.0513	1.70	0.0160	2.80	0.0021
0.25	0.4103	0.75	0.1565	1.25	0.0454	1.75	0.0144	3.00	0.0015
0.30	0.3849	0.80	0.1386	1.30	0.0402	1.80	0.0129	3.50	0.0007
0.35	0.3577	0.85	0.1226	1.35	0.0357	1.85	0.0116	4.00	0.0004
0.40	0.3294	0.90	0.1083	1.40	0.0317	1.90	0.0105	4.50	0.0002
0.45	0.3011	0.95	0.0956	1.45	0.0282	1.95	0.0095	5.00	0.0001

集中荷载作用下地基中产生的附加应力存在如下分布规律（图3-12）。

（1）集中力作用线上竖直方向。

$z=0$ 时，$\sigma_z \rightarrow \infty$；随着深度 z 的增加，σ_z 逐渐减小。

（2）集中力作用线外竖直方向。

$z=0$ 时，$\sigma_z=0$；随着深度 z 的增加，σ_z 逐渐增大，至一定深度后又逐渐变小。

（3）z 深度处平面上。

σ_z 在集中力作用线上最大，随着 r 的增加逐渐减小。随着 z 增加，分布趋势保持不变，变化趋势趋缓。

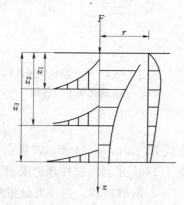

图3-12　集中荷载作用下附加应力分布规律　　　图3-13　σ_z 等值线

作任一经过集中荷载作用线的竖直面，将该面上应力相同的点连接起来，可得到如图3-13所示的 σ_z 等值线。若将空间中的等值点连接起来将形成一个泡，称为应力泡。

若半无限体表面作用有几个集中力时，地基中任一点 M 处的附加应力 σ_z 可应用应力叠加原理得出，即

$$\sigma_z = \alpha_1 \frac{F_1}{z^2} + \alpha_2 \frac{F_2}{z^2} + \cdots + \alpha_n \frac{F_n}{z^2} \qquad (3-10)$$

式（3-10）也适用于局部分布荷载，若局部分布荷载的平面形状或分布规律不规则时，可将分布荷载划分为若干规则的平面形状，其中每个形状可用一个集中力来代换，再用式（3-10）计算即可，这种方法称为等代荷载法。

3.4.2　分布荷载作用下的附加应力计算

建筑工程中，荷载通过基础传递给地基，而基础有一定的尺寸，因此作用在地基上的荷载一般不能作为集中荷载处理。当基础底面的尺寸和荷载分布有规律时，可以通过积分的方法求出地基土中的附加应力。下面介绍几种常见情况下 σ_z 的确定方法。

1. 矩形面积上作用竖向均布荷载时的附加应力计算

矩形基础长宽分别为 l、$b(l \geqslant b)$，其上作用竖向均布荷载 p，基础角点下任一深度 z 处的附加应力如图3-14所示，可由下式求得

$$\sigma_z = \int_0^l \int_0^b \frac{3p}{2\pi} \frac{z^3}{(x^2+y^2+z^2)^{5/2}} \mathrm{d}x \mathrm{d}y$$

$$= \frac{p}{2\pi} \left[\arctan \frac{m}{n\sqrt{1+m^2+n^2}} + \frac{mn}{\sqrt{1+m^2+n^2}} \left(\frac{1}{m^2+n^2} + \frac{1}{1+n^2} \right) \right]$$

$$= \alpha_c p \qquad\qquad\qquad (3-11)$$

式中　α_c——均布矩形基础角点下的竖向附加应力系数，简称
　　　　角点应力系数，可通过表 3-2 查得。

其中，$m=l/b$，$n=z/b$。

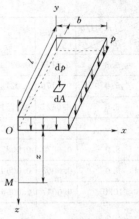

图 3-14 矩形面积均布荷载
作用时角点下的附加应力

对于矩形荷载作用下地基中任意点的附加应力可利用式
(3-4) 和应力叠加原理计算。将荷载划分为多个以计算点 O
为公共角点的面积，分别计算出各矩形均布荷载单独作用时 O
点引起的附加应力 σ_z，求其代数和即为该点的附加应力，这
种计算方法叫做角点法。具体分为以下几种情况。

表 3-2　　　　　矩形面积受垂直均布荷载作用时角点下竖向附加应力系数 α_c 值

$n=z/b$ \ $m=l/b$	1.0	1.2	1.4	1.6	1.8	2.0	3.0	4.0	5.0	6.0	10.0
0.0	0.2500	0.2500	0.2500	0.2500	0.2500	0.2500	0.2500	0.2500	0.2500	0.2500	0.2500
0.2	0.2486	0.2489	0.2490	0.2491	0.2491	0.2491	0.2492	0.2492	0.2492	0.2492	0.2492
0.4	0.2401	0.2420	0.2429	0.2434	0.2437	0.2439	0.2442	0.2443	0.2443	0.2443	0.2443
0.6	0.2229	0.2275	0.2300	0.2315	0.2324	0.2329	0.2339	0.2341	0.2342	0.2342	0.2342
0.8	0.1999	0.2075	0.2120	0.2147	0.2165	0.2176	0.2196	0.2200	0.2202	0.2202	0.2202
1.0	0.1752	0.1851	0.1911	0.1955	0.1981	0.1999	0.2034	0.2042	0.2044	0.2045	0.2046
1.2	0.1516	0.1626	0.1705	0.1758	0.1793	0.1818	0.1870	0.1882	0.1885	0.1887	0.1888
1.4	0.1308	0.1423	0.1508	0.1569	0.1613	0.1644	0.1712	0.1730	0.1735	0.1738	0.1740
1.6	0.1123	0.1241	0.1329	0.1436	0.1445	0.1482	0.1567	0.1590	0.1598	0.1601	0.1604
1.8	0.0969	0.1083	0.1172	0.1241	0.1294	0.1334	0.1434	0.1463	0.1474	0.1478	0.1482
2.0	0.0840	0.0947	0.1034	0.1103	0.1158	0.1202	0.1314	0.1350	0.1363	0.1368	0.1374
2.2	0.0732	0.0832	0.0917	0.0984	0.1039	0.1084	0.1205	0.1248	0.1264	0.1271	0.1277
2.4	0.0642	0.0734	0.0812	0.0879	0.0934	0.0979	0.1108	0.1156	0.1175	0.1184	0.1192
2.6	0.0566	0.0651	0.0725	0.0788	0.0842	0.0887	0.1020	0.1073	0.1095	0.1106	0.1116
2.8	0.0502	0.0580	0.0649	0.0709	0.0761	0.0805	0.0942	0.0999	0.1024	0.1036	0.1048
3.0	0.0447	0.0519	0.0583	0.0640	0.0690	0.0732	0.0870	0.0931	0.0959	0.0973	0.0987
3.2	0.0401	0.0467	0.0526	0.0580	0.0627	0.0668	0.0806	0.0870	0.0900	0.0916	0.0933
3.4	0.0361	0.0421	0.0477	0.0527	0.0571	0.0611	0.0747	0.0814	0.0847	0.0864	0.0882
3.6	0.0326	0.0382	0.0433	0.0480	0.0523	0.0561	0.0694	0.0763	0.0799	0.0816	0.0837
3.8	0.0296	0.0348	0.0395	0.0439	0.0479	0.0516	0.0645	0.0717	0.0753	0.0773	0.0796
4.0	0.0270	0.0318	0.0362	0.0403	0.0441	0.0474	0.0603	0.0674	0.0712	0.0733	0.0758
4.2	0.0247	0.0291	0.0333	0.0371	0.0407	0.0439	0.0563	0.0634	0.0674	0.0696	0.0724
4.4	0.0227	0.0268	0.0306	0.0343	0.0376	0.0407	0.0527	0.0597	0.0639	0.0662	0.0692
4.6	0.0209	0.0247	0.0283	0.0317	0.0348	0.0378	0.0493	0.0564	0.0606	0.0630	0.0663

续表

$m=l/b$ $n=z/b$	1.0	1.2	1.4	1.6	1.8	2.0	3.0	4.0	5.0	6.0	10.0
4.8	0.0193	0.0229	0.0262	0.0294	0.0324	0.0352	0.0463	0.0533	0.0576	0.0601	0.0635
5.0	0.0179	0.0212	0.0243	0.0274	0.0302	0.0328	0.0435	0.0504	0.0547	0.0573	0.0610
6.0	0.0127	0.0151	0.0174	0.0196	0.0218	0.0238	0.0325	0.0388	0.0431	0.0460	0.0506
7.0	0.0094	0.0112	0.0130	0.0147	0.0164	0.0180	0.0251	0.0306	0.0346	0.0376	0.0428
8.0	0.0073	0.0087	0.0101	0.0114	0.0127	0.0140	0.0198	0.0246	0.0283	0.0311	0.0367
9.0	0.0058	0.0069	0.0080	0.0091	0.0102	0.0112	0.0161	0.0202	0.0235	0.0262	0.0319
10.0	0.0047	0.0056	0.0065	0.0074	0.0083	0.0092	0.0132	0.0167	0.0198	0.0222	0.0280

(1) O 点在荷载作用面内 [图 3 - 15 (a)]。

$$\sigma_z = (\alpha_{c\,eoha} + \alpha_{c\,fbho} + \alpha_{c\,cfog} + \alpha_{c\,goed}) p_0$$

(2) O 点在荷载作用面边缘 [图 3 - 15 (b)]。

$$\sigma_z = (\alpha_{c\,abef} + \alpha_{c\,cdfe}) p_0$$

(3) O 点在荷载作用面边缘外侧 [图 3 - 15 (c)]。

$$\sigma_z = (\alpha_{c\,gbfo} - \alpha_{c\,hafo} + \alpha_{c\,cgoe} - \alpha_{c\,dhoe}) p_0$$

(4) O 点在荷载作用面角点外侧 [图 3 - 15 (d)]。

$$\sigma_z = (\alpha_{c\,choe} - \alpha_{c\,bhof} - \alpha_{c\,dgoe} + \alpha_{c\,agof}) p_0$$

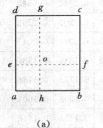 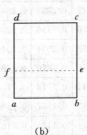 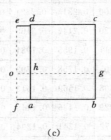 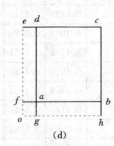

(a)　　　　　(b)　　　　　(c)　　　　　(d)

图 3 - 15　角点法的应用

【例 3 - 4】　如图 3 - 16 所示地表受均布荷载 $p=100\text{kPa}$ 作用，荷载面积 $l=4\text{m}$，$b=2\text{m}$，试求 J、K、G、F 以下 $z=2\text{m}$ 处的附加应力。

解：J 点下的应力：

通过 J 点将矩形面积分为四个相等矩形 $AMJL$、$JLBL$、$MJCN$ 和 $JNDK$，J 点为每个小矩形的角点，对应的应力系数分别为 α_{c1}、α_{c2}、α_{c3} 和 α_{c4}。

对矩形 $AMJL$ 有 $m=l/b=2\text{m}/1\text{m}=2$，$n=z/b$ $=2\text{m}/1\text{m}=2$，查表 3 - 2 得 $\alpha_{c1}=0.1752$，同理可得 $\alpha_{c2}=0.1752$、$\alpha_{c3}=0.1752$、$\alpha_{c4}=0.1752$。

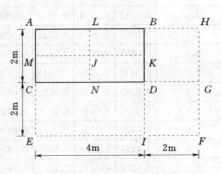

图 3 - 16　例 3 - 4 示意图

$$\sigma_{zJ} = (\alpha_{c1} + \alpha_{c2} + \alpha_{c3} + \alpha_{c4}) p = 4 \times 0.1752 \times 100 = 70.08(\text{kPa})$$

K 点下的应力：

通过 K 点将矩形面积分为两个相等矩形 $ABKM$ 和 $MKDC$，K 点为每个小矩形的角点，对应的应力系数分别为 α_{c1} 和 α_{c2}。

对矩形 $ABKM$ 有 $m = l/b = 4\text{m}/1\text{m} = 4$，$n = z/b = 2\text{m}/1\text{m} = 2$，查表 3-2 得 $\alpha_{c1} = 0.1350$，同理可得 $\alpha_{c2} = 0.1350$。

$$\sigma_{zJ} = (\alpha_{c1} + \alpha_{c2})p = 2 \times 0.1350 \times 100 = 27(\text{kPa})$$

G 点下的应力：

G 点是荷载作用面边缘外侧一点，计算该点的附加应力时，可先增加一个荷载面积 $BHGD$，荷载集度仍为 $p = 100\text{kPa}$，G 点在 $ABDC$ 作用下产生的附加应力等于单独受 $AHGC$ 作用产生的附加应力减去单独受 $BHGD$ 作用产生的附加应力。

对矩形 $AHGC$ 有 $m = l/b = 6\text{m}/2\text{m} = 3$，$n = z/b = 2\text{m}/2\text{m} = 1$，查表 3-2 得 $\alpha_{c1} = 0.2034$。

对矩形 $BHGD$ 有 $m = l/b = 2\text{m}/2\text{m} = 1$，$n = z/b = 2\text{m}/2\text{m} = 1$，查表 3-2 得 $\alpha_{c2} = 0.1752$。

$$\sigma_{zG} = (\sigma_{c1} - \sigma_{c2})p = (0.2034 - 0.1752) \times 100 = 2.82(\text{kPa})$$

F 点下的应力：

F 点是荷载作用面角点外侧一点，计算该点的附加应力时，可先增加一个 L 形荷载面积 $BHFECD$，荷载集度仍为 $p = 100\text{kPa}$，F 点在 $ABDC$ 作用下产生的附加应力等于单独受 $AEFH$ 作用产生的附加应力减去分别单独受 $BHFI$ 和 $CGFE$ 作用产生的附加应力加上单独受 $DGFI$ 作用产生的附加应力。

对矩形 $AEFH$ 有 $m = l/b = 6\text{m}/4\text{m} = 1.5$，$n = z/b = 2\text{m}/4\text{m} = 0.5$，查表 3-2 得 $\alpha_{c1} = (0.2429 + 0.2434 + 0.2300 + 0.2315)/4 = 0.2371$。

对矩形 $BHFI$ 有 $m = l/b = 4\text{m}/2\text{m} = 2$，$n = z/b = 2\text{m}/2\text{m} = 1$，查表 3-2 得 $\alpha_{c2} = 0.1999$。

对矩形 $CGFE$ 有 $m = l/b = 6\text{m}/2\text{m} = 3$，$n = z/b = 2\text{m}/2\text{m} = 1$，查表 3-2 得 $\alpha_{c3} = 0.2034$。

对矩形 $DGFI$ 有 $m = l/b = 2\text{m}/2\text{m} = 1$，$n = z/b = 2\text{m}/2\text{m} = 1$，查表 3-2 得 $\alpha_{c4} = 0.1752$。

$$\begin{aligned}\sigma_{zF} &= (\alpha_{c1} - \alpha_{c2} - \alpha_{c3} + \alpha_{c4})p \\ &= (0.2371 - 0.1999 - 0.2034 + 0.1752) \times 100 \\ &= 0.9(\text{kPa})\end{aligned}$$

2. 矩形面积上作用竖向三角形分布荷载时的附加应力计算

矩形基础上作用竖向三角形分布荷载，最大值为 p_t，荷载集度为 O 的基础角点 1 下任一深度 z 处引起的附加应力如图 3-17 所示，可由下式求得

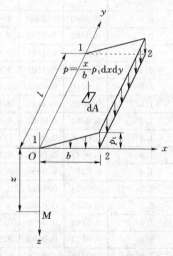

图 3-17　矩形面积三角形分布荷载作用时角点下的附加应力

$$\sigma_z = \int_0^l \int_0^b \frac{3p_t}{2\pi} \frac{\frac{x}{b}z^3}{(x^2+y^2+z^2)^{5/2}} \mathrm{d}x\mathrm{d}y = \frac{mn}{2\pi}\left[\frac{1}{\sqrt{m^2+n^2}} - \frac{n^2}{(1+n^2)\sqrt{m^2+n^2+1}}\right]p_t$$

$$= \alpha_{t1} p_t \tag{3-12}$$

荷载集度为 p_t 的基础角点 2 下任一深度 z 处的附加应力 σ_z 为

$$\sigma_z = (\alpha_c - \alpha_{t1})p_t = \alpha_{t2}p_t \tag{3-13}$$

α_{t1}、α_{t2} 可通过表 3-3 查得。

表 3-3　　　三角形分布的矩形荷载角点下的竖向附加应力系数 α_{t1} 和 α_{t2}

z/b \ l/b	0.2		0.4		0.6		0.8		1.0	
	1	2	1	2	1	2	1	2	1	2
0.0	0.0000	0.2500	0.0000	0.2500	0.0000	0.2500	0.0000	0.2500	0.0000	0.2500
0.2	0.0223	0.1821	0.0280	0.2115	0.0296	0.2165	0.0301	0.2178	0.0304	0.2182
0.4	0.0269	0.1094	0.0420	0.1604	0.0487	0.1781	0.0517	0.1844	0.0531	0.1870
0.6	0.0259	0.0700	0.0448	0.1165	0.0560	0.1405	0.0621	0.1520	0.0654	0.1575
0.8	0.0232	0.0480	0.0421	0.0853	0.0553	0.1093	0.0637	0.1232	0.0688	0.1311
1.0	0.0201	0.0346	0.0375	0.0638	0.0508	0.0852	0.0602	0.0996	0.0666	0.1086
1.2	0.0171	0.0260	0.0324	0.0491	0.0450	0.0673	0.0546	0.0807	0.0615	0.0901
1.4	0.0145	0.0202	0.0278	0.0396	0.0392	0.0540	0.0483	0.0661	0.0554	0.0751
1.6	0.0123	0.0160	0.0238	0.0310	0.0339	0.0440	0.0424	0.0547	0.0492	0.0628
1.8	0.0105	0.0130	0.0204	0.0254	0.0294	0.0363	0.0371	0.0457	0.0435	0.0534
2.0	0.0090	0.0108	0.0176	0.0211	0.0255	0.0304	0.0324	0.0387	0.0384	0.0456
2.5	0.0063	0.0072	0.0125	0.0140	0.0183	0.0205	0.0236	0.0265	0.0284	0.0313
3.0	0.0046	0.0051	0.0092	0.0100	0.0135	0.0148	0.0176	0.0192	0.0214	0.0233
5.0	0.0018	0.0019	0.0036	0.0038	0.054	0.0056	0.0071	0.0074	0.0088	0.0091
7.0	0.0009	0.0010	0.0019	0.0019	0.0028	0.0029	0.0038	0.0038	0.0047	0.0047
10.0	0.0005	0.0004	0.0009	0.0010	0.0014	0.0014	0.0019	0.0019	0.0023	0.0024

z/b \ l/b	1.2		1.4		1.6		1.8		2.0	
	1	2	1	2	1	2	1	2	1	2
0.0	0.0000	0.2500	0.0000	0.2500	0.0000	0.2500	0.0000	0.2500	0.0000	0.2500
0.2	0.0305	0.2148	0.0305	0.2185	0.0306	0.2185	0.0306	0.2185	0.0306	0.2185
0.4	0.0539	0.1881	0.0543	0.1886	0.0545	0.1889	0.0546	0.1891	0.0547	0.1892
0.6	0.0673	0.1602	0.0684	0.1616	0.0690	0.1625	0.0694	0.1630	0.0696	0.1633
0.8	0.0720	0.1355	0.0739	0.1381	0.0751	0.1396	0.0759	0.1405	0.0764	0.1412
1.0	0.0708	0.1143	0.0735	0.1176	0.0753	0.1201	0.0766	0.1215	0.0774	0.1225
1.2	0.0664	0.0962	0.0698	0.1007	0.0721	0.1037	0.0738	0.1055	0.0749	0.1069
1.4	0.0606	0.0817	0.0644	0.0864	0.0672	0.0897	0.0692	0.0921	0.0707	0.0937
1.6	0.0545	0.0696	0.0586	0.0743	0.0616	0.0780	0.0639	0.0806	0.0656	0.0826
1.8	0.0487	0.0596	0.0528	0.0644	0.0560	0.0681	0.0585	0.0709	0.0604	0.0730
2.0	0.0434	0.0513	0.0474	0.0560	0.0507	0.0596	0.0533	0.0625	0.0553	0.0649
2.5	0.0326	0.0365	0.0362	0.0405	0.0393	0.0440	0.0419	0.0469	0.0440	0.0491
3.0	0.0249	0.0270	0.0280	0.0303	0.0307	0.0333	0.0331	0.0359	0.0352	0.0380
5.0	0.0104	0.0108	0.0120	0.0123	0.0135	0.0139	0.0148	0.0154	0.0161	0.0167
7.0	0.0056	0.0056	0.0064	0.0066	0.0073	0.0074	0.0081	0.0083	0.0089	0.0091
10.0	0.0028	0.0028	0.0033	0.0032	0.0037	0.0037	0.0041	0.0042	0.0046	0.0046

z/b \ l/b	3.0		4.0		6.0		8.0		10.0	
	1	2	1	2	1	2	1	2	1	2
0.0	0.0000	0.2500	0.0000	0.2500	0.0000	0.2500	0.0000	0.2500	0.0000	0.2500
0.2	0.0306	0.2186	0.0306	0.2186	0.0306	0.2186	0.0306	0.2186	0.0306	0.2186
0.4	0.0548	0.1894	0.0549	0.1894	0.0549	0.1894	0.0549	0.1894	0.0549	0.1894
0.6	0.0701	0.1638	0.0702	0.1639	0.0702	0.1640	0.0702	0.1640	0.0702	0.1640
0.8	0.0773	0.1423	0.0776	0.1424	0.0776	0.1426	0.0776	0.1426	0.0776	0.1426
1.0	0.0790	0.1244	0.0794	0.1248	0.0795	0.1250	0.0796	0.1250	0.0796	0.1250
1.2	0.0774	0.1096	0.0779	0.1103	0.0782	0.1105	0.0783	0.1105	0.0783	0.1105
1.4	0.0739	0.0973	0.0748	0.0982	0.0752	0.0986	0.0752	0.0987	0.0753	0.0987
1.6	0.0697	0.0870	0.0708	0.0882	0.0714	0.0887	0.0715	0.0888	0.0715	0.0889
1.8	0.0652	0.0782	0.0666	0.0797	0.0673	0.0805	0.0675	0.0806	0.0675	0.0808
2.0	0.0607	0.0707	0.0624	0.0726	0.0634	0.0734	0.0636	0.0736	0.0636	0.0738
2.5	0.0504	0.0559	0.0529	0.0585	0.0543	0.0601	0.0547	0.0604	0.0548	0.0605
3.0	0.0419	0.0451	0.0449	0.0482	0.0469	0.0504	0.0474	0.0509	0.0476	0.0511
5.0	0.0214	0.0221	0.0248	0.0256	0.0283	0.0290	0.0296	0.0303	0.0301	0.0309
7.0	0.0124	0.0126	0.0152	0.0154	0.0186	0.0190	0.0204	0.3207	0.0212	0.0216
10.0	0.0066	0.0066	0.0084	0.0083	0.0111	0.0111	0.0128	0.0130	0.0139	0.0141

3. 圆形面积上作用竖向均布荷载时的附加应力计算

圆形面积上作用竖向均布荷载 p，圆心下任一深度 z 处引起的附加应力如图 3-18 所示，可由下式求得，即

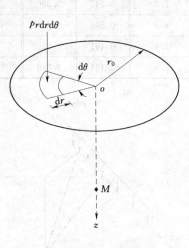

$$\sigma_z = \int_0^{2\pi} \int_0^{r_0} \frac{3p}{2\pi} \frac{rz^3}{(x^2 + y^2 + z^2)^{5/2}} dr d\theta = p \left[1 - \frac{1}{(r_0^2/z^2 + 1)^{3/2}} \right]$$

$$= \alpha_0 p \qquad (3-14)$$

同样采用积分的方法可求得圆形荷载边界线下任一深度处地基土的附加应力为

$$\sigma_z = \alpha_r p \qquad (3-15)$$

式中　α_0——均布圆形荷载中心点下的附加应力系数，由表 3-4 查得；

α_r——均布圆形荷载边界线下的附加应力系数，由表 3-4 查得。

图 3-18　圆形面积作用均布荷载时中心点下的附加应力

4. 竖向线荷载作用下的地基附加应力

均布竖向线荷载作用于地表，将在地基中任一点引起附加应力（图 3-19）。在线荷载上取微段 dy，利用布辛涅斯克解积分可求得任一点处的附加应力为

$$\sigma_z = \int_{-\infty}^{\infty} \frac{3pz^3}{2\pi(x^2 + y^2 + z^2)^{5/2}} dy = \frac{2pz^3}{\pi(x^2 + z^2)^2} \qquad (3-16)$$

均布竖向线荷载在实际工程中并不存在，以上求解的目的是为计算竖向均布条形荷载

及竖向三角形荷载作用下地基的附加应力提供依据。

表 3 - 4　　　　均布圆形荷载中心点及圆周边下的附加应力系数 α_0、α_r

z/r_0	α_o	α_r	z/r_0	α_o	α_r	z/r_0	α_o	α_r
0.0	1.000	0.500	1.6	0.390	0.243	3.2	0.130	0.108
0.1	0.999	0.494	1.7	0.360	0.230	3.3	0.124	0.103
0.2	0.992	0.467	1.8	0.332	0.218	3.4	0.117	0.098
0.3	0.976	0.451	1.9	0.307	0.207	3.5	0.111	0.094
0.4	0.949	0.435	2.0	0.285	0.196	3.6	0.106	0.090
0.5	0.911	0.417	2.1	0.264	0.186	3.7	0.101	0.086
0.6	0.864	0.400	2.2	0.245	0.176	3.8	0.096	0.083
0.7	0.811	0.383	2.3	0.229	0.167	3.9	0.091	0.079
0.8	0.756	0.366	2.4	0.210	0.159	4.0	0.087	0.076
0.9	0.701	0.349	2.5	0.200	0.151	4.2	0.079	0.070
1.0	0.647	0.332	2.6	0.187	0.144	4.4	0.073	0.065
1.1	0.595	0.316	2.7	0.175	0.137	4.6	0.067	0.060
1.2	0.547	0.300	2.8	0.165	0.130	4.8	0.062	0.056
1.3	0.502	0.285	2.9	0.155	0.124	5.0	0.057	0.052
1.4	0.461	0.270	3.0	0.146	0.118	6.0	0.040	0.038
1.5	0.424	0.256	3.1	0.138	0.113	10.0	0.015	0.014

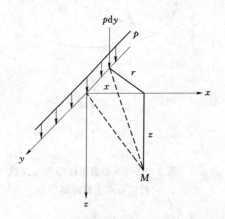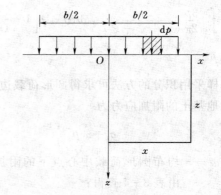

图 3 - 19　均布竖向线荷载下地基附加应力　　　图 3 - 20　均布竖向条形荷载下地基附加应力

5. 条形面积上作用竖向均布荷载时的附加应力计算

当地表受无限长的竖向均布荷载作用时，土中垂直于长度方向的每个平面上的附加应力分布规律完全相同，因此对于此类问题只需求解出一个截面上的附加应力即可了解整个地基的附加应力分布状况（图 3 - 20）。

$$dp = pdx = \frac{pR}{\cos\beta}d\beta$$

$$d\sigma_z = \frac{2pz^3\,dx}{\pi R^4} = \frac{2pR^3\cos^3\beta R\,d\beta}{\pi R^4\cos\beta} = \frac{2p}{\pi}\cos^2\beta\,d\beta$$

$$\sigma_z = \int_{\beta_1}^{\beta_2}\frac{2p}{\pi}\cos^2\beta\,d\beta$$

$$= \frac{p}{\pi}\left[\sin\beta_2\cos\beta_2 - \sin\beta_1\cos\beta_1 + (\beta_2 - \beta_1)\right] = \alpha_{sz}p \qquad (3-17)$$

同理可求得 $\qquad\qquad \sigma_x = \alpha_{sx}p\quad \tau_{xz} = \tau_{zx} = \alpha_{sxz}p$

α_{sz}、α_{sx} 和 α_{sxz} 可通过表 3-5 查得。

表 3-5 垂直均布条形荷载下的附加应力系数

z/b	x/b																
	0.00			0.25			0.50			1.00			1.50			2.00		
	α_{sz}	α_{sx}	α_{sxz}	α_{sz}	α_{sx}	α_{sxz}	α_{sz}	α_{sx}	α_{sxz}	α_{sz}	α_{sx}	α_{sxz}	α_{sz}	α_{sx}	α_{sxz}	α_{sz}	α_{sx}	α_{sxz}
0.00	1.00	1.00	0	1.00	1.00	0	0.50	0.50	0.32	0	0	0	0	0	0	0	0	0
0.25	0.96	0.45	0	0.90	0.39	0.13	0.50	0.35	0.30	0.02	0.17	0.05	0.00	0.07	0.01	0	0.04	0
0.50	0.82	0.18	0	0.74	0.19	0.16	0.48	0.23	0.26	0.08	0.21	0.13	0.02	0.12	0.04		0.07	0.02
0.75	0.67	0.08	0	0.61	0.10	0.13	0.45	0.14	0.20	0.15	0.22	0.16	0.04	0.14	0.07	0.02	0.10	0.04
1.00	0.55	0.04	0	0.51	0.05	0.11	0.41	0.09	0.16	0.19	0.15	0.16	0.07	0.14	0.10	0.03	0.13	0.05
1.25	0.46	0.02	0	0.44	0.03	0.07	0.37	0.06	0.12	0.20	0.10	0.14	0.10	0.12	0.10	0.04	0.11	0.07
1.50	0.40	0.01	0	0.38	0.02	0.06	0.33	0.04	0.10	0.21	0.08	0.13	0.10	0.10	0.10	0.06	0.10	0.07
1.75	0.35	—	0	0.34	0.01	0.04	0.30	0.03	0.10	0.21	0.06	0.10	0.03	0.10	0.09	0.07	0.09	0.08
2.00	0.31	—	0	0.31	—	0.03	0.28	0.02	0.06	0.20	0.05	0.10	0.04	0.07	0.10	0.08	0.08	0.08
3.00	0.21	—	0	0.21	—	0.02	0.20	0.01	0.03	0.17	0.02	0.06	0.13	0.03	0.07	0.10	0.04	0.07
4.00	0.16	—	0	0.16	—	0.01	0.15	—	0.02	0.14	0.01	0.03	0.12	0.02	0.05	0.10	0.03	0.05
5.00	0.13	—	0	0.13	—	—	0.12	—	—	0.12	—	—	0.11	—	—	0.09	—	—
6.00	0.11	—	0	0.10	—	—	0.10	—	—	0.10	—	—	0.10	—	—			

6. 条形面积上作用竖向三角形分布荷载时的附加应力计算

荷载分布如图 3-21 所示，任一点的 σ_z 求解如下：

$$dp = \frac{\eta}{b}p_t\,d\eta$$

$$\sigma_z = \frac{2pz^3}{\pi b}\int_0^b \frac{\eta}{(x-\eta)^2 + z^2}\,d\eta = \alpha_t^z p \qquad (3-18)$$

式中 α_t^z ——附加应力系数，可由表 3-6 查得。

利用以上计算附加应力的原理可以绘制出 σ_z、σ_x 和 τ_{xz} 的等值线图，如图 3-22 所示。

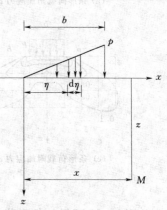

图 3-21 三角形分布的竖向条形荷载作用下的地基附加应力

表 3 - 6　　　　　　三角形分布的条形荷载下竖向附加应力系数 α_i^t 值

z/b ＼ x/b	−1.5	−1.0	−0.5	0.0	0.25	0.50	0.75	1.0	1.5	2.0	2.5
0.00	0.000	0.000	0.000	0.000	0.250	0.500	0.750	0.500	0.000	0.000	0.000
0.25	0.000	0.000	0.001	0.075	0.256	0.480	0.643	0.424	0.017	0.003	0.000
0.50	0.002	0.003	0.023	0.127	0.263	0.410	0.477	0.353	0.056	0.017	0.003
0.75	0.006	0.016	0.042	0.153	0.248	0.335	0.361	0.293	0.108	0.024	0.009
1.00	0.014	0.025	0.061	0.159	0.223	0.275	0.279	0.241	0.129	0.045	0.013
1.50	0.020	0.048	0.096	0.145	0.178	0.200	0.202	0.185	0.124	0.062	0.041
2.00	0.033	0.061	0.092	0.127	0.146	0.155	0.163	0.153	0.108	0.069	0.050
3.00	0.050	0.064	0.080	0.096	0.103	0.104	0.108	0.104	0.090	0.071	0.050
4.00	0.051	0.060	0.067	0.075	0.078	0.085	0.082	0.075	0.073	0.060	0.049
5.00	0.047	0.052	0.057	0.059	0.062	0.063	0.063	0.065	0.061	0.051	0.047
6.00	0.041	0.041	0.050	0.051	0.052	0.053	0.053	0.053	0.050	0.050	0.045

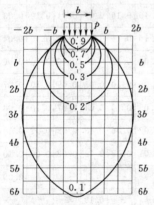

（a）条形荷载附加应力 σ_z 等值线

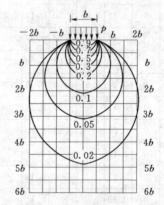

（b）方形荷载附加应力 σ_z 等值线

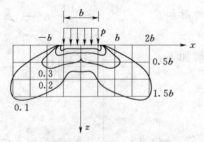

（c）条形荷载附加应力 σ_x 等值线

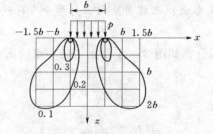

（d）条形荷载附加应力等 τ_{xz} 线

图 3 - 22　地基中附加应力等值线

从图 3 - 22 可得：条形荷载引起的附加应力影响深度比条形基础深；σ_x 主要影响范围在浅层土，发生侧向变形的地基土主要在浅层；τ_{xz} 的最大值出现在荷载边缘，所以容易发生剪切破坏的地基土处在基础边缘下。

3.4.3 非均质地基中的附加应力

上述理论都是在地基为均质土的前提下，利用弹性力学的原理计算得到的。实际工程中的土体具有成层的特点，下面将讨论上下两层土软硬不同时附加应力的分布情况。

1. 上软下硬土层

下部存在硬土时，土层中将存在应力集中现象，在荷载分布范围内附加应力值比均质土时大，距荷载作用位置越远两者的差值越小，至某一位置后，附加应力比均质土时小，如图 3-23 所示。

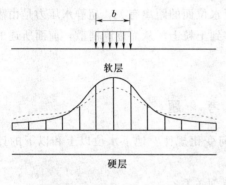

图 3-23 应力集中现象

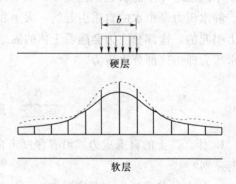

图 3-24 应力扩散现象

2. 上硬下软土层

下部存在软土时，附加应力的分布状况和上软下硬土层的情况相反。土体中将出现应力扩散现象，在荷载分布范围内附加应力值比均质土时小，距荷载作用位置越远两者的差值越小，至某一位置后，附加应力比均质土时大，如图 3-24 所示。

3.5 饱和土的有效应力原理

饱和土的有效应力原理由太沙基首先提出，它描述了饱和土中固体颗粒和水共同承担荷载的情况。如图 3-25 所示饱和土受上部结构传递下来的应力 σ 作用，σ 称为总应力，由土粒和水共同承担。土粒间的接触应力用 σ_s 表示，水承担的应力用 u_w 表示。

在土体中选一土粒接触面 $a-a$，截面 $a-a$ 的面积为 A，其中土粒的接触面积为 A_s，孔隙水的面积为 A_w，则有

$$\sigma A = \sigma_s A_s + u_w A_w$$

$$\sigma = \frac{\sigma_s A_s}{A} + u_w \left(1 - \frac{A_s}{A}\right)$$

根据粒状土的试验结果可知，$A_s/A \leqslant 0.03$。

上式中的第二项 A_s/A 可忽略不计，第一项中由于 σ_s

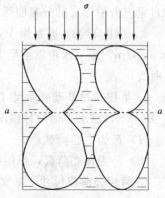

图 3-25 有效应力原理

数值很大，故$\dfrac{\sigma_s A_s}{A}$不可忽略不计，其物理意义是土粒间的接触力在截面上的平均应力，称为有效应力，用σ'表示。把孔隙承担的压力用u表示，称为孔隙水压力。上式可改写为

$$\sigma = \sigma' + u \qquad (3-19)$$

也称饱和土的有效应力原理。

有效应力σ'很难直接获得，通常是在已知σ、测得u的情况下，利用公式$\sigma' = \sigma - u$计算得到。通过试验可知，只有通过颗粒接触点传递的应力，即有效应力才能引起土粒的位移，减小土体的孔隙，使土体压缩变形。孔隙水压力在各个方向相等，它只能使土粒产生极微小的压缩并不能引起土体变形。土中孔隙里的水压力可分为静水压力和超静水压力两种。静水压力是由水的自重引起的，大小和其至水位面的距离有关。超静水压力是由附加应力引起的，这部分应力会随着土体的固结转移到土粒上，从而逐渐消散，前面所述的孔隙水压力即指这部分水压力。

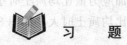

思 考 题

1. 什么是土的自重应力？沿着深度方向呈何变化规律？地下水位以上和以下的计算有何差别？

2. 什么是基底压力、基底附加压力？两者有何关系？

3. 计算附加应力的计算理论采用了哪些假定？其在地基中的分布呈何规律？

4. 什么是角点法？如何用角点法计算地基中任一点的附加应力？

5. 什么是饱和土的有效应力原理？有效应力σ'的物理意义是什么？

习 题

1. 某办公楼工程勘察结果：表层为黏土，容重$\gamma_1 = 18.0\text{kN/m}$，厚度$h_1 = 2.0\text{m}$；第二层为粉土，容度$\gamma_2 = 19.0\text{kN/m}$，厚度$h_2 = 3.00\text{m}$；第三层为细砂，容重$\gamma_3 = 19.0\text{kN/m}$，厚度$h_3 = 2.8\text{m}$；第四层为坚硬整体岩石。地下水位埋深$2.0\text{m}$。试计算并绘制地基中的自重应力沿深度的分布曲线，计算基岩顶面处土的自重应力。

2. 某建筑物地基为粉土，层厚5.0m，地下水位埋深2.0m，粉土饱和容重$\gamma_{\text{sat}} = 20.0\text{kN/m}$，地下水位以上呈毛细饱和状态，试计算并绘制出粉土层自重应力沿深度的分布曲线。

3. 某建筑物基础底面尺寸为$4\text{m} \times 2\text{m}$，基础埋深$2\text{m}$，在设计地面标高处作用有荷载$F = 600\text{kN}$，试求下面两种情况下的基底压力和基底附加压力。

(1) F为中心荷载；

(2) F为偏心荷载，作用线偏离对称轴1m，如图$3-26$所示。

4. 两相邻荷载尺寸、基底附加压力分布表示如图$3-27$所示，考虑相邻荷载的影响，试求A基础中心点下$z = 2\text{m}$处的附加应力σ_z。

5. 某建筑物采用条形基础，宽度为 4m，基底附加压力为 200kPa，试计算基底以下4m 的平面上，距中心线分别为 0m、2m、4m 和 8m 的四个点处的附加应力。

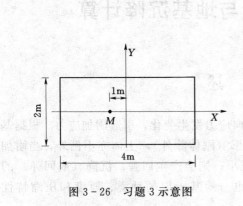

图 3-26 习题 3 示意图

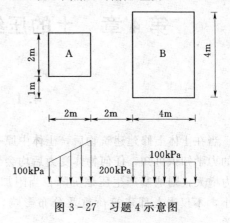

图 3-27 习题 4 示意图

第 4 章　土的压缩性与地基沉降计算

4.1　概　　述

当在土体上修建建筑物后，土体中原有的竖向应力发生变化，引起附加应力。根据基本的力学知识可知，任何物体受力后均会发生变形（刚体除外），土体亦不例外，当附加应力增大，则地基产生压缩沉降；当附加应力减小，则会产生回弹。沉降（或回弹）的大小，不仅受上部建筑荷重及分布影响，而且也与地基土层的种类、厚度和压缩特性相关。

不同于钢材等固体材料，土体是由固相、液相、气相组成的复杂的三相体，这就决定了土体受力变形的复杂性。土体变形由三部分组成：①土体中固体颗粒的压缩变形；②土体中水的压缩变形；③土体中水和气体被排出及封闭气体的压缩，即孔隙体积的变化。

研究表明，在一般工程压力（小于 800kPa）下，土体中固体颗粒和水的压缩变形相比于孔隙体积的变化程度很小，可以忽略不计，也就是说，土体的压缩变形主要是土骨架变形，这种土在压力作用下体积缩小的特性称为土的压缩性。对于完全饱和的土体，骨架的压缩量则等于孔隙体积的减小量，即孔隙水的排出体积。而孔隙中水的排出和孔隙体积的压缩有一个时间过程，特别是透水性很小的黏土，这个过程会持续很长时间。土体随着孔隙水的排出而产生的压缩现象称为固结。

对于修建于一般地基上的建筑物，由于上部荷载不同或地基土层的压缩性不同，建筑物不同部位基础的沉降是不同的，过大的沉降差会影响建筑物的安全和正常使用。对于修建于饱和软土上的建筑，在设计时需要预测将来地基会产生多大的固结沉降量，还要预测沉降随时间的变化规律。建筑物的沉降量以及固结沉降量与时间关系所需的各种参数，可以通过室内固结试验求出来。

4.2　土的压缩特性和压缩指标

土体受力后产生变形，该变形包括体积变形和剪切变形。地基中的土体在上部荷载作用下主要发生压缩变形（体积变形）。下面通过压缩试验来分析土体的压缩特性。

4.2.1　压缩试验

试验所需试样通过在工程现场钻孔取得，所取得的试样应保持天然结构。试验所用仪器为压缩仪，常用的有框杆式和磅秤式两种，固结容器如图 4-1 所示。试验时，用环刀切取土样，其尺寸通常为高 2cm，面积为 30cm^2 或 50cm^2，并置于压缩容器的刚性护环内，控制土试样只在竖直方向压缩，不产生侧向变形，试样受力状况与地基中的对称轴处类似，因此，该试验又称为侧限压缩试验。在试样上、下放置滤纸和透水石，以便试样孔隙中的水排出。对土样进行逐级加压固结，通过百分表对竖向变形进行量测。每级荷载通常保持24h，或在竖向变形稳定后应符合现行《土工试验方法标准》（GB/T 50123—1999）有关规定要求，施加下一级荷载。试验完成后，烘干试样，测定其干密度。

由于土体的压缩主要是孔隙减少，那么就可以用孔隙比 e 表示土体的压缩变形。此外，试样在试验过程中不发生侧向变形，那么，孔隙比 e 的变化随试样的竖向压缩变形而变化。因此，可以通过量测试样的每级荷载下试样高度的变化，计算孔隙比的变化，进而推求试样的压缩曲线。

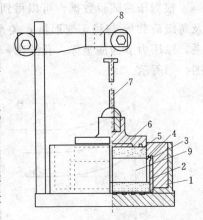

图 4-1　固结仪压缩容器示意图

1—水箱；2—护环；3—导环；4—环刀；
5—透水石；6—加压上盖；7—位移
计导杆；8—位移计架；9—试样

设土样初始总体积为 V，取固体颗粒体积为 V_s，孔隙比为 e_0，则初始时刻孔隙体积为

$$V_v = V - e_0 V_s \tag{4-1}$$

设土样的面积为 A，土样初始高度为 H_0，则

$$V_s = \frac{V}{1+e_0} = \frac{H_0 A}{1+e_0} \tag{4-2}$$

假设 H_i 为土样在压力 p_i 作用下稳定后的高度，此时对应的孔隙比为 e_i，s_i 为对应压力下土样的变形量，则 $s_i = H_0 - H_i$，如图 4-2 所示。用某级压力 p_i 作用下的孔隙比 e_i 和稳定压缩量 s_i 表示土粒体积为：

$$V_s = \frac{H_i A}{1+e_i} = \frac{(H_0 - s_i) A}{1+e_i} \tag{4-3}$$

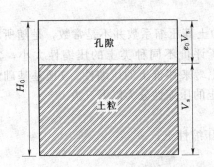
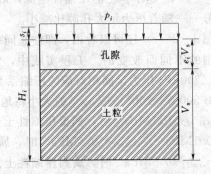

图 4-2　试样压缩前后的情况

由于压缩过程中土粒体积不变，则式（4-3）与式（4-2）相等，由此可以求得某级荷载 p_i 作用下压缩稳定后的孔隙比 e_i 与初始孔隙比 e_0、压缩量 s_i 之间的关系表达式为

$$e_i = e_0 - \frac{s_i}{H_0}(1+e_0) \tag{4-4}$$

根据压缩试验数据，可以得到每级荷载 p_i 下竖向变形量 s_i 随时间 t 的变化曲线，以及每级荷载 p_i 与稳定变形量 s_i 关系曲线，再利用式（4-4）计算孔隙比与施加荷载的关系，以压力 p 为横坐标，孔隙比 e 为纵坐标，所绘曲线称为压缩曲线，压缩试验成果图如图 4-3 所示。

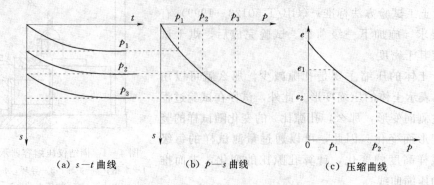

（a）$s-t$ 曲线   （b）$p-s$ 曲线   （c）压缩曲线

图 4-3 压缩试验成果曲线

4.2.2 压缩指标

压缩曲线反映了土的压缩特性。如图 4-3（c）所示，试样在压力 p_1 作用下的稳定孔隙比为 e_1，在压力 p_2 作用下的稳定孔隙比为 e_2。在相同的压力增量 $\Delta p = p_1 - p_2$ 作用下，孔隙比的变化越大，则试样的体积压缩越大，表现为土的压缩性越高。因此，当压力 $p_1 \sim p_2$ 变化范围不大时，可以将压缩曲线上的对应压力段的曲线用其割线来代替。割线的斜率表征了土的压缩性高低。割线斜率为

$$a_v = \frac{e_1 - e_2}{p_2 - p_1} = -\frac{\Delta e}{\Delta p} \tag{4-5}$$

式中 a_v——压缩系数，表征土压缩性的重要指标之一，a_v 越大，土的压缩性越高，a_v 越小，土的压缩性越低，kPa^{-1} 或 MPa^{-1}；

负号——随着压力增大孔隙比减小。

由图 4-3（c）还可以看出，即使是同一种土其压缩系数并不是常数，是随所取压力变化范围的不同而改变的。工程实践中，为了评价不同种类土的压缩性大小，常采用 $100kPa$、$200kPa$ 压力区间相对应的压缩系数 a_{v1-2} 来评价土的压缩性。《地基基础设计规范》（GB 50007—2002）按 a_{v1-2} 的大小将地基土的压缩性分为以下三类。

当 $a_{v1-2} < 0.1MPa^{-1}$ 时，属低压缩性土；

当 $0.1MPa^{-1} \leqslant a_{v1-2} < 0.5MPa^{-1}$ 时，属中压缩性土；

当 $a_{v1-2} \geqslant 0.5MPa^{-1}$ 时，属高压缩性土。

在完全侧限条件下，把土体竖向应力的增量与竖向的应变增量之比定义为土的压缩模量，用 E_s 来表示。根据压缩模量定义，可得

$$E_s = \frac{\Delta p}{\Delta s_i / H_0} \tag{4-6}$$

利用式（4-4）和式（4-5），可知

$$\Delta s_i = \frac{e_1 - e_2}{1 + e_0} H_0 ; \Delta p = \frac{e_1 - e_2}{a_v} \tag{4-7}$$

将式（4-7）代入式（4-6）可得

$$E_s = \frac{1+e_0}{a_v} \qquad (4-8)$$

式（4-8）即为 E_s 和 a_v 的换算关系，式中 e_0 为初始孔隙比，a_v 为对应于 p_1、p_2 压力段的压缩系数。根据图4-3（c）可知，E_s 和 a_v 一样，在不同竖向压力范围下的值是不同的。E_s 越小表示土的压缩性越高。

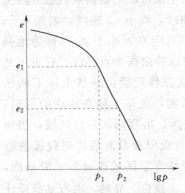

图4-4 压缩试验成果曲线

土的压缩试验成果亦可以利用半对数坐标系绘制，坐标横轴采用对数坐标，仍表示竖向压力，纵轴采用普通坐标，表示孔隙比，由此得到的曲线称为 $e—\lg p$ 曲线，如图4-4所示。由图可知，$e—\lg p$ 曲线的高压力段近似为直线，该直线越陡，意味着土的压缩性越高。工程上也常用该直线段的斜率的绝对值来表示土的压缩性，该绝对值称为压缩指数，用 C_c 表示。

$$C_c = \frac{e_1 - e_2}{\lg p_2 - \lg p_1} \qquad (4-9)$$

压缩指数 C_c 是反映土压缩性的另一个指标。尽管压缩系数 a_v 和压缩指数 C_c 都是反映土的压缩性指标，但两者存在一定差异。压缩系数随所取初始压力及压力增量的大小而变化，而压缩指数在较高的压力范围内是一常数，便于沉降计算。

4.2.3 土的变形模量

侧限压缩试验的试样尺寸小，容易受到扰动，试验结果离散性较大，而对于难于取得原状样的砂土、碎石土则无法测定其压缩模量。这时可以通过现场试验来测定土的压缩特性，如载荷试验、旁压试验等。现场试验以及数据分析比室内试验复杂得多，这是因为现场试验时，土体除在受力方向产生压缩外，还在其他方向产生变形，属于无侧限的三向变形，与侧限压缩试验差异明显。下面以常用的载荷试验为例讲述土的变形特征。

载荷试验时是在施工现场选择有代表性的部位，挖掘一个正方形的试验坑，其深度等于基础的埋置深度，宽度一般不小于承压板宽度（或直径）的3倍，并在坑底铺设2cm厚的中、粗砂找平层。承压板的面积不应小于 0.25m^2，对于软土不应小于 0.5m^2。试验时应保持试验土层的天然湿度和原状结构，当试验标高低于地下水位时，应先将水位降至试验标高以下，并铺设找平层，待水位恢复后进行试验。载荷试验原理如图4-5所示。试验要求如下：

（1）加荷等级应不小于8级，最大加载量不应少于设计荷载的2倍。每级加载后，先按间隔10min、10min、10min、15min、15min，以后为每隔0.5h测记一次沉降量。在连续2h内，每小时的沉降量小于0.1mm时，可施加下一级荷载。第一级荷载应接近

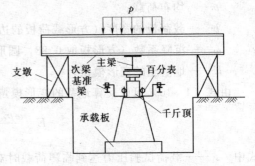

图4-5 现场载荷试验示意图

于开挖试坑所卸除土的自重（其相应的沉降量不计），其后每级荷载增量，对较松软土采用 10～25kPa；对较坚硬土采用 50kPa。直至加载到土体破坏。

（2）破坏标准的要求为：①承载板周围有土体鼓出或开裂；②荷载 p 增加很小，但沉降量 s 却急剧增大，荷载—沉降（p—s）曲线出现陡降段；③在某一级荷载下，24h 内不能达到稳定标准；④沉降量与承压板宽度或直径之比（s/b）$\geqslant 0.06$。

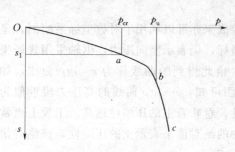

图 4-6　载荷试验成果曲线

根据试验观测记录可以绘制荷载板板底应力与沉降量的关系曲线，即 p—s 曲线，如图 4-6 所示。从图可知，当应力 p 小于 p_{cr}（称为地基土的临塑荷载）时试验曲线为直线段，它表示地基中的土体处于线弹性阶段，地基土体不断压密；随着荷载的增加，地基土体在压密的同时，部分土体会逐渐破坏，出现局部塑性区域；当应力 p 大于 p_u（称为极限荷载）后，荷载板急剧下降，地基土的塑性变形区域连通形成滑动面，土荷载板下挤出，形成隆起的土堆，此时地基完全破坏，失去稳定。显然，进行基础设计时作用在基础底面上的实际荷载决不容许达到极限荷载，而应有一定的安全储备。一般将极限荷载除以 2～3 作为基础底面压力，这种设计方法称为安全系数法。

土的变形模量是指无侧限情况下单轴受力时（与载荷试验时土体受力相似）的应力与相应的应变之比。相当于弹性模量，但由于土的变形既有弹性变形，又有塑性变形，在土力学中称为变形模量。为了便于计算压缩模量，假设地基为半无限弹性体。

根据在弹性理论中，集中力 p 作用在半无限弹性体表面引起的地表任意点的沉降为

$$s = \frac{p(1-\mu^2)}{\pi E r} \qquad (4-10)$$

式中　μ——地基土的泊松比；

　　　r——地表任意点至集中力 p 的距离。

通过积分，可得均布荷载下的承载板的沉降公式为

$$s = \frac{\omega p(1-\mu^2)b}{E} \qquad (4-11)$$

式中　s——地基沉降量；

　　　p——均布荷载；

　　　b——载荷板的宽度（方形载荷板的边长或圆形载荷板的直径）；

　　　ω——沉降系数（方形板取 0.88，圆形板取 0.79）土的泊松比；

　　　E——地基土的变形模量。

由式（4-10）可以反算地基的变形模量，计算公式为

$$E = \frac{\omega p_{cr}(1-\mu^2)b}{s_1} \qquad (4-12)$$

式中　s_1——载荷试验压力达到临塑荷载时对应的载荷板沉降量。

下面推求变形模量 E 和压缩模量 E_s 的关系。根据压缩模量定义为

$$\varepsilon_z = \frac{\sigma_z}{E_s} \tag{4-13}$$

假设土体是弹性变形体，根据广义虎克定律（在此处弹性模量采用变形模量），则有

$$\varepsilon_x = \frac{\sigma_x}{E} - \frac{\mu}{E}(\sigma_y + \sigma_z)$$

$$\varepsilon_y = \frac{\sigma_y}{E} - \frac{\mu}{E}(\sigma_x + \sigma_z) \tag{4-14}$$

$$\varepsilon_z = \frac{\sigma_z}{E} - \frac{\mu}{E}(\sigma_x + \sigma_y)$$

在侧限条件下，$\varepsilon_x = \varepsilon_y = 0$，则有

$$\sigma_x = \sigma_y = \frac{\mu}{1-\mu}\sigma_z \tag{4-15}$$

又可计作：

$$\sigma_x = \sigma_y = K_0 \sigma_z \tag{4-16}$$

式中　K_0——土的静止侧压力系数，它反映了在侧限条件竖向应力与水平应力的关系。

将式（4-15）和式（4-13）代入式（4-14）的第三式中，可得

$$E = \left(1 - \frac{2\mu^2}{1-\mu}\right)E_s = (1 - 2\mu K_0)E_s \tag{4-17}$$

由于土的泊松比 μ 不大于 0.5，因此，土的变形模量总是小于压缩模量。此外，式（4-17）是根据弹性理论中的广义虎克定律推导的，由于土并不是理想弹性体，所以，该式仅仅用于估算变形模量的近似关系式。土的侧压力系数和泊松比参考值见表 4-1。

表 4-1　　　　　　　　　　土的侧压力系数和泊松比参考值

土 的 种 类 与 状 态		侧 压 力 系 数	泊 松 比
碎石土		0.18~0.25	0.15~0.20
砂土		0.25~0.33	0.20~0.25
粉土		0.33	0.25
粉质黏土	坚硬状态	0.33	0.25
	可塑状态	0.43	0.30
	软塑及流塑状态	0.53	0.35
黏土	坚硬状态	0.33	0.25
	可塑状态	0.53	0.35
	软塑及流塑状态	0.72	0.42

4.2.4　应力历史对土的压缩性的影响

为了研究土的卸载回弹和再压缩特性，可以进行卸载和再加载的压缩试验。试样从图 4-7 中 a 点开始分级加载压缩至 b 点；然后，逐级卸载回弹至 c 点；最后，重新分级加载至试验结束，试验结果如图 4-7 所示。从回弹再压缩曲线可以看出：①卸载时，试样并

未沿着初始压缩曲线回弹，而是沿着 bc 线回弹，这说明土体压缩变形包含弹性变形和塑性变形；②再加载压缩曲线与回弹曲线构成一回滞环，这是土体不是完全弹性体的又一表征；③回弹和再压缩曲线比初始压缩曲线平缓得多，说明经过回弹再压缩后试样的压缩性明显降低；④当再加载超过 b 点后，再压缩曲线趋于初始压缩曲线的延长线。

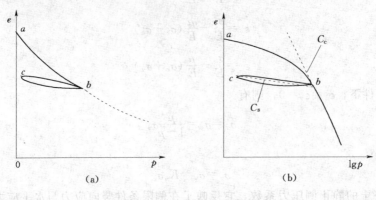

图 4-7　回弹再压缩曲线

　　研究表明，试样在回弹再压缩过程中，回滞环面积通常不大，实际应用时，可把回弹曲线和再压缩曲线看做直线［图 4-7（b）中回滞环内虚线］，该直线的斜率的绝对值称为再压缩指数或回弹指数，用 C_s 表示。回弹再压缩试验表明，处于回弹或再压缩阶段的试样压缩性明显降低，反映了试样的前期所经历过的应力状态对之后的试样压缩性有很大影响。

　　将土体在当前应力状态之前的历史上所经历过的应力状态称为应力历史。为讨论应力历史对土体压缩性的影响，这里引进固结应力的概念。固结应力是指使土体产生压缩或固结变形的应力。对于地基土层来说，该应力有两种：土的自重应力和外荷载在地基内引起的附加应力。对于大多数天然土体，其经历了漫长的地质年代，在自重作用下已完全固结，能进一步使土层产生固结的，只有外荷引起的附加应力，所以此时的固结应力仅指附加应力。如果将时间前推至土层刚沉积时算起，那么固结应力也包括自重应力。

　　为了分析应力历史对土的压缩性的影响，把土体在历史上曾受到过的最大有效应力称为前期有效固结应力，通常简称为前期固结应力，用 p_c 表示。把前期固结应力与现在地基中土体所受的有效应力 p_1 之比定义为超固结比，用 OCR 来表示。对于天然土体，当 $OCR>1$ 时，称为超固结土；当 $OCR=1$ 时，称为正常固结土；当 $OCR<1$ 时，称为欠固结土。

　　正常固结土其前期固结应力等于目前受到的有效自重应力，意味着土体开始沉积以来，在自重应力作用下达到固结完成状态，不再发生固结沉降；超固结土其前期固结应力大于目前受到的有效自重应力，表明在土体沉积历史上，由于地质动力作用现有地面上原有的土体被剥蚀掉，造成土体处于卸荷状态；欠固结土则说明土层在目前的自重下尚未完成固结，在自重应力下仍会产生固结沉降。工程中遇到的正常沉积土一般都是超固结土或正常固结土；而欠固结土则为新近沉积或堆填的土层（如吹砂造田），尚未完成自重固结，在自重应力下仍有固结沉降发生，或由于降水使得土体的有效应力增大，土体由正常固结土转变为欠固结土。

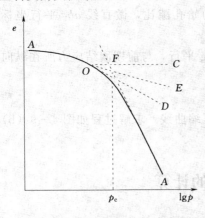

图4-8 前期固结应力的求解

为确定土体的前期固结压力，美国学者卡萨格兰德根据室内压缩试验的 $e—\lg p$ 曲线提出了经验图解法，作图求解过程如图4-8所示。其步骤为：

（1）首先绘制 $e—\lg p$ 曲线，找出最小曲率半径的 O 点。

（2）过 O 点做该点的切线 OD，以及平行于横坐标轴的 OC。

（3）做角 $\angle COD$ 的角平分线 OE，延长 $e—\lg p$ 曲线后半段的直线，使之与 OE 交于 F 点，F 点对应的横坐标即为所求的前期固结应力。

通常由于取土过程中应力的释放和制备试样过程中对土样的扰动，使得室内压缩试验得到的压缩曲线与现场土的压缩特性发生差别，因此，必须对室内试验结果进行修正，以推求现场压缩曲线用于地基的沉降验算。

根据室内压缩试验曲线，可由作图法得到前期固结应力 p_c，计算出超固结比是否大于1，判断土样是否为超固结土。下面根据 Schmertmann 提出的方法推求现场压缩曲线。

对于正常固结土求解步骤如下：

（1）做点 b，其坐标为 $(p_c，e_0)$，e_0 为土样的初始孔隙比，做直线 ab 平行坐标横轴，这意味着取样时应力释放但土样体积未发生膨胀。

（2）在 $e—\lg p$ 曲线上取 c 点，其纵坐标为 $0.42e_0$。

（3）连接 b、c，折线 abc 即为土层的原位压缩曲线，其斜率为土层的原位压缩指数 C_c。

需要说明的是，c 点是通过试验发现的，对于不同扰动程度的试样，其压缩曲线大致相交于一点，该点的纵坐标为 $0.42e_0$，因此原位压缩试验也应与扰动试样压缩曲线相交于该点。求解过程如图4-9（a）所示。

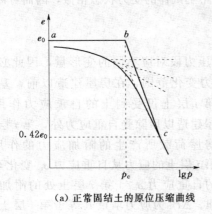

（a）正常固结土的原位压缩曲线

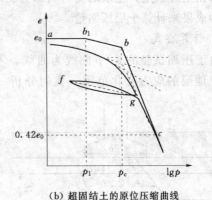

（b）超固结土的原位压缩曲线

图4-9 前期固结应力的求解

对于超固结土求解步骤如下：

（1）做点 b_1，其坐标为（p_1，e_0），e_0 为土样的初始孔隙比，做直线 ab_1 平行坐标横轴。

（2）过 b_1 点做直线 b_1b，使其与再压缩段的直线 fg 平行，与前期固结应力所在纵向线交于 b 点，这是因为试样再压缩曲线相平行的。

（3）在 e—$\lg p$ 曲线上取 c 点，其纵坐标为 $0.42e_0$。

（4）连接 ab_1、b、c，折线 ab_1bc 即为土层的原位压缩曲线。求解过程如图 4 - 9（b）所示。

4.3　地基最终沉降量的计算

地基最终沉降量是指地基在建筑物荷载作用下达到压缩稳定时地基表面的沉降量。计算中，一般认为地基土在自重下已压缩稳定，这里的地基沉降主要是指外荷载在地基内引起的附加应力所造成的沉降。计算地基最终沉降量的目的在于确定建筑物最大沉降量、沉降差和倾斜，并将其控制在允许范围内，以保证建筑物的安全和正常使用。

地基最终沉降量的计算方法有多种，常用的计算方法有分层总和法与《建筑地基基础设计规范》（GB 50007—2002）推荐的方法。分层总和法假设土层只有竖向方向的压缩，侧向变形受到约束。规范推荐法则是根据我国多年的建设实践经验，对分层总和法进行了修正。

4.3.1　分层总和法

1. 基本假定

（1）地基土体是半无限空间弹性体，可以应用弹性理论方法计算地基中的附加应力。

（2）基础沉降量根据基础中心点下土柱所受的附加应力进行计算，土柱压缩时不发生侧向变形。在计算基础倾斜时，要分别用相应角点处的附加应力计算。

（3）只计算竖向附加应力引起的压缩变形，不计剪应力的影响。

根据上述假定，土层的受力状态与压缩试验中土试样的受力状态相似，因而可以用压缩试验成果来计算土层压缩量。

2. 计算公式

由于压缩试验的 e—p 曲线为曲线，不同的压力段对应不同的变形量，因此必须确定相应地层的应力变化范围。我们分析一下应力变化范围，在房屋建造以前，基础底面下第 i 层土仅受到土的自重应力作用 σ_{cz}，在房屋建造以后除受自重应力外，第 i 层土还受到房屋荷载所产生的附加应力的作用 σ_z。所以第 i 层土的应力从自重应力 σ_{czi} 变化至第 i 层土的自重应力 σ_{czi}＋第 i 层土处的附加应力 σ_{zi} 之和。ΔP_i 为应力增量其等于第 i 层土处的附加应力 σ_{zi}。这些应力都可以根据前面章节内容计算，然后绘出计算剖面图，如图 4 - 10

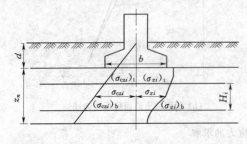

图 4 - 10　分层总和法计算简图

所示。

确定了应力变化范围后，来推算第 i 层土在该压力范围内的竖向变形量，也就是土层的沉降量 Δs_i。假设第 i 层土厚度为 H_i，根据式（4-7）可得沉降量计算公式为

$$\Delta s_i = \frac{a_v}{1+e_0} \Delta p_i H_i \qquad (4-18)$$

定义体积压缩系数为 m_v，其物理意义是土体在单位应力作用下单位体积的应变，即 $m_v = \frac{\varepsilon_z}{\sigma_z}$，利用压缩模量定义可知：$m_v = \frac{1}{E_s} = \frac{a_v}{1+e_0}$，代入式（4-18）得

$$\Delta s_i = \frac{\Delta p_i}{E_{si}} H_i \qquad (4-19)$$

式（4-19）给出了第 i 层土的沉降量，那么整个地基的沉降量 s 为"压缩范围"内所有土层压缩量的总和，即

$$s = \sum_{i=1}^{n} \Delta s_i = \sum_{i=1}^{n} \frac{\Delta p_i}{E_{si}} H_i = \sum_{i=1}^{n} \frac{e_{1i} - e_{2i}}{1 + e_{1i}} H_i \qquad (4-20)$$

式中　　s——总沉降量；

　　　　n——地基土层的分层数；

　　　　E_{si}——第 i 层土的 $e-p$ 曲线上自重应力至自重应力＋附加应力段所对应的压缩模量。

这里需对"压缩范围"加以说明，因为根据弹性理论，附加应力深度可达无限深处，但是随着深度增加，自重应力逐渐增大，而附加应力逐渐减小。根据土层的压缩曲线可知，随着自重应力增大，应力变化范围越趋向曲线末端，随着附加应力减小，应力增量覆盖范围减小。这意味着，当深度超过一定深度后，土层的压缩量非常小了，实际计算时可以忽略不计。故沉降计算时只需考虑某一深度范围内土层的压缩量，这一深度范围内的土层称为"压缩层"。

压缩层深度的确定方法常用的有两种：应力比法和变形比法。应力比法是指用竖向附加应力 σ_z 与自重应力 σ_{cz} 之比满足某一标准来确定计算深度。对于一般黏性土，常取该值为 0.2；对于软黏土则取 0.1。变形比法是指，从上到下依次计算各土层的压缩量，当某层的压缩量与以上各层压缩量总和之比小于某一标准时（一般为 2.5%），则该土层为压缩层下限。

3. 分层总和法的具体步骤

（1）按比例尺绘出基础剖面图和地基土层剖面图。

（2）将地基分层，分层时不同性质的土层面和地下水位面必须作为分层面。同一类土层中，各土层划分成厚度为 $H_i \leqslant 0.4b$（b 为基础宽度）或 $H_i = 2 \sim 4m$。

（3）计算基底中心处的以下各层面处的附加应力和自重应力。

（4）确定地基压缩层厚度 z_n。取至附加应力 σ_z 与自重应力 σ_{cz} 之比为 0.2 处深度作为压缩层计算深度；如果在该深度下还有高压缩性土层时，取至附加应力 σ_z 与自重应力 σ_{cz} 之比为 0.1 处深度作为压缩层计算深度。

（5）按算术平均方法求各分层处的平均自重应力 σ_{cz} 和平均附加应力 σ_z。

$$\sigma_{czi} = \frac{(\sigma_{czi})_t + (\sigma_{czi})_b}{2}$$

$$\sigma_{zi} = \frac{(\sigma_{zi})_t + (\sigma_{zi})_b}{2}$$

(4 – 21)

式中　$(\sigma_{czi})_t$、$(\sigma_{czi})_b$——第 i 层土顶面、底面处的自重应力；

　　　$(\sigma_{zi})_t$、$(\sigma_{zi})_b$——第 i 层土顶面、底面处的附加应力（参看图 4 – 10）。

（6）求出各分层的压缩量。根据上一步计算出来的平均自重压力和附加应力，利用该层土的压缩试验曲线，计算出平均自重压力至平均自重压力＋附加应力该段曲线的压缩模量，代入式（4 – 18），计算各分层的压缩量。

（7）将计算出的各层压缩量代入式（4 – 20），得到地基的总沉降量。

【例 4 – 1】　有一矩形基础，放置在均质黏性土上，如图 4 – 11 （a）所示。基础长度 $L = 10\text{m}$，宽度 $B = 5\text{m}$，埋置深度 $d = 1.5\text{m}$，其上作用着中心荷载 $P = 10000\text{kN}$。地基土的天然容重为 $\gamma = 20\text{kN/m}^3$，饱和容重 $\gamma_{sat} = 21\text{kN/m}^3$，土的压缩曲线如图 4 – 11 （b）所示。地下水位距基底 2.5m，试求基础中心的沉降量。

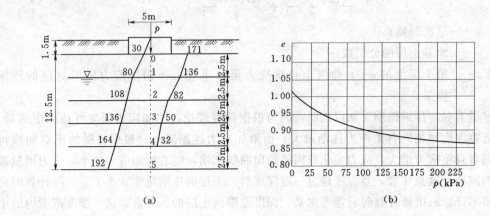

(a) （b）

图 4 – 11　例 4 – 1 示意图

解：（1）由于为中心荷载，所以基底压力为

$$p = \frac{P}{LB} = \frac{10000}{10 \times 5} = 200(\text{kPa})$$

基底附加应力为

$$p_0 = P - \gamma d = 200 - 20 \times 1.5 = 170(\text{kPa})$$

（2）由于地基土为均质土，且地下水位在基础下 2.5m，为便于计算取分层厚度为 2.5m。

（3）求各分层层面处的自重应力并绘分布曲线，如图 4 – 11 （a）所示。

$$\sigma_{z0} = \gamma d = 20 \times 1.5 = 30(\text{kPa})$$

$$\sigma_{z1} = \sigma_{z0} + \gamma H_1 = 30 + 20 \times 2.5 = 80(\text{kPa})$$

$$\sigma_{z2} = \sigma_{z1} + \gamma H_2 = 80 + (21 - 9.8) \times 2.5 = 108(\text{kPa})$$

$$\sigma_{z3} = \sigma_{z2} + \gamma H_3 = 108 + 11.2 \times 2.5 = 136(\text{kPa})$$

$$\sigma_{z4} = \sigma_{z3} + \gamma H_4 = 136 + 11.2 \times 2.5 = 164(\text{kPa})$$

$$\sigma_{z5} = \sigma_{z4} + \gamma H_5 = 164 + 11.2 \times 2.5 = 192(\text{kPa})$$

（4）求各分层面处的竖向附加应力并绘分布曲线，如图 4-11（a）所示。

该基础为矩形，可采用"角点法"求解基础中心的处的附加应力。通过矩形中心点将基底等分成 4 块面积相等的小矩形。故每块的长度 $l=5.0$m，宽度为 $b=2.5$m，则中心点处任意深度 z_i 处的附加应力，为任一分块在该点引起的附加应力的 4 倍，计算结果见表 4-2。

表 4-2　　　　　　　　　　　附加应力计算成果表

位　置	z_i（m）	z_i/b	l/b	K_s	$\sigma_z = 4K_s p_0$（kPa）
0	0.0	0.0	2	0.2500	171
1	2.5	1.0	2	0.1999	136
2	5.0	2.0	2	0.1202	82
3	7.5	3.0	2	0.0732	50
4	10.0	4.0	2	0.0474	32
5	12.5	5.0	2	0.0328	22

（5）确定压缩层厚度。从计算结果可知，在第 4 点处附加应力 σ_z 与自重应力 σ_{cz} 之比基本等于 0.2，所以，取压缩层深度为 10m。

（6）计算各分层的平均自重应力和平均附加应力，由图 4-11（b）分别查取 $p_{1i}=\sigma_{czi}$ 与 $p_{2i}=\sigma_{czi}+\sigma_{zi}$ 所对应的初始孔隙比 e_{1i} 和压缩稳定后的孔隙比 e_{2i} 见表 4-3。

表 4-3　　　　　　　　　　各分层的平均应力即相应的孔隙比

层　次	平均自重应力 $p_{1i}=\sigma_{czi}$（kPa）	平均附加应力 σ_{zi}（kPa）	加荷后总应力 $p_{2i}=\sigma_{czi}+\sigma_{zi}$（kPa）	初始孔隙比 e_{1i}	压缩稳定后的孔隙比 e_{2i}
I	55	153	208	0.935	0.870
II	94	109	203	0.915	0.870
III	121	66	188	0.895	0.875
IV	150	41	191	0.885	0.873

（7）计算地基的沉降量。分别用式（4-19）计算各分层的沉降量，然后累加得

$$
\begin{aligned}
s &= \sum_{i=1}^{n} \frac{e_{1i}-e_{2i}}{1+e_{1i}} H_i \\
&= \left(\frac{0.935-0.870}{1+0.935} + \frac{0.915-0.870}{1+0.915} + \frac{0.895-0.875}{1+0.895} + \frac{0.885-0.873}{1+0.885} \right) \times 250 \\
&= (0.0336+0.0235+0.0106+0.0065) \times 250 \\
&= 18.5 (\text{cm})
\end{aligned}
$$

4. 根据 $e-\lg p$ 曲线计算最终沉降量

当地基第 i 层为超固结土时，需考虑应力历史对土体压缩性的影响。这时应采用 $e-\lg p$ 曲线推求的现场压缩曲线，计算压缩量。对于超固结土，根据现在地基中土体所受的有效应力 p_{1i} 和应力增量 Δp_i（即附加应力）大小的不同可以分为以下两种情况。

（1）$\Delta p_i \leqslant p_{ci} - p_{1i}$ 时，即增大后的应力不超过前期固结应力，在 Δp_i 作用下，孔隙比

沿着回弹再压缩曲线减小，其对应压力段为 $p_{1i} \sim (p_{1i} + \Delta p_i)$，如图 4-12（a）所示。由式（4-8）得

$$\Delta e_i = -C_{si} \lg \left(\frac{p_{1i} + \Delta p_i}{p_{1i}} \right) \tag{4-22}$$

将式（4-22）代入式（4-7）中，即可得到该层的压缩量为

$$\Delta s_i = \frac{H_i}{1 + e_{0i}} C_{si} \lg \left(\frac{p_{1i} + \Delta p_i}{p_{1i}} \right) \tag{4-23}$$

（2）$\Delta p_i > p_{ci} - p_{1i}$ 时，压缩量分为两段进行计算，首先计算回弹再压缩段变形量，其对应压力段为 $p_{1i} \sim p_{ci}$，然后再计算正常压缩量，其对应压力段为 $p_{ci} \sim (p_{1i} + \Delta p_i)$，如图 4-12（b）所示。根据回弹指数定义得

$$\Delta e_{1i} = -C_{si} \lg \left(\frac{p_{ci}}{p_{1i}} \right) \tag{4-24}$$

$$\Delta e_{2i} = -C_{ci} \lg \left(\frac{p_{1i} + \Delta p_i}{p_{ci}} \right) \tag{4-25}$$

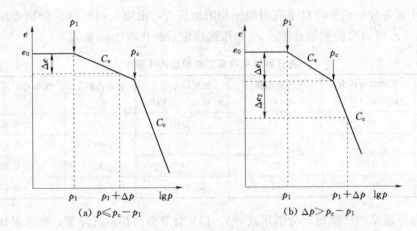

图 4-12　e—$\lg p$ 法计算简图

将式（4-25）代入式（4-7）中，即可得到该层的压缩量为

$$\Delta s_i = \frac{H_i}{1 + e_{0i}} \left[C_{si} \lg \left(\frac{p_{ci}}{p_{1i}} \right) + C_{ci} \lg \left(\frac{p_{1i} + \Delta p_i}{p_{ci}} \right) \right] \tag{4-26}$$

将最后将上述计算结果代入式（4-20），得到地基的总沉降量。

4.3.2　规范法

根据大量的建筑物沉降观测资料，并与分层总和法的理论计算结果对比，发现两者的数值往往不同，甚至相差很大。对于压缩性小的地基，理论计算值显著偏大；对于软弱地基，则计算值偏小。两者不符的原因，一方面是分层总和法进行了一些与实际情况不符的假设，更何况土样的代表性、扰动程度和试验的准确度亦影响计算结果；另一方面是计算

时，将基础单独拿出来计算，忽略了地基、基础、上部结构的共同作用。

为了使计算值与实际沉降相符，规范法引进了平均附加应力系数和沉降计算经验系数，简化了计算过程。下面介绍其计算原理。

1. 计算原理

（1）由式（4-19）可知，第 i 层土的压缩量为

$$\Delta s_i = \frac{\Delta p_i}{E_{si}} H_i = \frac{\Delta p_i H_i}{E_{si}} = \frac{\int_{z_{i-1}}^{z_i} \sigma_z \mathrm{d}z}{E_{si}} \qquad (4-27)$$

式（4-27）中的分子部分等于第 i 层土的附加应力的面积，如图 4-13（a）中阴影区域。

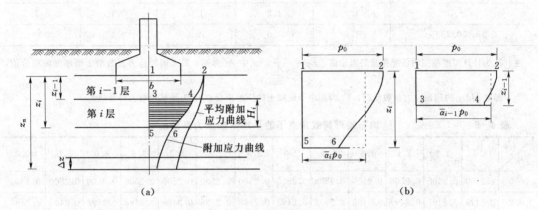

图 4-13 规范法计算原理示意图

（2）根据图形关系，由图 4-13（a）可知阴影区域面积亦可表示为

$$\int_{z_{i-1}}^{z_i} \sigma_z \mathrm{d}z = \int_0^{z_i} \sigma_z \mathrm{d}z - \int_0^{z_{i-1}} \sigma_z \mathrm{d}z = \overline{\sigma}_i z_i - \overline{\sigma}_{i-1} z_{i-1} \qquad (4-28)$$

式中　z_i、z_{i-1}——基础底面至第 i 层和第 $i-1$ 层底面的距离；

　　　$\overline{\sigma}_i$——深度 z_i 范围内的平均附加应力；

　　　$\overline{\sigma}_{i-1}$——深度 z_{i-1} 范围内的平均附加应力。

所以

$$\Delta s_i = \frac{\overline{\sigma}_i z_i - \overline{\sigma}_{i-1} z_{i-1}}{E_{si}} \qquad (4-29)$$

（3）将平均附加应力除以基底附加应力 p_0，可得平均附加应力系数 ［图 4-13（b）］ 为

$$\overline{\alpha}_i = \frac{\overline{\sigma}_i}{p_0} \Rightarrow \overline{\sigma}_i = \overline{\alpha}_i p_0 ; \overline{\alpha}_{i-1} = \frac{\overline{\sigma}_{i-1}}{p_0} \Rightarrow \overline{\sigma}_{i-1} = \overline{\alpha}_{i-1} p_0 \qquad (4-30)$$

将式（4-30）代入式（4-29）得

$$\Delta s_i = \frac{p_0}{E_{si}} (\overline{\alpha}_i z_i - \overline{\alpha}_{i-1} z_{i-1}) \qquad (4-31)$$

（4）地基总沉降量为

$$s = \sum_{i=1}^{n} \Delta s_i = \sum_{i=1}^{n} \frac{p_0}{E_{si}} (\overline{\alpha}_i z_i - \overline{\alpha}_{i-1} z_{i-1}) = p_0 \sum_{i=1}^{n} \frac{(\overline{\alpha}_i z_i - \overline{\alpha}_{i-1} z_{i-1})}{E_{si}} \qquad (4-32)$$

（5）由式（4-32）推导得到的沉降量，须乘以沉降计算经验系数 ψ_s，即得到最终的沉降计算公式为

$$s = \psi_s p_0 \sum_{i=1}^{n} \frac{(\overline{\alpha}_i z_i - \overline{\alpha}_{i-1} z_{i-1})}{E_{si}} \qquad (4-33)$$

式中　ψ_s——沉降计算经验系数，应根据各地区沉降观测资料及经验确定，也可采用表 4-4 的数值。均布矩形荷载角点下的平均附加应力系数 $\overline{\alpha}_i$ 见表 4-5。

表 4-4　　　　　　　　　　　　　沉降计算经验系数 ψ_s

$\overline{E}_s$(MPa) 基底附加应力	2.5	4.0	7.0	15.0	20.0
$p_0 \geq f_{ak}$	1.4	1.3	1.0	0.4	0.2
$0.2p_0 \leq 0.75 f_{ak}$	1.2	1.0	0.7	0.4	0.2

注　$\overline{E}_s$ 为计算深度范围内压缩模量的当量值，$\overline{E}_s = \dfrac{\sum A_i}{\sum \dfrac{A_i}{E_{si}}}$，式中 A_i 为第 i 层土附加应力系数沿土层厚度的积分值，

即第 i 层土的附加应力系数面积；E_{si} 为相应于该层土的压缩模量；f_{ak} 为地基承载力特征值。

表 4-5　　　　　　　　　　均布矩形荷载角点下的平均附加应力系数 $\overline{\alpha}_i$

z/b \ l/b	1.0	1.2	1.4	1.6	1.8	2.0	2.4	2.8	3.2	3.6	4.0	5.0	10.0
0.0	0.2500	0.2500	0.2500	0.2500	0.2500	0.2500	0.2500	0.2500	0.2500	0.2500	0.2500	0.2500	0.2500
0.2	0.2496	0.2497	0.2497	0.2498	0.2498	0.2498	0.2498	0.2498	0.2498	0.2498	0.2498	0.2498	0.2498
0.4	0.2474	0.2497	0.2481	0.2483	0.2483	0.2484	0.2485	0.2485	0.2485	0.2485	0.2485	0.2485	0.2485
0.6	0.2423	0.2437	0.2444	0.2448	0.2451	0.2452	0.2454	0.2455	0.2455	0.2455	0.2455	0.2455	0.2456
0.8	0.2346	0.2372	0.2387	0.2395	0.2400	0.2403	0.2407	0.2408	0.2409	0.2409	0.2410	0.2410	0.2410
1.0	0.2252	0.2291	0.2313	0.2326	0.2335	0.2340	0.2346	0.2349	0.2351	0.2352	0.2352	0.2353	0.2353
1.2	0.2149	0.2199	0.2229	0.2248	0.2260	0.2268	0.2278	0.2282	0.2285	0.2286	0.2287	0.2288	0.2289
1.4	0.2043	0.2102	0.2140	0.2164	0.2190	0.2191	0.2204	0.2211	0.2215	0.2217	0.2218	0.2220	0.2221
1.6	0.1939	0.2006	0.2049	0.2079	0.2099	0.2113	0.2130	0.2138	0.2143	0.2146	0.2148	0.2150	0.2152
1.8	0.1840	0.1912	0.1960	0.1994	0.2018	0.2034	0.2055	0.2066	0.2073	0.2077	0.2079	0.2082	0.2084
2.0	0.1746	0.1822	0.1875	0.1912	0.1938	0.1958	0.1982	0.1996	0.2004	0.2009	0.2012	0.2015	0.2018
2.2	0.1659	0.1737	0.1793	0.1833	0.1862	0.1833	0.1911	0.1927	0.1937	0.1943	0.1947	0.1952	0.1955
2.4	0.1578	0.1657	0.1715	0.1757	0.1789	0.1812	0.1843	0.1862	0.1873	0.1880	0.1885	0.1890	0.1895
2.6	0.1503	0.1583	0.1642	0.1686	0.1719	0.1745	0.1779	0.1799	0.1812	0.1820	0.1825	0.1832	0.1838
2.8	0.1433	0.1514	0.1574	0.1619	0.1654	0.1680	0.1717	0.1739	0.1753	0.1763	0.1769	0.1777	0.1784
3.0	0.1369	0.1449	0.1510	0.1556	0.1592	0.1619	0.1658	0.1682	0.1698	0.1708	0.1715	0.1725	0.1733
3.2	0.1310	0.1390	0.1450	0.1497	0.1533	0.1562	0.1602	0.1628	0.1645	0.1657	0.1664	0.1675	0.1685
3.4	0.1256	0.1334	0.1394	0.1441	0.1478	0.1508	0.1550	0.1578	0.1595	0.1607	0.1616	0.1628	0.1639
3.6	0.1205	0.1282	0.1342	0.1389	0.1427	0.1456	0.1500	0.1528	0.1548	0.1561	0.1570	0.1583	0.1595
3.8	0.1158	0.1234	0.1293	0.1340	0.1378	0.1408	0.1452	0.1482	0.1502	0.1516	0.1526	0.1541	0.1554

续表

z/b \ l/b	1.0	1.2	1.4	1.6	1.8	2.0	2.4	2.8	3.2	3.6	4.0	5.0	10.0
4.0	0.1114	0.1189	0.1248	0.1294	0.1332	0.1362	0.1408	0.1438	0.1459	0.1474	0.1485	0.1500	0.1516
4.2	0.1073	0.1147	0.1205	0.1251	0.1289	0.1319	0.1365	0.1396	0.1418	0.1434	0.1445	0.1462	0.1479
4.4	0.1035	0.1107	0.1164	0.1210	0.1248	0.1279	0.1325	0.1357	0.1379	0.1396	0.1404	0.1425	0.1444
4.6	0.1000	0.1070	0.1127	0.1172	0.1209	0.1240	0.1287	0.1319	0.1342	0.1359	0.1371	0.1390	0.1410
4.8	0.0967	0.1036	0.1091	0.1136	0.1173	0.1204	0.1250	0.1283	0.1307	0.1324	0.1337	0.1357	0.1379
5.0	0.0935	0.1003	0.1057	0.1102	0.1139	0.1169	0.1216	0.1249	0.1273	0.1291	0.1304	0.1325	0.1348
5.2	0.0906	0.0972	0.1026	0.1070	0.1106	0.1136	0.1183	0.1271	0.1241	0.1259	0.1273	0.1295	0.1320
5.4	0.0878	0.0943	0.0996	0.1039	0.1075	0.1105	0.1152	0.1186	0.1211	0.1229	0.1243	0.1265	0.1292
5.6	0.0852	0.0916	0.0968	0.1010	0.1046	0.1076	0.1122	0.1156	0.1181	0.1200	0.1215	0.1238	0.1266
5.8	0.0828	0.0890	0.0941	0.0983	0.1018	0.1047	0.1094	0.1128	0.1153	0.1172	0.1187	0.1211	0.1240
6.0	0.0805	0.0866	0.0916	0.0957	0.0991	0.1021	0.1067	0.1101	0.1126	0.1146	0.1161	0.1185	0.1216
6.2	0.0783	0.0842	0.0891	0.0932	0.0966	0.0995	0.1041	0.1075	0.1101	0.1120	0.1136	0.1161	0.1193
6.4	0.0762	0.0820	0.0869	0.0909	0.0942	0.0971	0.1016	0.1050	0.1076	0.1096	0.1111	0.1137	0.1171
6.6	0.0742	0.0799	0.0847	0.0886	0.0919	0.0948	0.0993	0.1027	0.1053	0.1073	0.1088	0.1114	0.1149
6.8	0.0723	0.0799	0.0826	0.0865	0.0898	0.0926	0.0970	0.1004	0.1030	0.1050	0.1066	0.1092	0.1129
7.0	0.0705	0.0761	0.0806	0.0844	0.0877	0.0904	0.0949	0.0982	0.1008	0.1028	0.1044	0.1071	0.1109
7.2	0.0688	0.0742	0.0787	0.0825	0.0857	0.0884	0.0928	0.0962	0.0987	0.1008	0.1023	0.1051	0.1090
7.4	0.0672	0.0725	0.0769	0.0806	0.0838	0.0865	0.0908	0.0942	0.0967	0.0988	0.1004	0.1031	0.1071
7.6	0.0656	0.0709	0.0752	0.0789	0.0820	0.0846	0.0889	0.0922	0.0948	0.0968	0.0984	0.1012	0.1054
7.8	0.0642	0.0693	0.0736	0.0771	0.0802	0.0828	0.0871	0.0904	0.0929	0.0950	0.0966	0.0994	0.1036
8.0	0.0627	0.0678	0.0720	0.0755	0.0785	0.0811	0.0853	0.0886	0.0912	0.0932	0.0948	0.0976	0.1020
8.2	0.0614	0.0663	0.0705	0.0739	0.0769	0.0795	0.0837	0.0869	0.0894	0.0914	0.0931	0.0959	0.1004
8.4	0.0601	0.0649	0.0690	0.0724	0.0754	0.0779	0.0820	0.0852	0.0878	0.0898	0.0914	0.0943	0.0988
8.6	0.0588	0.6360	0.0676	0.0710	0.0739	0.0764	0.0855	0.0836	0.0862	0.0882	0.0898	0.0927	0.0973
8.8	0.0576	0.0623	0.0663	0.0696	0.0724	0.0749	0.0790	0.0821	0.0846	0.0866	0.0882	0.0912	0.0959
9.2	0.0554	0.0599	0.0637	0.0670	0.0697	0.0721	0.0761	0.0792	0.0817	0.0837	0.0853	0.0882	0.0931
9.6	0.0533	0.0577	0.0614	0.0645	0.0672	0.0696	0.0734	0.0765	0.0789	0.0809	0.0825	0.0855	0.0905
10.0	0.0514	0.0556	0.0592	0.0622	0.0649	0.0672	0.0710	0.0739	0.0763	0.0783	0.0799	0.0829	0.0880
10.4	0.0496	0.0533	0.0572	0.0601	0.0627	0.0649	0.0686	0.0716	0.0739	0.0759	0.0775	0.0804	0.0857
10.8	0.0479	0.0519	0.0553	0.0581	0.0606	0.0628	0.0664	0.0693	0.0717	0.0736	0.0751	0.0781	0.0834
11.2	0.0463	0.0502	0.0535	0.0563	0.0587	0.0606	0.0644	0.0672	0.0695	0.0714	0.0730	0.0759	0.0813
11.6	0.0448	0.0486	0.0518	0.0545	0.0569	0.0590	0.0625	0.0652	0.0675	0.0694	0.0709	0.0738	0.0793
12.0	0.0435	0.0471	0.0502	0.0529	0.0552	0.0573	0.0606	0.0634	0.0656	0.0674	0.0690	0.0719	0.0774

续表

l/b z/b	1.0	1.2	1.4	1.6	1.8	2.0	2.4	2.8	3.2	3.6	4.0	5.0	10.0
12.8	0.0409	0.0444	0.0474	0.0499	0.0521	0.0541	0.0573	0.0599	0.0621	0.0639	0.0654	0.0682	0.0739
13.6	0.0387	0.0420	0.0448	0.0472	0.0493	0.0512	0.0543	0.0568	0.0589	0.0607	0.0621	0.0619	0.0707
14.4	0.0367	0.0398	0.0425	0.0448	0.0468	0.0486	0.0516	0.0540	0.0561	0.0577	0.0592	0.0619	0.0677
15.2	0.0349	0.0379	0.0404	0.0426	0.0446	0.0463	0.0492	0.0515	0.0525	0.0551	0.0565	0.0592	0.0650
16.0	0.0332	0.0361	0.0385	0.0407	0.0425	0.0442	0.0492	0.0469	0.0511	0.0527	0.0540	0.0567	0.0625
18.0	0.0297	0.0323	0.0345	0.0364	0.0381	0.0397	0.0422	0.0442	0.0460	0.0475	0.0487	0.0512	0.0570
20.0	0.0269	0.0292	0.0312	0.0330	0.0345	0.0359	0.0383	0.0402	0.0418	0.0432	0.0444	0.0468	0.0524

2. 地基压缩深度的确定

无相邻荷载的影响，基础宽度在 $1\sim30m$ 范围内时，基础中点的地基变形计算深度，可按下式确定，即

$$z_n = b(2.5 - 0.4\ln b) \tag{4-34}$$

在存在相邻荷载时，应满足下式要求，即

$$\Delta s_n' \leqslant 0.025 \sum_{i=1}^{n} \Delta s_i' \tag{4-35}$$

其中，$\Delta s_n'$ 为在深度 z_n 处，向上取厚度为 Δz 的土层计算变形值，可查表 4-6，$\Delta s_i'$ 在深度 z_n 范围内，第 i 层土的计算变形值。如在 z_n 以下有较软弱土层时，还应继续向下计算，直到再次满足式（4-26）为止。在计算深度范围 z_n 内存在基岩时，可取至基岩表面；当存在较厚的坚硬黏性土层，其孔隙比小于 0.5、压缩模量大于 50MPa 或存在较厚的密实砂卵石层，其压缩模量大于 80MPa 时，可取至该层土表面。

表 4-6   计 算 土 层 厚 度 Δz 值

$b(m)$	$b\leqslant2$	$2<b\leqslant4$	$4<b\leqslant8$	$8<b$
$\Delta z(m)$	0.3	0.6	0.8	1.0

规范法计算地基最终沉降量按下列步骤进行。

（1）确定分层厚度。

（2）确定地基变形计算深度。

（3）确定各层土的压缩模量。

（4）计算各层土的压缩变形量。

（5）确定沉降计算经验系数。

（6）计算地基的最终沉降量。

【例 4-2】 已知两独立基础 Ⅰ 和 Ⅱ 尺寸相同、荷载相同，基底处荷载大小为 $P=1200kN$，基础底面尺寸 $B\times L=2m\times3m$，基础埋置深度 $d=2.0m$。地层剖面即相关参

数如图 4-14 所示。请按规范推荐的方法计算基础 I 的最终沉降量（考虑基础 II 的影响）。

解：（1）由于为中心荷载，所以基底压力为

$$p = \frac{P}{LB} = \frac{1200}{3 \times 2} = 200(kPa)$$

基底附加应力为

$$p_0 = P - \gamma d = 200 - 20 \times 2.0 = 160(kPa)$$

（2）计算压缩层范围内各土层压缩量。对于基础 I 可采用"角点法"求解基础中心处的平均附加应力系数，将基底等分成 4 块面积相等的小矩形。同样基础 II 对基础 I 的影响可采用"角点法"求解基础中心处的附加应力，只不过此处采用减法来实现。计算过程见表 4-7。

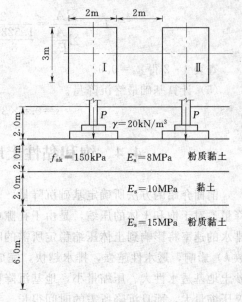

图 4-14 例 4-2 示意图

表 4-7 平均附加应力系数计算表

z_i(m)	基础 I			基础 II 对基础 I 的影响			$\overline{\alpha}_i$
	$n=l/b$	$m=z_i/b$	$\overline{\alpha}_{Ii}$	$n=l/b$	$m=z_i/b$	$\overline{\alpha}_{IIi}$	
0.0		0.0	1.0000	3.3($l=5.0$, $b=1.5$)	0.0	0.0000	0.0000
2.0	1.5	2.0	0.7576		1.3	0.0042	0.7618
4.0	($l=1.5$, $b=1$)	4.0	0.5084	2.0($l=3.0$, $b=1.5$)	2.7	0.0142	0.5226
3.7		3.7	0.5364		2.5	0.0130	0.5494

求出平均附加应力系数后，下面分别计算各层的压缩量见表 4-8。

表 4-8 附加应力计算成果表

z_i (m)	$z_i\overline{\alpha}_i$ (m)	$z_i\overline{\alpha}_i - z_{i-1}\overline{\alpha}_{i-1}$ (m)	E_{si} (MPa)	$\Delta s_i'$ (mm)	$\sum \Delta s_i'$ (mm)	$\dfrac{\Delta s_i'}{\sum\limits_{i=1}^{n} \Delta s_i'}$
0	0	0	0	0	0	—
2.0	1.5236	1.5236	8.0	30.5	30.5	
4.0	2.0904	0.5668	10.0	9.1	39.6	
3.7	2.0327	0.0576	10.0	0.92	—	0.023

（3）确定压缩层下限。在基底下 4m 深范围内土层的总变形量为 39.6mm，向上取上 $\Delta s_i' = 0.3m$ 厚土层计算其沉降值为 0.92mm。满足式（4-35）要求。故所取沉降计算深度为 4m，满足规范要求。

（4）确定沉降计算经验系数。压缩层范围内土层压缩模量的平均值为

$$\overline{E}_s = \frac{\sum A_i}{\sum \dfrac{A_i}{E_{si}}} = \frac{2.0904}{\dfrac{1.5236}{8} + \dfrac{0.5668}{10}} = 8.46(\text{MPa})$$

查表 4-2 得 $\psi_s = 0.9$。

（5）计算基础最终沉降量。

$$s = 0.9 \times 39.6 = 35.6(\text{mm})$$

4.4　饱和黏性土地基沉降与时间的关系

前面介绍的方法所确定基础沉降量，是地基土在外界荷载作用下压缩稳定后的最终沉降量。对于饱和土体的压缩，是由于孔隙中的水向外排出，孔隙体积减小引起的，因此，排水的速率将影响到土体压缩稳定所需的时间。土体排水的速率又受土的透水性（渗透系数 k）影响，透水性越强，排水越快，完成压缩所需时间越短；反之亦然。通常碎石土和砂土地基透水性大、压缩量小，地基沉降稳定所需的时间很短；透水性弱的黏性土地基不仅压缩量大，而且沉降所需的时间很长。

在工程设计中，有时需要预估地基最终沉降量，有时还需要知道沉降随时间变化的规律。关于基础沉降量与时间的关系，均是以饱和土体一维固结理论为基础的。

4.4.1　饱和土体一维固结理论

为了对黏性土固结现象进行模拟，把饱和土体简化成如图 4-15 所示图形，图中活塞上开有小孔，容器中充满黏滞性液体。这个模型中，弹簧代表土颗粒组成的骨架，黏滞流体代表孔隙中的水，活塞上的小孔代表土体的孔隙。

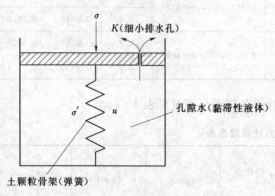

图 4-15　固结现象的模拟示意图

活塞上未施加外力时，模拟土体处于自重固结完成状态，活塞的重量由弹簧承担。当在活塞上施加一外荷载总应力 σ 时，在刚加载时（$t=0$），水来不及从小孔中排出，弹簧没有压缩变形，此时总应力全部由孔隙水承担，造成孔隙水压力 u 升高，孔隙水所承担的超过静水压力的压力称为超静孔隙水压力，其大小等于 σ；随后，水不断从小孔排出，孔隙水压力不断减小，活塞不断下沉，弹簧不断压缩；经过充分长时间后（$t \to \infty$），水不再从小孔中排出，活塞停止下沉，孔隙水压力 $u=0$，总应力 σ 全部由弹簧承担，转化为土骨架的有效应力 σ'，固结完成。固结过程中有效应力原理始终成立，可以把该过程描述为下式：

$$\left. \begin{array}{l} \sigma = \sigma' + u \\ t = 0 : \sigma = u \\ t \to \infty : \sigma = \sigma' \end{array} \right\} \tag{4-36}$$

由此可见，饱和土的渗流固结是土中超静孔隙水压力不断消散、有效应力相应增加的过程，亦或说是超静孔隙水压力转变为有效应力的过程，而且在这一转变过程中，任一时刻任一深度上的应力始终遵循着有效应力原理。下面介绍太沙基一维固结理论。

太沙基假设饱和土体固结时满足下列条件。

（1）土体饱和、均质。

（2）土粒和孔隙水不可压缩，土的压缩完全由孔隙体积减小引起。

（3）土体不发生侧向变形，压缩和固结仅在竖向发生。

（4）孔隙水的运动服从达西定律。

（5）土的渗透系数和压缩系数在固结过程中均保持不变，为一常数（土体为弹性体）。

（6）外荷载均布、连续并且一次施加完成。

设厚度为 H 的饱和黏土层，顶面是透水层，底面是不透水和不可压缩层。该饱和土层在自重应力作用下的固结已经完成，现在顶面受到一次骤然施加的无限均布荷载 p_0。由于土层深度远小于荷载面积，故土中附加应力图形可近似地看做矩形分布，即附加应力不随深度变化，而孔隙水压力 u 和有效应力 σ' 均为深度 z 和时间 t 的函数。

从地基中任意深度 z 处取一微单元体来分析其固结过程，如图 4-16 所示。设土单元面积为 A，厚度为 dz，孔隙水在单元体底面的流速为 v，单元体顶面的流速为 $v+\dfrac{\partial v}{\partial z}dz$，竖向应变为 ε_z，基于前述假设，那么 Δt 时间内从土单元内流出的水量应等于土单元的体积变化量，即

$$\frac{\partial v}{\partial z}dzA\Delta t=-\frac{\partial \varepsilon_z}{\partial t}\Delta tAdz \tag{4-37}$$

则有

$$\frac{\partial v}{\partial z}=-\frac{\partial \varepsilon_z}{\partial t} \tag{4-38}$$

根据体积压缩系数 $m_v=\dfrac{\varepsilon_z}{\sigma_z}$，且其不随土体固结而变化，则代入式（4-38）有

$$\frac{\partial v}{\partial z}=-m_v\frac{\partial \sigma'_z}{\partial t} \tag{4-39}$$

利用有效应力原理有：$\sigma_z=\sigma'+u$。由于荷载一次施加完成，固结过程中外荷载不变，因而 z 深度处附加应力 σ_z 为常数。式 $\sigma_z=\sigma'+u$ 对时间微分有

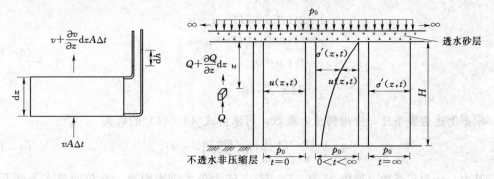

图 4-16 饱和黏性土固结的固结过程

$$0 = \mathrm{d}\sigma_z' + \mathrm{d}u \Rightarrow \mathrm{d}\sigma_z' = -\mathrm{d}u = -\frac{\partial u}{\partial t}\mathrm{d}t \tag{4-40}$$

式（4-40）说明在固结过程中，孔隙水压力减小量等于有效应力的增量。设土单元的渗透系数为 k，i 为水力梯度，$\mathrm{d}h$ 为土单元顶面和底面的水头差，水的容重为 γ_w，则孔隙水的流速可用下式表示。

$$v = ki = k\frac{\mathrm{d}h}{\mathrm{d}z} \tag{4-41}$$

由于 $\mathrm{d}h$ 是土单元顶面和底面处的超静孔隙水压力差 $\mathrm{d}u$ 形成的，则 $\mathrm{d}h = \mathrm{d}u/\gamma_w$，由于 u 既是时间的函数，也是深度的函数，所以代入上式得

$$v = \frac{k}{\gamma_w}\frac{\partial u}{\partial z} \tag{4-42}$$

将式（4-40）和式（4-42）代入式（4-39）得

$$\frac{\mathrm{d}}{\mathrm{d}z}\left(\frac{k}{\gamma_w}\frac{\partial u}{\partial z}\right) = m_v\frac{\partial u}{\partial t} \tag{4-43}$$

由于假设土的渗透系数在固结过程中均保持不变，则上式变化为

$$\frac{\partial u}{\partial t} = \frac{k}{\gamma_w m_v}\frac{\partial u^2}{\partial z^2} = C_v\frac{\partial u^2}{\partial z^2} \tag{4-44}$$

式（4-44）即为一维固结方程，式中 $C_v = \dfrac{k}{\gamma_w m_v}$ 称为固结系数，单位为 cm^2/s，由于 $m_v = \dfrac{1}{E_s} = \dfrac{a_v}{1+e_0}$，固结系数亦可表达为

$$C_v = \frac{k(1+e_0)}{\gamma_w a_v} \tag{4-45}$$

由于方程推导过程基于土体内任一单元，显然在地基内的任何深度 z，对于任何时刻 t，该方程均成立。式（4-44）在一定的初始条件和边界条件下，可以求得解析解。

根据图 4-16 分析其初始边界和边界条件。初始时刻（$t=0$），超静孔隙水压力全部承担外荷载 σ_z，根据荷载条件此处附加应力 σ_z 等于 p_0；当固结稳定时（$t \to \infty$），超静孔隙水压力消散完成，$u=0$；对于地基表面孔隙水可以自由流出，超静孔隙水压力 $u=0$；在地基底部为不透水边界，流量为 0，即 $\dfrac{\partial u}{\partial z} = 0$。初始条件和边界条件数学表达式如下：

$$\left.\begin{aligned} &t=0 (0 \leqslant z \leqslant H): u = p_0 \\ &t \to \infty (0 \leqslant z \leqslant H): u = 0 \\ &z = 0: u = 0 \\ &z = H: \frac{\partial u}{\partial z} = 0 \end{aligned}\right\} \tag{4-46}$$

根据上述边界条件，应用傅里叶级数，可求得式（4-44）的解为

$$u = \frac{4p_0}{\pi}\sum_{m=1}^{\infty}\frac{1}{m}\sin\left(\frac{m\pi z}{2H}\right)\mathrm{e}^{-m^2\frac{\pi^2}{4}T_v} \tag{4-47}$$

其中，m 为正奇数（取值 1，3，5，…）；H 为最大排水距离，在单面排水条件下为土层厚度，双面排水条件下为土层厚度的一半；T_v 为时间因数，无量纲，表示为

$$T_v = \frac{C_v t}{H^2} \qquad (4-48)$$

根据式（4-47）、式（4-48）可以绘制不同时间因数 T_v 地基中超静孔隙水压力的分布曲线。将单面排水和双面排水的结果进行对比，如图 4-17 所示。

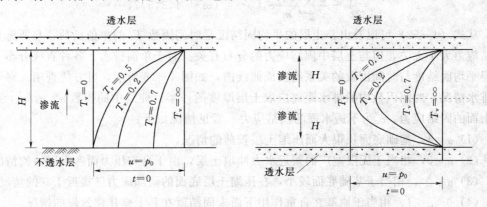

图 4-17 不同排水条件下地基中超净孔隙水压力的分布

4.4.2 固结度

理论上根据式（4-47）可以求出土层中任意时刻 t 的孔隙水压力 u 及相应的有效应力的大小和分布，再利用压缩模量计算出任意时刻 t 时的基础沉降量，但计算复杂，工程实际应用很不方便，为了简化计算，引入固结度的概念。

固结度是指在某一附加应力作用下，经过某一时间 t 后，深度 z 处土体发生固结或孔隙水压力消失的程度，是某点的固结度。对于土层中任一深度 z 处 t 时刻的固结度，可按下式计算，即

$$U_z = \frac{u_0 - u}{u_0} = 1 - \frac{u}{u_0} \qquad (4-49)$$

式中 u_0——初始时刻的孔隙水压力，其大小等于该点的附加应力；

u——t 时刻该点的孔隙水压力。

某点的固结度随土层深度变化而变化，工程上不容易计算应用，这里引入土层的平均固结度。土层的平均固结度等于时刻 t 时，土层骨架已经承担起来的有效应力对全部附加应力的比值。表示为

$$U = 1 - \frac{\int_0^H u \, dz}{\int_0^H u_0 \, dz} = 1 - \frac{\int_0^H u \, dz}{\int_0^H p_0 \, dz} = \frac{\int_0^H \sigma_z' \, dz}{\int_0^H p_0 \, dz} \qquad (4-50)$$

由于假设土体是弹性体，那么最终沉降量 $s = \frac{p_0}{E_s} H$，某时刻的沉降量 $s_t = \frac{H}{E_s} \int_0^H \sigma_z' \, dz$，式（4-50）亦可用某时刻的沉降量 s_t 与最终沉降量 s 来表示为

$$U = \frac{s_t}{s} \qquad (4-51)$$

对于附加应力沿着竖向均匀分布的情况有 $\int_0^H u_0 \, dz = p_0 H$。将式（4-47）代入式

（4-50）得

$$U = 1 - \frac{8}{\pi^2}\left(e^{-\frac{\pi^2}{4}T_v} + \frac{1}{9}e^{-9\frac{\pi^2}{4}T_v} + \frac{1}{25}e^{-25\frac{\pi^2}{4}T_v} + \cdots\right)$$

（4-52）

$$= 1 - \frac{8}{\pi^2}\sum_{m=1}^{\infty}\frac{1}{m^2}e^{-m^2\frac{\pi^2}{4}T_v} \quad (m = 1,3,5,7,\cdots)$$

从式（4-52）可以看出，土层的平均固结度是时间因数 T_v 的单值函数，与所施加的固结应力大小无关，但与土层中固结应力的分布有关。对于单面排水、各种直线分布下的土层平均固结度与时间因数的关系绘制成曲线图，如图4-18所示，可方便查用。对于双面排水情况，时间因数中的排水距离应取土层厚度的一半。曲线中的参数 $\alpha = \sigma_z'/\sigma_z''$，$\sigma_z'$ 为透水面的固结应力，σ_z'' 为不透水面的固结应力。常见情况如下：

（1）$\alpha = 1$，基础底面积很大而压缩土层较薄的情况。

（2）$\alpha = 0$，相当于无限宽广的新近水力冲填土层，由于自重压力而产生固结的情况。

（3）$\alpha = \infty$，相当于基础底面较小，在压缩土层底面的附加应力已接近于0的情况。

（4）$0 < \alpha < 1$，相当于地基在自重作用下尚未固结就在其上修建建筑屋的情况。

（5）$\alpha = 0$，与情况（3）相似，只是压缩层底面的附加应力不接近0的情况。

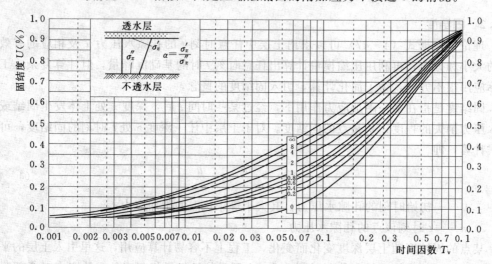

图4-18 平均固结度 U 与时间因数的 T_v 的关系曲线

【例4-3】 设饱和黏土层的厚度为10m，其下是不透水坚硬岩层。基底上作用着竖直均布荷载240kPa，该荷载在土层中引起的附加应力大小和分布如图4-19所示。若土层的初始孔隙 $e_1 = 0.8$，压缩系数 $a_v = 0.25\text{MPa}^{-1}$，渗透系数 $k = 2.0\text{cm/a}$，试问：（1）加荷一年后，基础中心点的沉降量为多少？（2）当基础的沉降量达到20cm时需要多少时间？

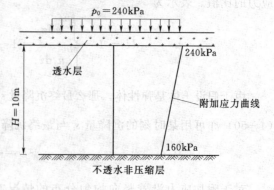

图4-19 例4-3示意图

解：（1）利用分层总和法，该土层的平均附加应力为

$$\sigma_z = \frac{240 + 160}{2} = 200 \text{(kPa)}$$

则基础的最终沉降量为

$$s = \frac{a_v}{1 + e_1} \sigma_z H = \frac{0.25}{1 + 0.8} \times 10^{-3} \times 200 \times 1000 = 27.8 \text{(cm)}$$

该土层的固结系数为

$$C_v = \frac{k(1 + e_1)}{a_v \gamma_w} = \frac{2.0 \times (1 + 0.8)}{0.00025 \times 0.098} = 1.47 \times 10^5 \text{(cm}^2\text{/a)}$$

时间因数为

$$T_v = \frac{C_v t}{H^2} = \frac{1.47 \times 10^5 \times 1}{1000^2} = 0.147$$

地基土层的附加应力曲线为梯形分布，其参数为

$$\alpha = \frac{\sigma_z'}{\sigma_z''} = \frac{240}{160} = 1.5$$

由 T_v 和 α 从图 4-18 中查得土层的平均固结度 $U = 0.45$，则加荷一年后的沉降量为

$$s_t = Us = 0.45 \times 27.8 = 12.5 \text{(cm)}$$

（2）已知基础的沉降量为 20cm，其最终沉降量为 27.8cm，则土层的平均固结度为

$$U = \frac{s_t}{s} = \frac{20}{27.8} = 0.72$$

由 U 和 α 从图 4-18 中查得时间因数 $T_v = 0.47$，则沉降量达到 20cm 时所需的时间为

$$t = \frac{T_v H^2}{C_v} = \frac{0.47 \times 1000^2}{1.47 \times 10^5} = 3.2(a)$$

【例 4-4】 若有一黏土层，厚为 10m，上下两面均可排水。现从黏土层中心取样后切取一厚为 2cm 的试样，放入固结仪做固结试验（上下均有透水石），在某一级固结压力作用下，测得其固结度达到 80％时所需的时间为 10min，问该黏土层在同样固结压力（即上下均布固结压力）作用下达到同一固结度所需的时间为多少？若黏土层改为单面排水，所需时间又为多少？

解：已知黏土层的厚度 $H_1 = 10$m，试样厚度 $H_2 = 2$cm，达到固结度 80％所需的时间 $t_2 = 10$min，若设黏土层达到固结度 80％时所需的时间为 t_1，由于土的性质和固结度均相同，因而由 $C_{v1} = C_{v2}$，$T_{v1} = T_{v2}$ 的条件可得

$$\frac{t_1}{\left(\dfrac{H_1}{2}\right)^2} = \frac{t_2}{\left(\dfrac{H_2}{2}\right)^2}$$

于是

$$t_1 = \frac{H_1^2}{H_2^2} t_2 = \frac{1000^2}{2^2} \times 10 = 2500000 \text{(min)} \approx 4.76(a)$$

当黏土层改为单面排水时，设其所需时间为 t_3，则由 T_v 相同的条件可得

$$\frac{t_3}{H_1^2} = \frac{t_1}{\left(\dfrac{H_1}{2}\right)^2}$$

于是

$$t_3 = 4t_1 = 4 \times 4.76 = 19.04 \quad (a)$$

根据求解过程可知，在其他条件相同的情况下，单面排水所需的时间为双面排水的 4 倍。

4.4.3　地基土的瞬时变形和次固结变形

1. 地基沉降的组成

在荷载作用下，地基的沉降通常可以分为以下三部分。

（1）瞬时沉降。地基受荷载后在短时间内产生的沉降，用 s_d 表示。一般认为瞬时沉降是土骨架在荷载作用的弹性变形，可根据弹性理论进行估算。

（2）固结沉降。又称主固结沉降，是指地基受荷载后超静孔隙水压力不断转换为有效应力，土体孔隙压缩所产生的沉降，用 s_c 表示。

（3）次固结沉降。地基受荷很长时间后，土体中的超孔隙水压力已经消散，有效应力不再增大的情况下，由于土体骨架的缓慢压缩而产生的沉降，用 s_s 表示。这是由于土体的流变性引起的。

所以地基的总沉降为

$$s = s_d + s_c + s_s \tag{4-53}$$

2. 瞬时沉降的计算

根据模型试验和原先观测试验资料表明饱和黏性土的瞬时沉降可近似按弹性力学公式计算，即

$$s_d = \omega \frac{(1-\mu^2)}{E} Pb \tag{4-54}$$

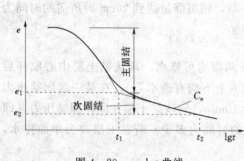

图 4-20　$e-\lg t$ 曲线

其中，μ 取值为 0.5，意味着土体体积不可压缩；E 采用三轴压缩试验的初始切线模量。其余符号同式（4-10）。

3. 次固结沉降的计算

许多室内和现场量测结果表明，主固结完成之后，次固结变形的大小与时间在半对数坐标系接近直线关系，如图 4-20 所示。试验曲线反弯点的切线与下部直线段延长线的交点（e_1，t_1），即代表试样固结度达 100% 的点，该点以下所发生的变形即为次固结变形。从时刻 t_1 到 t_2 之间次固结所引起的孔隙比的减小量为

$$\Delta e = -C_a \lg \frac{t_2}{t_1} \tag{4-55}$$

式中　C_a——次固结系数，数值上等于次固结段的斜率。

将式（4-55）代入式（4-7）中，即可得厚度为 H 的软土层的次固结沉降量为

$$s_s = \frac{H}{1+e_1} C_a \lg \frac{t_2}{t_1} \tag{4-56}$$

式中　e_1——主固结完成时的孔隙比；

　　　t_1——次固结开始时刻；

　　　t_2——荷载持续到计算时的时刻。

需要说明的是一般土体受荷后，在发生主固结变形的同时，也有次固结变形，只是在加荷初期次固结变形量很小，通常将其并入主固结变形，不再单独计算。只是对于次固结变形较大的软黏土，才单独计算其次固结沉降。

4.5 建筑物的沉降观测和地基允许变形值

4.5.1 建筑物的沉降观测

建筑物的沉降观测能反映地基的实际变形程度。系统的沉降观测资料可以验证地基基础设计是否正确，亦可作为分析地基事故以及判断施工质量的重要依据，也是确定建筑物地基的允许变形值的重要资料。此外，通过对比沉降观测值与计算值，还可以了解现场沉降计算方法的准确性。

一般对于重要的、新型的、体形复杂或使用上对不均匀沉降有严格限制的建筑物，在施工以及使用过程中需要进行沉降观测。《建筑地基基础设计规范》（GB 50007—2002）规定，以下建筑物应在施工期间及使用期间进行沉降观测。

（1）地基基础设计等级为甲级的建筑物。

（2）复合地基或软弱地基上的设计等级为乙级的建筑物。

（3）加层、扩建建筑物。

（4）受邻近深基坑开挖施工影响或受场地地下水等环境因素变化影响的建筑物。

（5）需要积累建筑经验或进行设计反分析的工程。

沉降观测首先要设置好水准基点。水准基点必须埋设在坚实的土层上，应妥善保护；埋设地点宜近观测对象，但必须在建筑物所产生的压力影响范围以外；在一个观测区内，水准基点不应少于三个。

沉降观测点应综合考虑建筑物的规模、平面形状、结构特点和工程地质与水文地质条件等进行布设，要求便于实测且不容易破坏。一般设置在建筑物四周的角点、转角处、纵横墙的中点、沉降缝和新老建筑物连接处的两侧或地质条件有明显变化的地方。数量不宜少于6点。

为了取得较为准确的资料，沉降观测应从浇捣基础后开始，民用建筑每增高一层观测一次，工业建筑应在不同荷载阶段分别进行观测，建筑物竣工后应逐渐加大观测时间间隔，第一年不少于3～5次，第二年不少于2次，以后每年1次，直到下沉稳定为止。稳定标准为半年的沉降量不超过2mm。如遇地下水位升降、打桩、洪水淹没现场等情况应及时观测。当建筑物出现严重裂缝、倾斜时，应连续观测沉降量和裂缝发展情况。

4.5.2 地基允许变形值

不同类型的建筑物，对地基变形的适应性是不同的。为保证建筑物的正常使用，不发生裂缝、倾斜甚至破坏。因此，应用前述公式验算地条变形，使得地基变形值不大于允许值。

《建筑地基基础设计规范》（GB 50007—2002）将地基变形依其特征分为以下四种。

（1）沉降量。指单独基础中心的沉降值。对于单层排架结构柱基和高耸结构基础须计算沉降量，并使其小于允许沉降值。

（2）沉降差。指两相邻单独基础沉降量之差。对于建筑物地基不均匀，有相邻荷载影响和荷载差异较大的框架结构、单层排架结构，需验算基础沉降差，并把它控制在允许值以内。

（3）倾斜。指单独基础在倾斜方向上两端点的沉降差与其距离之比。当地基不均匀或有相邻荷载影响的多层和高层建筑基础及高耸结构基础时须验算基础的倾斜。

（4）局部倾斜。指砌体承重结构沿纵墙 6～10m 内基础两点的沉降差与其距离之比。根据调查分析，砌体结构墙身开裂，大多数情况下都是由于墙身局部倾斜超过允许值所致。所以，当地基不均匀、荷载差异较大、建筑体型复杂时，就需要验算墙身的倾斜。

根据各类建筑物的特点和地基土类别不同，地基允许变形值采用《建筑地基基础设计规范》（GB 50007—2002）规定数值，见表 4-9。

表 4-9　　　　　　　　　　　　建筑物的地基变形允许值

变 形 特 征		地 基 土 类 别	
		中、低压缩性土	高压缩性土
砌体承重结构基础的局部倾斜		0.002	0.003
工业与民用建筑相邻柱基的沉降差	框架结构	0.002l	0.003l
	砌体墙填充的边排柱	0.0007l	0.001l
	当基础不均匀沉降时不产生附加应力的结构	0.005l	0.005l
单层排架结构（柱距为 6m）柱基的沉降量（mm）		(120)	200
桥式吊车轨面的倾斜（按不调整轨道考虑）	纵向	0.004	
	横向	0.003	
多层和高层建筑的整体倾斜	$H_g \leqslant 24$	0.004	
	$24 < H_g \leqslant 60$	0.003	
	$60 < H_g \leqslant 100$	0.0025	
	$H_g > 100$	0.002	
体形简单的高层建筑基础的平均沉降量（mm）		200	
高耸结构基础的倾斜	$H_g \leqslant 20$	0.008	
	$20 < H_g \leqslant 50$	0.006	
	$50 < H_g \leqslant 100$	0.005	
	$100 < H_g \leqslant 150$	0.004	
	$150 < H_g \leqslant 200$	0.003	
	$200 < H_g \leqslant 250$	0.002	
高耸结构基础的沉降量（mm）	$H_g \leqslant 100$	400	
	$100 < H_g \leqslant 200$	300	
	$200 < H_g \leqslant 250$	200	

注　1. 本表数值为建筑物地基实际最终变形允许值。

　　2. 有括号者仅适用于中压缩性土。

　　3. l 为相邻柱基的中心距离（mm），H_g 为自室外地面起算的建筑物高（m）。

4.6 土的压缩特性在工程上的应用

4.6.1 预压法

根据前面的回弹再压缩试验结果，处于再压缩阶段的试样压缩性明显降低，只有当荷载超过卸载时的荷载（也就是前期固结压力 p_c）后试样压缩曲线才回到压缩曲线主枝上。

对于软弱地基上建筑物其沉降量一般较大，根据这一特性，改变施工方法，以减小地基的沉降量。施工时，先在软弱地基上堆填一定厚度的土使其荷重略大于建筑物的实际荷重，使地基土体压缩固结，等固结完成后，将堆填土挖除。然后再修建建筑物，这时地基的沉降会比直接修建建筑物的沉降小的多。其中原理是：经过堆载加荷、挖土卸荷后，地基土体的压缩曲线从 a 点到 b 点再到 c 点，此时再修建建筑物，则在建筑物荷载下，地基土压缩曲线将从 c 点到 b 点，其压缩量显然比从 a 点直接到 b 点压缩量小，如图 4-21 所示。这种使地基产生超固结，从而控制沉降的施工方法叫预压法。

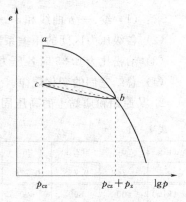

图 4-21 $e—\lg p$ 曲线

4.6.2 排水固结法

利用预压法处理软土地基时，预压荷载不可一次加载完毕，而是分层逐次堆填。如果快速加载，软黏土地基可能会很快破坏（这还涉及土的抗剪强度特性，后续章节进行讲解），如果缓慢地分层加荷，地基土有时间固结，由于固结，土体逐渐密实，强度提高，所以地基不会破坏。

这种预压方式要求工期比较长，能否缩短加荷时间，见式（4-52），土的固结度仅与时间因数 T_v 相关，而 $T_v = C_v t / H^2$，当时间因数 T_v 一定时，排水时间 t 与排水距离 H 的平方成正比，所以，如果能缩短排水距离，时间可大大缩短。如何缩短排水距离，工程上会在软黏土地基里以适当距离打设砂井，砂井的渗透系数比周围黏土的渗透系数大，实际上就是土体内部的排水边界，当在地基上面堆载时，地基中的孔隙水除了上下排水外，在水平方向还会向砂井呈放射状排水，排水距离大大缩短。

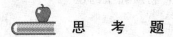

思　考　题

1. 引起土压缩的主要原因是什么？

2. 按分层总和法计算地基的最终沉降量有哪些基本假设？

3. 分层总和法计算沉降时，若某一土层较厚，为什么应将其分层计算？如果地基土为均质，且自重应力和附加应力均为（沿深度）均匀分布，是否有必要分层？

4. 土的一维固结过程中，孔隙水压力和有效应力是如何转化的？它们与总应力、附加应力关系如何？

5. 地下水位的下降对建筑物的沉降有影响没？如果上升有没有影响？

6. 正常固结土与超固结土的压缩特性有何不同？

习　题

1. 某黏土单向压缩试验结果见表 4 - 10。

表 4 - 10　　　　　　　　　　单 向 压 缩 试 验 结 果

p(kPa)	0	50	100	150	200	250	300	350	400
e	0.815	0.791	0.773	0.758	0.747	0.737	0.730	0.724	0.720

求：（1）绘 e—p 曲线和 e—$\lg p$ 曲线；

（2）各级压力区间的压缩系数、压缩模量和压缩指数；

（3）泊松比为 0.35 时各压力区间的变形模量；

（4）总结它们的变化规律。

2. 某原始粉质黏土的高压固结试验结果见表 4 - 11。

表 4 - 11　　　　　　　　　　高 压 固 结 试 验 结 果

p（kPa）	0	12.5	25	50	75	100	150	200	300	400
e	0.743	0.735	0.728	0.718	0.708	0.702	0.687	0.674	0.649	0.625
p（kPa）	600	800	600	400	300	200	150	100	150	200
e	0.582	0.549	0.551	0.554	0.556	0.561	0.564	0.569	0.567	0.565
p（kPa）	300	400	600	800	1000	1500	2000	3000	4000	
e	0.561	0.558	0.551	0.542	0.522	0.473	0.443	0.399	0.369	

求：（1）土的前期固结应力值；

（2）该土层中点的有效自重压力为 120kPa 时，判断土层的天然固结状态。

3. 如图 4 - 22 所示天然地基，该地基由粉质黏土和中砂组成，粉质黏土透水，其在水位面以上的容重 $\gamma=18kN/m^3$，在水面以下的容重 $\gamma_{sat}=20kN/m^3$（饱和容重），粉质黏土的压缩试验成果见表 4 - 12。

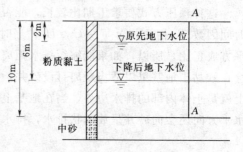

图 4 - 22　习题 3 示意图

表 4 - 12　　　　　　　粉质黏土的压缩试验成果

p（kPa）	50	100	150	200
e	0.671	0.653	0.638	0.618

试求：（1）水位下降前后，A—A 面上自重有效应力分布图；

（2）用分层总和法计算由于地下水下降，引起的黏土的沉降量（假定砂层不可压缩）。

4. 某超固结黏土层厚度为 2m，前期固结压力为 $p_c=300kPa$，原位压缩曲线压缩指数 $C_c=0.5$，回弹指数 $C_s=0.1$，土层所受的平均自重应力 $p_1=100kPa$，其对应孔隙比

$e_0 = 0.70$。要求在 $e—\lg p$ 坐标上绘出现场压缩曲线，并求下列两种情况下该黏土的最终压缩量。

(1) 建筑物的荷载在土层中引起的平均竖向附加应力 $\Delta p = 400\text{kPa}$；

(2) 建筑物的荷载在土层中引起的平均竖向附加应力 $\Delta p = 180\text{kPa}$。

5. 已知某单独基础埋置深度 $d = 1\text{m}$，$\gamma = 20\text{kN/m}^3$，基础底面尺寸 $L \times B = 3\text{m} \times 2\text{m}$，作用于设计基底荷载为 720kN，地下水位与基底面平齐，地基资料如图 4-23 所示，用分层总和法求基础的沉降量。

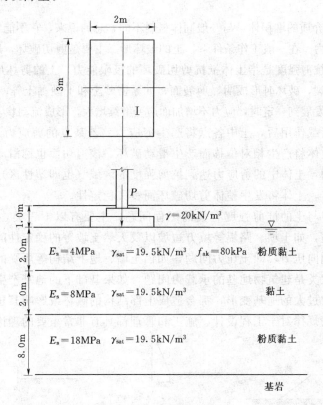

图 4-23　习题 5 示意图

6. 如图 4-22 所示地层（假设地下水位位于地基表面），地基上作用着均布荷载 $p_0 = 196\text{kPa}$，该荷载在土层中引起的附加应力大小满足 $\alpha = \sigma_z' / \sigma_z'' = 0.8$，已知粉质黏土层的孔隙比 $e = 0.9$，渗透系数 $k = 2.0\text{cm/a} = 6.3 \times 10^{-8}\text{cm/s}$，压缩系数 $a_v = 0.25\text{MPa}^{-1}$。试求：

(1) 荷载加上一年后，地基沉降量是多少（假设地基表面处设有排水砂层）；

(2) 加荷后历时多久，黏土层的固结度达到 90%？

第5章 土的抗剪强度

5.1 概 述

土是一种三相介质的堆积体,与一般固体材料不同,总的说来,它不能承受拉力,但能承受一定的剪力和压力。在一般工作条件下,土的破坏形态主要是剪切破坏,所以把土的强度称为抗剪强度。土的抗剪强度是指土体抵抗剪切破坏的极限能力。土的剪坏形式也是多种多样的,有的表现为脆裂,破坏时形成明显剪裂面,如紧密砂土和干硬黏土等;有的表现为塑流,即剪应变随剪应力发展到一定时,应力不增加而应变继续增大,形成流动状,如软塑黏土等。

当土体受到荷载作用后,土中各点将产生剪应力。若某点的剪应力达到其抗剪强度,在剪切面两侧的土体将产生相对位移而产生滑动破坏,该剪切面也称滑动面或破坏面。随着荷载的继续增加,土体中的剪应力达到抗剪强度的区域(也即塑性区)愈来愈大,最后各滑动面连成整体,土体将发生整体剪切破坏而丧失稳定性。

在工程实践中与土的抗剪强度有关的工程问题,主要有以下三类,如图5-1所示。第一类是土质边坡,如土坝、路堤等填方边坡以及天然土坡等的稳定性问题;第二类是土对工程构筑物的侧向压力,即土压力问题,如挡土墙、地下结构等所受的土压力,它受土强度的影响;第三类是建筑物地基的承载力问题,如果基础下的地基产生整体滑动或因局部剪切破坏而导致过大的地基变形,都会造成上部结构的破坏或影响其正常使用。所以研究土的抗剪强度的规律对于工程设计、施工和管理都具有非常重要的理论和实际意义。

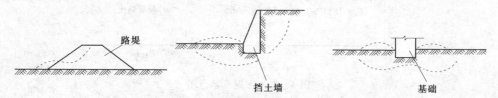

图5-1 工程中土的强度问题

土的强度往往以应力的某种函数形式来表达,由于函数形式不同,从而形成不同的强度理论。对于土来说,强度理论有不少,但目前比较简单而又比较符合实际的是莫尔-库仑强度(Mohr-Coulomb)理论。所以本章将首先介绍莫尔-库仑强度理论,然后简要介绍几种常用的剪切试验仪器和试验类型,讨论剪切试验中土的性状。

5.2 土的抗剪强度理论

5.2.1 库仑公式

库仑于1776年根据砂土剪切试验,提出砂土抗剪强度的表达式为

$$\tau = \sigma \tan\varphi \qquad\qquad (5-1)$$

式中　τ——土的抗剪强度；

　　　σ——作用在剪切面上的法向应力；

　　　φ——砂土的内摩擦角（干松砂在自然状态下所能维持的斜坡的最大坡角）。

后来，又通过试验提出适合黏性土的抗剪强度表达式为

$$\tau = c + \sigma \tan\varphi \qquad\qquad (5-2)$$

式中　c——土的黏聚力。

式（5-1）、式（5-2）统称为库仑公式。

由式（5-1）、式（5-2）可以看出，无黏性土（如砂土）的 $c=0$；黏性土的抗剪强度由两部分组成，一部分是滑动面上土的黏聚力，能起到阻挡剪切的作用，黏聚力系土粒间的胶结作用和各种物理化学键力作用的结果，其大小与土的矿物组成和压密程度有关；另一部分是土的摩擦阻力，摩擦力与法向应力 σ 成正比，比例系数为 $\tan\varphi$，它反映颗粒之间的摩擦性质，其大小取决于土颗粒的粒度大小、颗粒级配、密实度和土粒表面的粗糙度等因素。总的看，式（5-2）中只有两个常数参量，即 c 和 φ，他们取决于土的性质，与土中应力状态无关，一般称为土的抗剪强度指标，他们的数值由试验直接确定。当 $\sigma=0$ 时，c 值即为抗剪强度线在纵坐标轴上的截距。如图 5-2 所示。

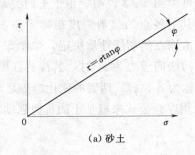
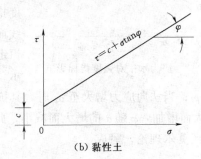

（a）砂土　　　　　　　　　　　　　　　（b）黏性土

图 5-2　抗剪强度与法向应力之间的关系

库仑公式在研究土的抗剪强度与作用在剪切面上法向应力的关系时，未涉及土三相性、多孔性的分散颗粒集合体的最主要特征——有效应力问题。随着固结理论的发展，人们逐渐认识到土体内的剪应力仅能由土的骨架承担，土的抗剪强度并不简单取决于剪切面上的总法向应力，而取决于该面上的有效法向应力，土的抗剪强度应表示为剪切面上有效法向应力的函数。太沙基在 1925 年提出饱和土的有效应力概念，并用试验证明了有效应力 σ' 等于总应力 σ 与孔隙水压力 u 的差值。因此，对应于库仑公式，土的有效应力强度表达式可写为

$$\tau = (\sigma - u)\tan\varphi' = \sigma'\tan\varphi' \qquad\qquad (5-3a)$$

$$\tau = c' + (\sigma - u)\tan\varphi' = c' + \sigma'\tan\varphi' \qquad\qquad (5-3b)$$

式中　c'——土的有效黏聚力；

　　　φ'——土的有效内摩擦角；

　　　σ'——作用在剪切面上的有效法向应力；

　　　u——孔隙水压力。

在式（5-3）中已指出，饱和土的渗透固结过程，实际上是孔隙水压力消散和有效应力增长的转移过程。因此，土的抗剪强度随着它的固结压密而不断增长。

由此可见，土的抗剪强度有两种表达方法。土的 c 和 φ 统称为土的总应力强度指标，直接应用这些指标所进行的土体稳定分析就称为总应力法；而 c' 和 φ' 统称为土的有效应力强度指标，应用这些指标所进行的土体稳定分析就称为有效应力法。由于有效法向应力才是影响粒间摩擦阻力的决定因素，因此有效应力法概念明确，为求得有效法向应力，需增加测求孔隙水压力工作量。但是，由于实际工程中的孔隙水压力很难准确计算和量测，因而有许多上工问题仍采用总应力的分析计算方法。所以，针对其难以准确反映孔隙水压力的存在对抗剪强度产生的影响，工程中往往选用最接近实际条件的试验方法取得总应力强度指标。

土的 c 和 φ 应理解为只是表达一种关系试验成果的两个数学参数，因为即使是同一种土其 c 和 φ 也并非常数值，它们均因试验方法和土样的试验条件（如固结和排水条件）等

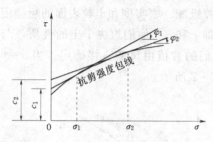

图 5-3 应力水平对强度指标影响

的不同而异；同时应指出，许多土类的抗剪强度线并非都呈直线状，而是随着应力水平有所变化。莫尔在 1910 年提出当法向应力范围较大时，抗剪强度线往往呈非线性性质的曲线形状。应力水平增高对强度指标的影响可由图 5-3 说明。由于土的关系是曲线而非直线，其上各点的抗剪强度指标 c 和 φ 并非恒定值，而应由该点的切线性质决定。如图 5-3 所示，当剪切面的法向应力为 σ_1 时，其抗剪强度指标为 c_1、φ_1；当法向应力增大至 σ_2 时，其抗剪强度指标为 c_2、φ_2。两者的变化趋势是，c 随 φ 的增大而增加，φ 随 σ 的增大而减小，此时就不能用库仑公式来概括土的抗剪强度特性，一般按照莫尔理论，写成

$$\tau = f(\sigma) \tag{5-4}$$

通常把试验所得的不同形状的抗剪强度线统称为抗剪强度包络线或抗剪强度包线。

5.2.2 莫尔-库仑强度理论

当土体中某点任一平面上的剪应力等于土的抗剪强度时，将该点濒于破坏的临界状态称为"极限平衡状态"。表征该状态下各种应力之间关系的表达式称为"极限平衡条件"。

根据材料力学，设某一土体单元体上分别作用着最大主应力 σ_1 和最小主应力 σ_3。如图 5-4 所示，若忽略其自身重力，则根据静力平衡条件，可求得与大主应力 σ_1 作用面成任意角 α 的任一截面 $m-n$ 上的法向应力 σ 和剪应力 τ 为

$$\sigma = \frac{1}{2}(\sigma_1 + \sigma_3) + \frac{1}{2}(\sigma_1 - \sigma_3)\cos 2\alpha \tag{5-5a}$$

$$\tau = \frac{1}{2}(\sigma_1 - \sigma_3)\sin 2\alpha \tag{5-5b}$$

由材料力学应力状态分析可知，以上 σ、τ 与 σ_1、σ_3 的关系也可用莫尔应力圆表示。其圆周上各点的坐标即表示该点在相应平面上的法向应力和剪应力。

为判别该点土体是否破坏，可将该点的莫尔应力圆与土的抗剪强度包线 $\sigma-\tau$ 绘在同

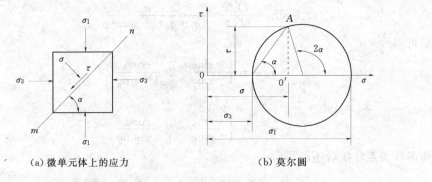

（a）微单元体上的应力　　　　　　　　（b）莫尔圆

图 5-4　土体中任意点的应力

一坐标图上并作相对位置比较。如图 5-5 所示，它们之间的关系存在以下三种情况。

（1）莫尔应力圆整体位于抗剪强度包线的下方（圆Ⅰ），莫尔应力圆与抗剪强度线相离，表明该点在任何平面上的剪应力均小于土所能发挥的抗剪强度，因而该点未被剪切破坏。

（2）莫尔应力圆与抗剪强度包线相切（圆Ⅱ），说明在切点所代表的平面上，剪应力恰好等于土的抗剪强度，该点就处于极限平衡状态，莫尔应力圆亦称极限应力圆。由图中切点的位置还可确定破坏面的方向。连接切点与莫尔应力圆圆心，连线与横坐标之间的夹角为 $2\alpha_f$，根据莫尔圆原理，可知土体中破坏面与大主应力 σ_1 作用面夹角为 α_f。

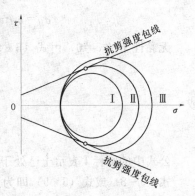

图 5-5　莫尔圆与抗剪强度包线

（3）莫尔应力圆与抗剪强度包线相割（圆Ⅲ），则该点早已破坏。实际上圆Ⅲ所代表的应力状态是不可能存在的，因为该点某些平面上的剪应力已超过了土的抗剪强度，早已沿某一平面剪切破坏了。

当土体处于极限平衡状态时，从图 5-6 中莫尔应力圆与抗剪强度包线的几何关系可推导黏性土的极限平衡条件为

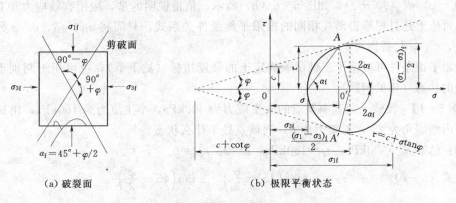

（a）破裂面　　　　　　　　　　（b）极限平衡状态

图 5-6　极限平衡状态时的莫尔圆与抗剪强度包线

131

$$\sin\varphi = \frac{O'A}{O''O'} = \frac{(\sigma_1 - \sigma_3)_f}{(\sigma_1 + \sigma_3)_f + 2c\cot\varphi} \qquad (5-6)$$

化简后可得

$$\sigma_{1f} = \sigma_{3f}\frac{1+\sin\varphi}{1-\sin\varphi} + 2c\frac{\cos\varphi}{1-\sin\varphi} \qquad (5-7)$$

或

$$\sigma_{1f} = \sigma_{3f}\frac{1+\sin\varphi}{1-\sin\varphi} - 2c\frac{\cos\varphi}{1-\sin\varphi} \qquad (5-8)$$

经三角函数关系转换后还可写为

$$\sigma_{1f} = \sigma_{3f}\tan^2\left(45° + \frac{\varphi}{2}\right) + 2c\tan\left(45° + \frac{\varphi}{2}\right) \qquad (5-9)$$

或

$$\sigma_{3f} = \sigma_{1f}\tan^2\left(45° - \frac{\varphi}{2}\right) - 2c\tan\left(45° - \frac{\varphi}{2}\right) \qquad (5-10)$$

无黏性土的 $c=0$，由式（5-9）、式（5-10）可知，其极限平衡条件为

$$\sigma_{1f} = \sigma_{3f}\tan^2\left(45° + \frac{\varphi}{2}\right) \qquad (5-11)$$

或

$$\sigma_{3f} = \sigma_{1f}\tan^2\left(45° - \frac{\varphi}{2}\right) \qquad (5-12)$$

公式中的脚标 f 表示土已处于剪切破坏状态。

式（5-8）或式（5-9）即为土的极限平衡条件。当土的强度指标 c，φ 为已知，若土中某点的大小主应力 σ_1 和 σ_3 满足上列关系式时，则该土体正好处于极限平衡或破坏状态。

由图 5-6 中几何关系，可得破坏面与大主应力作用面间的夹角 α_f 为

$$\alpha_f = \frac{1}{2}(90° + \varphi) = 45° + \frac{\varphi}{2} \qquad (5-13)$$

在极限平衡状态时，由图 5-6 中看出，通过土体该点将产生一对破裂面，它们均与大主应力作用面成 α_f 夹角，相应地在莫尔应力圆上横坐标上下对称地有两个破裂面 A 和 A'，而这一对破裂面之间在大主应力作用方向夹角为（$90° - \varphi$）。而两剪破面之间的夹角为（$90° - \varphi$）或（$90° + \varphi$），如图 5-6（b）所示。值得说明的是，应用有效应力和有效强度指标可依上述过程推得形式相同的极限平衡条件关系式，只需将 σ_{1f}、σ_{3f}、c、φ 分别用 σ'_{1f}、σ'_{3f}、c'、φ' 代替即可。

极限平衡条件可以用于三轴试验确定土的强度指标（见下节），也可用于判别土体单元所处的状态（详见例题）。

【例 5-1】 设砂土地基中某点的大主应力为 300kPa，小主应力为 150kPa，由试验得砂土的内摩擦角为 25°，黏聚力为 0，问该点处于什么状态？

解： 已知 $\sigma_1 = 300$kPa，$\sigma_3 = 150$kPa，$\varphi = 25°$，$c = 0$。

按式（5-10）　　$\sigma_{3f} = \sigma_{1f}\tan^2\left(45° - \frac{\varphi}{2}\right) - 2c\tan\left(45° - \frac{\varphi}{2}\right)$

$$= 300 \times \tan^2\left(45° - \frac{25°}{2}\right) = 122(\text{kPa})$$

而实际 $\sigma_3 = 150\text{kPa}$ 大于 σ_{3f}，故该点处于稳定状态。

【例 5-2】 已知某土体单元的大主应力 $\sigma_1 = 400\text{kPa}$，小主应力 $\sigma_3 = 210\text{kPa}$。通过试验测得土的抗剪强度指标 $c = 20\text{kPa}$，$\varphi = 18°$，问该单元体处于什么状态？

解： 已知 $\sigma_1 = 480\text{kPa}$，$\sigma_3 = 210\text{kPa}$，$\varphi = 18°$，$c = 20\text{kPa}$。

（1）直接用 τ 与 τ_f 的关系判别。

由式（5-5a）和式（5-5b）分别求出剪破面上的法向应力 σ 和剪应力 τ 为

$$\sigma = \frac{1}{2}(\sigma_1 + \sigma_3) + \frac{1}{2}(\sigma_1 - \sigma_3)\cos2\theta_f$$

$$= \frac{1}{2}(480 + 210) + \frac{1}{2}(480 - 210)\cos108° = 303(\text{kPa})$$

$$\tau = \frac{1}{2}(\sigma_1 - \sigma_3)\sin2\theta_f$$

$$= \frac{1}{2}(480 - 210)\sin108° = 128(\text{kPa})$$

由式（5-2）求相应面上的抗剪强度为

$$\tau_f = c + \sigma\tan\varphi$$

$$= 20 + 303\tan18° = 118(\text{kPa})$$

由于 $\tau > \tau_f$，说明该单元体早已破坏。

（2）利用公式（5-9）或式（5-10）的极限平衡条件来判别。

1）由式（5-10）计算达到极限平衡条件时所需要的小主应力值为 σ_{3f}，此时把实际存在的大主应力 $\sigma_1 = 480\text{kPa}$ 及强度指标 c，φ 值代入式（5-10）中，可得

$$\sigma_{3f} = \sigma_{1f}\tan^2\left(45° - \frac{\varphi}{2}\right) - 2c\tan\left(45° - \frac{\varphi}{2}\right)$$

$$= 480 \times \tan^2\left(45° - \frac{18°}{2}\right) - 2 \times 20 \times \tan^2\left(45° - \frac{18°}{2}\right) = 224(\text{kPa})$$

2）也可由式（5-9）计算达到极限平衡条件时所需要的大主应力值为 σ_{1f}，此时把实际存在的小主应力 $\sigma_3 = 210\text{kPa}$ 及强度指标 c，φ 值代入式（5-9）中，可得

$$\sigma_{1f} = \sigma_{3f}\tan^2\left(45° + \frac{\varphi}{2}\right) + 2c\tan\left(45° + \frac{\varphi}{2}\right)$$

$$= 210 \times \tan^2\left(45° + \frac{18°}{2}\right) + 2 \times 20 \times \tan\left(45° + \frac{18°}{2}\right)$$

$$= 210 \times \tan^2 54° + 40 \times \tan54° = 453(\text{kPa})$$

由计算结果表明，$\sigma_3 < \sigma_{3f}$，$\sigma_1 > \sigma_{1f}$，所以该单元土体早已破坏。

5.3 抗 剪 强 度 试 验

土的抗剪强度是决定建筑物地基和土工建筑物稳定性的关键因素，因而正确测定土的抗剪强度指标对工程实践具有重要的意义。经过多年来的不断发展，目前已有多种类型测定土抗剪强度指标的室内和现场测试仪器。室内试验常用的有直接剪切仪、三轴压缩仪、无侧限抗压仪和单剪仪等；现场试验常用的有十字板剪切仪等。每种试验仪器都有一定的

适用性，在试验方法和成果整理等方面也有各自不同的做法。

5.3.1　直接剪切试验

直接剪切试验使用的仪器称为直接剪切仪（简称直剪仪），分为应变控制式和应力控制式两种。前者对试样采用等速剪应变测定相应的剪应力，后者则是对试样分级施加剪应力测定相应的剪切位移。以我国普遍采用的应变控制式直剪仪为例，其构造简图如图 5 - 7 所示。仪器由固定的上盒和可移动的下盒构成，试样置于盒内上、下盒之间，试样上、下各放一块透水石以利试样排水。试验时，由杠杆系统通过活塞对试样施加垂直压力，水平推力则由等速前进的轮轴施加于下盒，使试样在沿上、下盒水平接触面产生剪切位移。剪应力大小则根据量力环上的测微表，由测定的量力环变形值经换算确定。活塞上的测微表用于测定试样在法向应力作用下的固结变形和剪切过程中试样的体积变化。

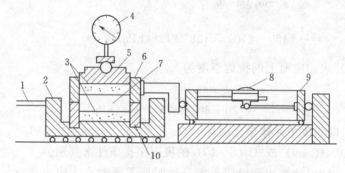

图 5 - 7　应变控制式直接剪切仪

1—轮轴；2—底座；3—透水石；4—测微表；5—活塞；6—上盒；
7—土样；8—测微表；9—量力环；10—下盒

直剪仪在等速剪切过程中，可隔固定时间间隔，亦即隔定值的剪切位移增量，测读一次试样剪应力大小，就可绘制在一定的法向应力条件下，试样剪切位移 Δl（上、下盒水平相对位移）与剪应力 τ 的对应关系，如图 5 - 8 所示。硬黏土和密实砂土的 τ—Δl 曲线（A 线）可出现剪应力的峰值 τ_{fp}，即为土的抗剪强度。峰后强度随剪切位移增大而降低，称应变软化特征；软黏土和松砂的 τ—Δl 线则往往不出现峰值，强度随剪切位移增加而缓慢增大，称应变硬化特征，此时应按某一剪切位移值作为控制破坏的标准，如一般可取相应于 4mm 剪切位移量的剪应力作为土的抗剪强度值 τ_f。

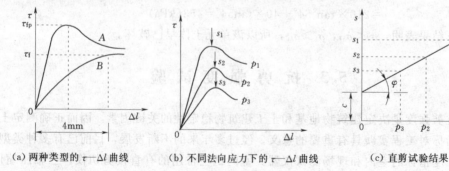

(a) 两种类型的 τ—Δl 曲线　　(b) 不同法向应力下的 τ—Δl 曲线　　(c) 直剪试验结果

图 5 - 8　直接剪切试验

要绘制某种土的抗剪强度包线，以确定其抗剪强度指标，至少应取 4 个以上试样，在不同的法向应力 p_1、p_2、p_3、p_4（一般可取 100kPa、200kPa、300kPa、400kPa…）作用下测得相应的 τ—Δl 曲线，按上述原则确定对应的抗剪强度 s 值。从而绘出强度包线，绘图时必须使纵横坐标的比例尺完全一致，该线与横轴的夹角为土的内摩擦角 φ，在纵轴上的截距即为土的黏聚力 c。

直接剪切试验目前依然是室内土的抗剪强度最基本的测定方法。试验和工程实践都证明土的抗剪强度与土受力后的排水固结状况有关，因而在工程设计中所需要的强度指标试验方法必须与现场的施工加荷实际相符合。如软土地基上快速堆填路堤，由于加荷速度快，地基土体渗透性低，则在这种条件下的强度和稳定问题是处于不能排水条件下的稳定分析问题，这是室内的试验条件能模拟实际加荷状况，即在不能排水的条件下进行剪切试验。但是直剪仪的构造无法做到任意控制土样是否排水的要求，为了在直剪试验中能考虑这类实际需要，可通过快剪、固结快剪和慢剪三种直剪试验方法，近似模拟土体在现场受剪的排水条件。

1. 快剪

对试样施加竖向压力后，立即快速施加水平剪应力使试验剪切破坏。一般从加荷到剪坏只用 3～5min。由于剪切速率较快，对于渗透系数比较低的土，可认为土样在这段短暂时间内没有排水固结。得到的抗剪强度指标用 c_q、φ_q 表示。

2. 固结快剪

对试样施加竖向压力后，让试样充分排水，待固结稳定后，再快速施加水平剪应力使试样剪切破坏。得到的抗剪强度指标用 c_{cq}、φ_{cq} 表示。

3. 慢剪

对试样施加竖向压力后，让试样充分排水，待固结稳定后，以缓慢的速率施加水平剪应力直至试样剪切破坏，从而使试样在受剪过程中一直充分排水和产生体积变形。得到的抗剪强度指标用 c_b、φ_b 表示。

直剪仪具有构造简单、操作简便，并符合某些特定条件，至今仍是实验室常用的一种试验仪器。但该试验也存在如下缺点。

（1）剪切过程中试样内的剪应变和剪应力分布不均匀。试样剪破时，靠近剪力盒边缘的应变最大，而试样中间部位的应变相对小得多；此外，剪切面附近的应变又大于试样顶部和底部的应变；基于同样的原因，试样中的剪应力也是很不均匀的。

（2）剪切面人为地限制在上、下盒的接触面上，而该平面并非是试样抗剪最弱的剪切面。

（3）剪切过程中试样面积逐渐减小，且垂直荷载发生偏心，但计算抗剪强度时却按受剪面积不变和剪应力均匀分布计算。

（4）不能严格控制排水条件，因而不能量测试样中的孔隙水压力。

（5）根据试样破坏时的法向应力和剪应力，虽可算出大、小主应力 σ_1，σ_3 的数值，但中主应力 σ_2 无法确定。

针对直剪仪的上述缺陷，人们曾做了一些改进。如能改善试样中的应力均匀程度，并外套橡皮膜以控制排水的单剪仪；能控制中主应力的直剪仪和能测定残余强度的环剪仪等。

5.3.2　三轴压缩试验

三轴压缩试验，也称三轴剪切试验，是一种较完善的测定土抗剪强度试验方法。三轴压缩试验是以莫尔—库仑强度理论为依据而设计的三轴向加压的剪力试验，通常采用3～4个圆柱形试样，分别在不同的周围压力下测得土的抗剪强度，再利用莫尔—库仑破坏准则确定土的抗剪强度参数。

三轴压缩试验可以严格控制排水条件，可以测量土体内的孔隙水压力，另外，试样中的应力状态也比较明确，试样破坏时的破裂面是在最薄弱处，而不像直剪试验那样限制在上下盒之间。同时三轴压缩试验还可以模拟建筑物和建筑物地基的特点以及根据设计施工的不同要求确定试验方法。因此，对于特殊建筑物（构筑物）、高层建筑、重型厂房、深层地基、海洋工程、道路桥梁以及交通航务等工程有着特别重要的意义。

1. 三轴试验原理

三轴压缩试验所使用的仪器为三轴压缩仪，也称为三轴剪切仪，依据施加轴向荷载方式的不同，可分为应变控制式和应力控制式两种。目前室内三轴试验基本上采用的是应变式三轴仪，如图5-9所示。应变式三轴仪主要由主机、稳压调压系统以及量测系统三部分所组成，各系统之间用管路和各种阀门开关连接。

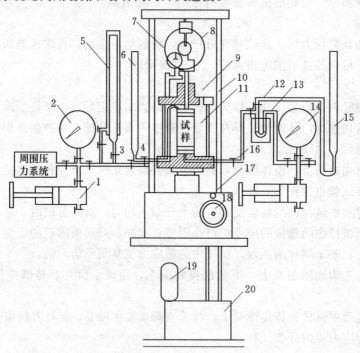

图5-9　三轴压缩仪

1—测压筒；2—周围压力表；3—周围压力阀；4—排水阀；5—体变管；6—排水管；7—变形量表；

8—量力环；9—排气孔；10—轴向加压设备；11—压力室；12—量筒阀；13—零位指示器；

14—孔隙压力表；15—量管；16—孔隙压力阀；17—离合器；

18—手轮；19—马达；20—变速箱

主机部分包括压力室、轴向加荷系统等。压力室是三轴仪的主要组成部分，它是一个由金属上盖、底座以及透明有机玻璃圆筒组成的密闭容器，压力室底座通常有 3 个小孔分别与稳压系统以及体积变形和孔隙水压力量测系统相连。

稳压调压系统由压力泵、调压阀和压力表等组成。试验时通过压力室对试样施加周围压力，并在试验过程中根据不同的试验要求对压力予以控制或调节，如保持恒压或是变化压力等。

量测系统由排水管、体变管和孔隙水压力量测装置等组成。试验时分别测出试样受力后土中排出的水量变化以及孔隙水压力的变化。对于试样的竖向变形，则利用置于压力室上方的测微表或位移传感器测读。

常规三轴试验的一般步骤是：

（1）先打开周围压力系统阀门，使试样在各向受到周围压力达 σ_3，并使该周围压力在整个试验过程中维持不变，这时试件内各向的主应力都是相等的，因此在试件内不产生任何剪应力，如图 5-10 (a) 所示。

（2）通过轴压系统对试样施加轴向附加压力，当作用在试件上的周围压力 σ_3 不变，而轴向压应力 σ_1 逐渐增大时，试件最终因受剪而破坏，如图5-10 (b)所示。

设试件剪切破坏时轴压系统施加在试件上的轴向附加压应力 $\Delta\sigma_1$（称为偏应力），则试件上的大主应力为 $\sigma_1 = \sigma_3 + \Delta\sigma_1$，而小主应力为 σ_3，则据此可作出一系列莫尔圆，并得到一个莫尔极限应力圆，如图 5-10 (c) 所示。用同一种土样的 3 个以上试件，分别在不同的周围压力 σ_3 下进行试验，则可得到一组莫尔极限应力圆，如图 5-10 (d) 中的圆Ⅰ、圆Ⅱ和圆Ⅲ，并作一条公切线，这条线就是土的抗剪强度包线，由此可求得土的抗剪强度指标 c、φ 值。破坏点的确定方法为，量测相应的轴向应变 ε_1，点绘 $\Delta\sigma - \varepsilon_1$ 关系曲线，如

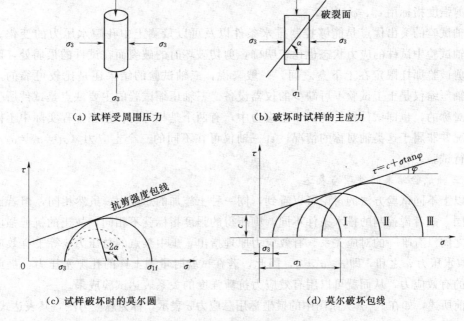

（a）试样受周围压力　　　　　　　（b）破坏时试样的主应力

（c）试样破坏时的莫尔圆　　　　　　（d）莫尔破坏包线

图 5-10　三轴压缩试验原理

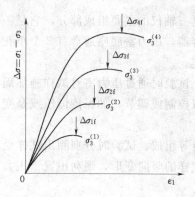

图 5-11　三轴压缩试验的 $\Delta\sigma - \varepsilon_1$ 曲线

图 5-11 所示，以偏应力 $\sigma_1 - \sigma_3$ 的峰值为破坏点；无峰值时，取某一轴向应变（如 $\varepsilon_1 = 15\%$）对应的偏应力值作为破坏点。

2. 三轴试验方法

根据土样剪切前固结的排水条件和剪切时的排水条件，三轴试验可分为以下三种试验方法。

（1）不固结不排水剪（UU 试验）。试样在施加周围压力和随后施加偏应力直至剪坏的整个试验过程中都不允许排水，这样从开始加压直至试样剪切破坏，土中的含水量始终保持不变，孔隙水压力也不可能消散。这种试验方法所对应的实际工程条件相当于饱和软黏土中快速加荷时应力状况，得到的抗剪强度指标用 c_u、φ_u 表示。

（2）固结不排水剪（CU 试验）。在施加周围压力 σ_3 时，将排水阀门打开，允许试样充分排水，待稳定后关闭排水阀门，然后再施加偏应力，使试样在不排水的条件下剪切破坏。由于不排水，试样在剪切过程中没有任何体积变形，若要在受剪过程中量测孔隙水压力，则要打开试样与孔隙水压力量测系统间的管路阀门。得到的抗剪强度指标用 c_{cu}、φ_{cu} 表示。

固结不排水剪试验是经常要做的工程试验，它适用于的实际工程条件常常是一般正常固结土层在工程竣工或是在使用阶段受到大量、快速的活荷载或新增加的荷载作用时所对应的受力情况。

（3）固结排水剪（CD 试验）。在施加周围压力和随后施加偏应力直至剪坏的整个试验过程总都将排水阀门打开，并给予充分的时间让试样中的孔隙水压力能够完全消散。得到的抗剪强度指标用 c_d、φ_d 表示。

三轴试验的突出优点是能够控制排水条件以及可以量测土中孔隙水压力的变化。此外，三轴试验中试件的应力状态也比较明确，剪切破坏时的破裂面在试件的最弱处，而不是像直剪试验那样限定在上下盒之间。一般来说，三轴试验的结果还是比较可靠的，因此，三轴压缩仪是土工试验不可缺少的仪器设备。三轴压缩试验的主要缺点是试件所受的力是轴对称的，也即试件所受的三个主应力中，有两个是相等的，但在工程实际中土体的受力情况并非属于这类轴对称的情况，真三轴仪可在不同的三个主应力（$\sigma_1 \neq \sigma_2 \neq \sigma_3$）作用下进行试验。

3. 三轴试验结果的整理与表达

从以上不同试验方法的讨论可以看到，同一种土施加的总应力 σ 虽然相同，但若试验方法不同，或者说控制的排水条件不同，则所得的强度指标就不相同，故土的抗剪强度与总应力之间没有唯一的对应关系。有效应力原理指出，土中某点的总压力 σ 等于有效应力 σ' 和孔隙水压力 u 之和，即 $\sigma = \sigma' + u$，因此，若在试验时量测土样的孔隙水压力，据此算出土中的有效应力，从而就可以用有效应力抗剪强度的关系表达试验成果。

如前所述，如在 $\tau_f - \sigma$ 关系图中的横坐标用总应力 σ 表示，称为总应力法，其表达式为

$$\tau_f = c + \sigma\tan\varphi$$

式中 c、φ——以总应力法表示的黏聚力和内摩擦角，统称为总应力抗剪强度指标。

如在 τ_f—σ' 关系图中横坐标用有效应力 σ' 表示，称为有效应力法，其表达式为

$$\tau_f = c' + \sigma' \tan\varphi' \tag{5-14a}$$

或

$$\tau_f = c' + (\sigma - u)\tan\varphi' \tag{5-14b}$$

式中 c'、φ'——有效黏聚力和有效内摩擦角，统称为有效应力抗剪强度指标。

抗剪强度的有效应力法由于考虑了孔隙水压力的影响，因此，对于同一种土，不论采取哪一种试验方法，只要能够准确量测出土样破坏时的孔隙水压力，则均可用式（5-14）来表示土的强度关系，而且所得的有效抗剪强度指标应该是相同的。换言之，在理论上抗剪强度与有效应力应有对应关系，这一点已为许多试验所证实。

三轴压缩试验可供在复杂应力条件下研究土的抗剪强度特性之用，其突出优点如下：

（1）试验中能严格控制试样的排水条件，准确测定试样在剪切过程中孔隙水压力变化，从而可定量获得土中有效应力的变化情况。

（2）与直剪试验对比起来，试样中的应力状态相对地较为明确和均匀，未指定破裂面位置。

（3）除抗剪强度指标外，还可测定土的灵敏度、侧压力系数、孔隙水压力系数等力学指标。

但三轴压缩试验也存在试样制备和试验操作比较复杂，试样中的应力与应变仍然不够均匀的缺点。由于试样上、下端的侧向变形分别受到刚性试样帽和底座的限制，而在试样的中间部分却不受约束，因此，当试样接近破坏时试样常被挤压成鼓形。此外，目前所谓的"三轴试验"，一般都是在轴对称的应力应变条件下进行的。许多研究报告表明，土的抗剪强度受到应力状态的影响。在实际工程中，油罐和圆形建筑物地基的应力分布属于轴对称应力状态；而路堤、土坝和长条形建筑物地基的应力分布属于平面应变状态（$\varepsilon_2 = 0$）；一般方形和矩形建筑物地基的应力分布则属三向应力状态。有人曾利用特制的仪器进行三种不同应力状态下的强度试验，发现同种土在不同应力状态下的强度指标并不相同。如对砂土所进行的许多对比试验表明，平面应变的砂土的 φ 值较轴对称应力状态下约高出 $3°$ 左右。因而，三轴压缩试验结果不能全面反映中主应力（σ_2）的影响。若想获得更合理的抗剪强度参数，须采用真三轴仪，其试样可在三个互不相同的主应力作用下进行试验。

5.3.3 无侧限抗压强度试验

试验时，将圆柱形试样置于如图 5-12 所示的无侧限压缩仪中，对试样不加周围压力，仅对它施加垂直轴向压力，剪切破坏时试样所承受的轴向压力称为无侧限抗压强度 q_u。由于试样在试验过程中在侧向不受任何限制，故称无侧限抗压强度试验。无黏性土在无侧限条件下试样难以成型，故该试验主要用于黏性土，尤其适用于饱和软黏土。无侧限抗压强度试验如同三轴压缩试验中 $\sigma_3 = 0$ 时的特殊情况。

无侧限抗压强度试验中，试样破坏时的判别标准类似三轴压缩试验。坚硬黏土的 σ_1—ε_1 关系曲线常出现 σ_1 的峰值破坏点（脆性破坏），此时的 σ_{1f} 即为 q_u；而软黏土的破坏常呈现为塑流变形，σ_1—ε_1 关系曲线常无峰值破坏点（塑性破坏），此时可取轴向应变 $\varepsilon_1 = 15\%$ 处的轴向应力值作为 q_u。无侧限抗压强度 q_u 相当于三轴压缩试验中试样在 $\sigma_3 = 0$ 条件下破坏时的大主应力，故由式可得

$$q_u = 2c\tan\left(45° + \frac{\varphi}{2}\right) \tag{5-15}$$

式中　q_u——无侧限抗压强度，kPa。

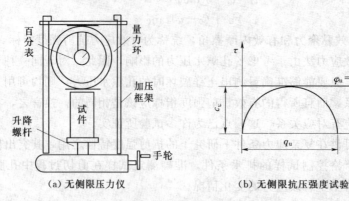

（a）无侧限压力仪　　　　　　　（b）无侧限抗压强度试验结果

图 5-12　无侧限抗压强度试验

无侧限抗压强度试验结果只能作出一个极限应力圆（$\sigma_{1f} = q_u$，$\sigma_3 = 0$），因此，对一般黏性土难以做出破坏包线。但试验中若能量测得试样的破裂角 α_f，则理论上可根据式（5-13），$\alpha_f = 45° + \varphi/2$ 推算出黏性土的内摩擦角 φ。再由式（5-9）推得土的黏聚力 c。但一般 α_f 不易量测，要么因为土的不均匀性导致破裂面形状不规则，要么由于软黏土的塑流变形而不出现明显的破裂面，只是被挤压成鼓形，如图 5-13 所示。但对于饱和软黏土，在不固结不排水条件下进行剪切试验，可认为 $\varphi = 0$，其抗剪强度包线与 σ 轴平行。因而，由无侧限抗压强度试验所得的极限应力圆的水平切线，即为饱和软黏土的不排水抗剪强度包线，如图 5-14 所示。

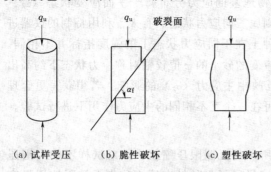

（a）试样受压　　（b）脆性破坏　　（c）塑性破坏

图 5-13　无侧限抗压强度试验原理

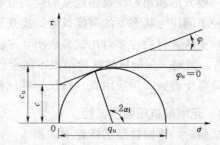

图 5-14　无侧限抗压强度试验的强度包线

由图 5-14 可知，其不排水抗剪强度 c_u 为

$$c_u = \frac{q_u}{2} \tag{5-16}$$

无侧限抗压强度试验还可用来测定黏性土的灵敏度 S_t。其方法是将已做完无侧限抗压强度试验的原状土样，彻底破坏其结构，并迅速塑成与原状试样同体积的重塑试样，以保持重塑试样的含水量与原状试样相同，并避免因触变性导致土的强度部分恢复。对重塑试样进行无侧限抗压强度试验，测得其无侧限抗压强度 q_u'，则该土的灵敏度 S_t 为

$$S_t = \frac{q_u}{q_u'} \qquad (5-17)$$

式中　q_u——原状试样的无侧限抗压强度，kPa；

　　　q_u'——重塑试祥的无侧限抗压强度，kPa。

5.3.4　十字板剪切试验

在土的抗剪强度现场原位测试方法中，最常用的是十字板剪切试验。它具有无需钻孔取得原状土样而使土少受扰动，试验时土的排水条件、受力状态等与实际条件十分接近，因而特别适用于难于取样和高灵敏度的饱和软黏土。

十字板剪切仪的构造如图 5-15 所示，其主要部件为十字板头、轴杆、施加扭力设备和测力装置。近年来已有用自动记录显示和数据处理的微机代替旧有测力装置的新仪器问世。十字板剪切试验的工作原理是将十字板头插入土中待测的土层标高处，然后在地面上对轴杆施加扭转力矩，带动十字板旋转。十字板头的四翼矩形片旋转时与土体间形成圆柱体表面形状的剪切面，如图 5-16 所示。通过测力设备测出最大扭转力矩 M，据此可推算出土的抗剪强度。

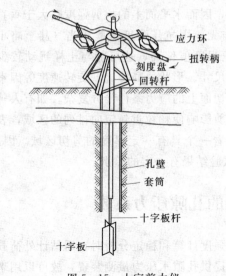

图 5-15　十字剪力仪

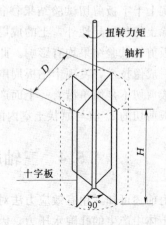

图 5-16　十字板剪切原理

土体剪切破坏时，其抗扭力矩由圆柱体侧面和上、下表面土的抗剪强度产生的抗扭力矩两部分构成。

（1）圆柱体侧面上的抗扭力矩 M_1。

$$M_1 = \left(\pi D H \frac{D}{2} \right) \tau \qquad (5-18)$$

式中　D——十字板的宽度，即圆柱体的直径，m；

　　　H——十字板的高度，m；

　　　τ——土的抗剪强度，kPa。

（2）圆柱体上、下表面上的抗扭力矩 M_2。

$$M_2 = \left(2 \times \frac{\pi D^2}{4} \frac{D}{3}\right)\tau \qquad (5-19)$$

式中　$D/3$——力臂值，m，由剪力合力作用在距圆心 2/3 的圆半径处所得。

应该指出，实用上为简化起见，式（5-18）、式（5-19）的推导假设了土的强度为各向相同，即剪切破坏时圆柱体侧面和上、下表面土的抗剪强度相等。

由土体剪切破坏时所量测的最大扭矩，应与圆柱体侧面和上、下表面产生的抗扭力矩相等，可得

$$M = M_1 + M_2 = \left(\frac{\pi H D^2}{2} + \frac{\pi D^3}{6}\right)\tau_f \qquad (5-20)$$

于是，由十字板原位测定的上的抗剪强度 τ 为

$$\tau = \frac{2M}{\pi D^2 \left(H + \dfrac{D}{3}\right)} \qquad (5-21)$$

对饱和软黏土来说，与室内无侧限抗压强度试验一样，十字板剪切试验所得成果即为不排水抗剪强度 c_u，且主要反映土体垂直面上的强度。由于天然上层的抗剪强度是非等向的，水平面上的固结压力往往大于侧向固结压力，因而水平面上的抗剪强度略大于垂直面上的抗剪强度，十字板剪切试验结果理论上应与无侧限抗压强度试验相当（甚至略小）。但事实上十字板剪切试验结果往往比无侧限抗压强度值偏高，这可能与土样扰动较少有关。除土的各向异性外，土的成层性、十字板的尺寸、形状、高径比、旋转速度等因素对十字板剪切试验结果均有影响。此外，十字板剪切面上的应力条件十分复杂，如有人曾利用衍射成像技术，发现十字板周围土体存在因受剪影响使颗粒重新定向排列的区域，表明十字板剪切不是简单沿着一个面产生，而是存在着一个具有一定厚度的剪切区域。因此，十字板剪切的 c_u 值与原状土室内的不排水剪切试验结果有一定的差别。

5.4　三轴压缩试验中的孔隙压力系数

由前述可知，用有效应力法对饱和土体进行强度计算和稳定分析时，需估计外荷载作用下土体中产生的孔隙水压力。因三轴压缩仪能提供孔隙水压力量测装置，故可以用来研究土在三向应力条件下孔隙水压力与应力状态的关系。斯肯普顿（Skempton，1954）根据三轴压缩试验的结果，首先提出孔隙压力系数的概念，并用以表示土中孔隙压力（饱和土体的孔隙压力即为孔隙水压力）的大小。

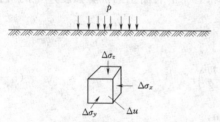

图 5-17　局部荷载下地基中一点上的应力状态

假设土体为各向同性弹性土体，在地基表面局部荷载作用下，土中某点的应力状态为如图 5-17 中微分六面体上的应力状态。其中 Δu 是荷载施加以后产生的孔隙压力增量。为简化起见，取荷载面积对称轴上的一点进行分析。由于对称，单元体各个面（水平面和竖直面）均为主应力平面。同时，各

方向应力增量分别为 $\Delta\sigma_z = \Delta\sigma_1$，$\Delta\sigma_y = \Delta\sigma_2$，$\Delta\sigma_x = \Delta\sigma_3$。因为假定土体是弹性体，对于这种不等向应力条件，可以分解为等向应力和不等向偏应力分别作用并予以叠加，孔隙压力的增量分别为 Δu_1，Δu_2，如图 5-18 所示。

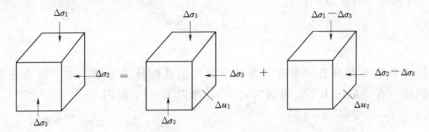

图 5-18 土中一点应力的分解图

1. 求等向应力 $\Delta\sigma_3$ 作用下的孔隙压力 Δu_1

在 $\Delta\sigma_3$ 等向作用下，有效应力（各向相同）为

$$\Delta\sigma_3' = \Delta\sigma_3 - \Delta u_1$$

根据广义虎克定律，并且考虑 $\Delta\sigma_1' = \Delta\sigma_2' = \Delta\sigma_3'$，则 3 个主应力方向上的应变将为

$$\varepsilon_1 = \varepsilon_2 = \varepsilon_3 = \frac{1-2\mu}{E}\Delta\sigma_3' = \frac{1-2\mu}{E}(\Delta\sigma_3 - \Delta u_1) \tag{5-22a}$$

而单元体的体积应变 ε_v 为

$$\varepsilon_v = \varepsilon_1 = \varepsilon_2 = \varepsilon_3 = \frac{3(1-2\mu)}{E}(\Delta\sigma_3 - \Delta u_1) \tag{5-22b}$$

因为

$$\varepsilon_v = \frac{\Delta V}{V}$$

所以单元体体积变化量为

$$\Delta V = \frac{3(1-2\mu)}{E}V(\Delta\sigma_3 - \Delta u_1) = c_s V(\Delta\sigma_3 - \Delta u_1) \tag{5-23}$$

式中　c_s——土的体积压缩系数。

$$c_s = \frac{3(1-2\mu)}{E} \tag{5-24}$$

单元土体的孔隙内的流体（空气和水）的压力增量 Δu_1 作用下，发生的体积压缩量为

$$\frac{\Delta V_v}{V} = c_v \frac{e}{1+e}\Delta u_1 = c_v n\Delta u_1$$

$$\Delta V_v = c_v V n\Delta u_1 \tag{5-25}$$

式中　c_v——孔隙的体积压缩系数；

　　　n——孔隙率。

土颗粒在一般压力下的体积压缩量极小，可以忽略不计，故可认为单元土体的体积压缩量就等于孔隙体积的压缩量，即 $\Delta V = \Delta V_v$，则从式（5-23）和式（5-25）得

$$c_s V(\Delta\sigma_3 - \Delta u_1) = c_v V n\Delta u_1$$

$$\Delta u_1 = \frac{1}{1 + n \frac{c_v}{c_s}} \Delta\sigma_3 = B\Delta\sigma_3 \tag{5-26}$$

式中　B——孔隙压力系数。

$$B = \frac{1}{1 + n \frac{c_v}{c_s}} = \frac{\Delta u_1}{\Delta\sigma_3} \tag{5-27}$$

孔隙压力系数 B 是在各向等应力条件下求出的孔隙压力系数。对于完全饱和土，孔隙为水所充满，在一般压力下，可认为 $c_v = 0$，所以 $B = 1$，此时

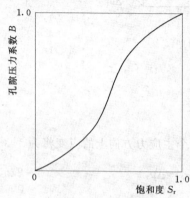

图 5-19　孔隙压力系数 B
　　　　与饱和度关系

$$\Delta u_1 = \Delta\sigma_3 \tag{5-28}$$

对于干土，孔隙的压缩性接近于无穷大，所以 $B = 0$，非完全饱和土则 B 在 $0 \sim 1$ 之间，饱和度越大，B 越接近于 1，如图 5-19 所示。

2. 求偏应力作用下的孔隙压力 Δu_2

在这种压力条件下，单元土体各方向的有效应力分别为

$$\Delta\sigma_1' = \Delta\sigma_1 - \Delta\sigma_3 - \Delta u_2$$

$$\Delta\sigma_2' = \Delta\sigma_2 - \Delta\sigma_3 - \Delta u_2$$

$$\Delta\sigma_3' = -\Delta u_2$$

根据广义虎克定律以及同前述步骤可求得

$$\Delta V = \frac{3(1-2u)}{E} V \frac{1}{3}[(\Delta\sigma_1 - \Delta\sigma_3) + (\Delta\sigma_2 - \Delta\sigma_3) - 3\Delta u_2] \tag{5-29}$$

而孔隙中流体在压力增量 Δu_2 作用下发生的体积变化为

$$\Delta V_v = c_v V n \Delta u_2 \tag{5-30}$$

目前，使 $\Delta V = \Delta V_v$，可得

$$\Delta u_2 = \frac{1}{1 + n \frac{c_v}{c_s}} \frac{1}{3}[(\Delta\sigma_1 - \Delta\sigma_3) + (\Delta\sigma_2 - \Delta\sigma_3)]$$

$$= B \frac{1}{3}[(\Delta\sigma_1 - \Delta\sigma_3) + (\Delta\sigma_2 - \Delta\sigma_3)] \tag{5-31}$$

式 (5-31) 即为偏应力作用下的孔隙压力表达式。由式 (5-26) 和式 (5-31) 可得图5-18中所示的应力条件下产生的孔隙压力公式为

$$\Delta u = \Delta u_1 + \Delta u_2 = B\{\Delta\sigma_3 + \frac{1}{3}[(\Delta\sigma_1 - \Delta\sigma_3) + (\Delta\sigma_1 - \Delta\sigma_3)]\} \tag{5-32}$$

式 (5-32) 是在假定土体为弹性体的条件下得出的，而真实的土体并非理想的完全弹性材料，其体积变化不仅取决于平均正应力增量 $\Delta\sigma_m$ 还与偏应力增量有关。因此，式 (5-32) 中的系数 $\frac{1}{3}$ 就不再适用，而应代之以另一孔隙压力系数 A。则得

$$\Delta u = B[\Delta\sigma_3 + A(\Delta\sigma_1 - \Delta\sigma_3)] \tag{5-33}$$

或者写成一般的全量表达式为

$$u = B[\sigma_3 + A(\sigma_1 - \sigma_3)]$$

式中 A——孔隙压力系数，它是在偏应力条件下所得的孔隙压力系数，由试验测定，对于弹性材料 $A = \dfrac{1}{3}$。

孔隙压力系数 A、B 均可在室内三轴试验中通过量测土样中的孔隙压力确定，如图5-20所示。

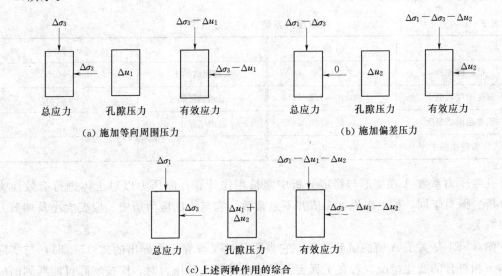

（a）施加等向周围压力   （b）施加偏差压力

（c）上述两种作用的综合

图5-20 三轴应力条件下的孔隙压力与有效应力

在常规三轴压缩试验中，加荷顺序是先加周围压力 $\Delta\sigma_3$（排水固结或不固结），然后再加偏应力（$\Delta\sigma_1 - \Delta\sigma_3$），使土样受剪直至破坏。根据对土样施加 $\Delta\sigma_3$ 和（$\Delta\sigma_1 - \Delta\sigma_3$）的过程中先后量测到的孔隙压力 Δu_1 和 Δu_2，如图5-19所示，可由式（5-27）求出系数 B。再根据式（5-33）得

$$BA = \frac{\Delta u_2}{\Delta\sigma_1 - \Delta\sigma_3} \tag{5-34a}$$

对于饱和土，$B = 1$，则得

$$A = \frac{\Delta u_2}{\Delta\sigma_1 - \Delta\sigma_3} \tag{5-34b}$$

对于非完全饱和土的情况下，因孔隙中含有空气，则 $B < 1$，且随应力大小而变化。因此，在施加偏应力（$\Delta\sigma_1 - \Delta\sigma_3$）阶段，$B$ 值的变化不同于再施加周围压力 $\Delta\sigma_3$ 时的 B 值，这样就不宜把乘积 AB 分离开来，而宜以 $AB = \overline{A}$ 用于计算较为合适，即

$$\overline{A} = AB = \frac{\Delta u_2}{\Delta\sigma_1 - \Delta\sigma_3} \tag{5-34c}$$

在实际工程问题中更为关心的常是土体在剪切破坏时的孔隙压力系数 A_f，故常在试验中监测土样剪坏时的孔隙压力系数 u_f，相应的强度值为 $(\sigma_1 - \sigma_3)_f$，所以对于饱和土由式（5-34b）可得：

145

$$A_f = \frac{u_f}{(\sigma_1 - \sigma_2)_f} \qquad (5-35)$$

在通过试验求 A、B 系数时，应分清试验方法对孔隙压力增量带来的影响。当为 UU 试验时，Δu_2 中包含了 Δu_1 的累积；而在 CU 试验中则应不包括 Δu_1 的累积。

孔隙压力系数 A 的数值取决于偏应力所引起的体积变化。高压缩性黏土的 A 值较大，超固结黏土在剪应力作用下会发生体积膨胀从而产生负的孔隙压力，A 则为负值。表 5-1 是不同土类的 A 值，可供参考。

表 5-1   孔隙压力系数 A 的大致范围

土 类	A 值	土 类	A 值
很松的细砂	2.0～3.0	微超固结黏土	0.20～0.50
高灵敏度软黏土	0.75～1.5	一般超固结黏土	0～0.2
正常超固结黏土	0.50～1.0	超固结黏土	-0.5～0
压实砂质黏土	0.25～0.75		

孔隙压力系数 A 在变形与稳定分析中常被用作计算孔隙压力以对土体进行有效应力法分析。但对于同一种土来说，A 值并不是常数，它与土的应力历史、应变大小及加荷方式等有关。

图 5-21 是关于 A 值的试验结果，它表明从广义虎克定律导出的式（5-31）与实际土体不相符合的变化情况。若在工程实践中精确计算孔隙压力时，应按实际可能遇到的应力应变条件进行三轴试验而直接测定。

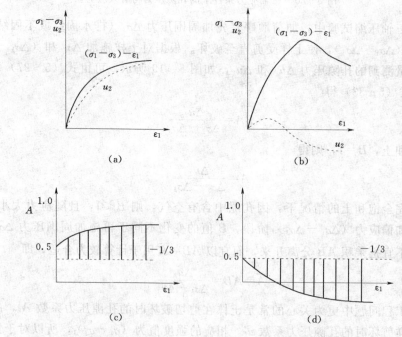

图 5-21   三轴试验的应力—应变曲线以及孔隙压力系数 A 的变化

5.5　三轴压缩试验中土的剪切性状

前面介绍了测定土抗剪强度的试验仪器及其试验的一般原理和方法，并讨论了土的抗剪强度的一般规律。但对土在剪切试验中的某些性状，影响土抗剪强度的某些因素，如密度、应力历史等都未涉及。本节将就土在剪切试验中表现出的抗剪强度特性进行进一步的讨论。

5.5.1　砂性土的剪切性状

1. 砂土的内摩擦角

由于砂土的透水性强，它在现场的受剪过程大多相当于固结排水剪情况，由固结排水剪试验求得的强度包线一般为通过坐标原点的直线，可表达为

$$\tau_f = \sigma \tan\varphi_d$$

式中　φ_d——固结排水剪求得的内摩擦角。

砂土的抗剪强度将受到其密度、颗粒形状、表面粗糙度和级配等因素的影响。对于一定的砂土来说，影响抗剪强度的主要因素是其初始孔隙比（或初始干密度），初始孔隙比越小（即土越紧密），则抗剪强度越高，反之，初始孔隙比越大（即土越疏松），则抗剪强度越低。此外，同一种砂土在相同的初始孔隙比下饱和时的内摩擦角比干燥时稍小（一般小2°左右）。说明砂土浸水后强度降低。几种砂土在不同密度时的内摩擦角典型值见表5-2。

表5-2　　　　　　　　　　　　砂土的内摩擦角典型值

土　类	内　摩　擦　角（°）		
	松（休止角）	峰值强度	
		中密	密
无塑性粉土	26～30	28～32	30～34
均匀细砂到中砂	26～30	30～34	32～36
级配良好的砂	30～34	34～40	38～46
砾砂	32～36	36～42	40～48

2. 砂土的强度与体积变化

砂土的初始孔隙比不同，在受剪过程中将显示出非常不同的性状。松砂受剪时，颗粒滚落到平衡位置，排列得更紧密些，如图5-22（a）所示，所以它的体积缩小，把这种因剪切而体积缩小的现象称为剪缩性；反之，密砂受剪时，颗粒必须升高以离开它们原来的位置而彼此才能相互滑过，从而导致体积膨胀，如图5-22（b）所示，把这种因剪切而体积膨胀的现象称为剪胀性。然而，密砂的这种剪胀趋势随着周围压力的增大，土粒的破碎而逐渐消失，在高周围压力下，不论砂土的松紧如何，受剪都将剪缩。

砂土在剪切过程中，其剪应力与剪切位移之间的关系，将视砂土初始密度而异。当为密实砂土时，剪切位移刚开始不久，剪应力就很快上升，不久达到峰值A，如图5-23

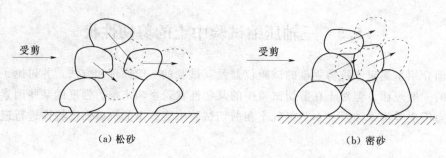

（a）松砂 　　　　　　　　　　　　（b）密砂

图 5-22 砂土受剪时的体积变化情况

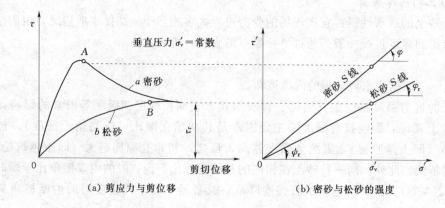

（a）剪应力与剪位移 　　　　　　　（b）密砂与松砂的强度

图 5-23 砂土剪应力、剪位移和强度的关系

（a）中的曲线 a，随着剪位移的继续发展，剪应力有所下降，一直降到一个稳定值，一般称为剩余强度 τ_r；对于松砂，剪应力随剪位移的发展而缓慢提高，直到剪位移相当大时，剪应力才达到最大值 B，以后不再减小，其最大剪应力与密砂的剩余强度基本相等，如图 5-23（a）中的曲线 b。在剪切试验中，为了确定砂土的强度，一般取最大剪应力作为破坏应力，故密砂所测出的内摩擦角 φ 要大于松砂，如图 5-23（b）所示。密砂用剩余强度所确定的剩余内摩擦角 φ_r，与松砂所测定的内摩擦角是基本相当的，因为密砂的剩余剪应力与松砂最大剪应力相等。

密砂之所以在剪切过程中出现峰值剪应力，这与砂土在剪切过程中孔隙体积的变化有关。密砂在剪切时，首先其孔隙有微小压缩，之后便是膨胀，如图 5-24 所示。其膨胀原因在前面已经解释过，膨胀所需的能量，使剪应力很快提高到峰值，随后膨胀趋于停止，砂粒重新排列，这时孔隙体积逐步稳定到一临界值，其对应的孔隙比称为临界孔隙比 e_{cr}。这时剪应力也开始下降直达剩余强度。至于松砂，由于颗粒结构不稳定，孔隙较大，一旦受剪切，孔壁颗粒坍塌，孔隙收缩，发生剪缩，随着剪位移的发展，颗粒位置逐渐调整，孔隙略有回胀，以后的变化趋于稳定，并趋向于临界孔隙比。剪应力是随剪应变逐步发展到最大值的。

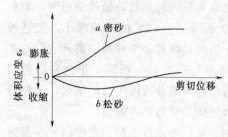

图 5-24 砂土体积变化和剪位移的关系

砂土在剪切过程中是否出现剪胀或剪缩，主要取决于它的初始孔隙比。如果砂土的初始孔隙比正好等于其临界孔隙比 e_{cr}，则在剪切过程中，砂土体积基本无变化。对于一定性质的砂土来说，其临界孔隙比也不是固定不变的，它随压力（或围压）的大小而定。当围压增高时，e_{cr} 值降低，反之则提高，如图 5-25 的曲线所示。临界孔隙比对研究地基振动液化很有意义。它可用来判断砂土地基在振动力作用下有无液化的可能。因对于一定类型的砂土，在一定地层应力下，必有相应的 e_{cr} 值，如图 5-25 中曲线所示。当砂土的天然孔隙比 $e > e_{cr}$ 时，则在振动作用下，砂土孔隙有可能发生剪缩，如果砂土是饱和的，将要大大提高孔隙水压力，使地基产生液化，从而使地基丧失承载力。图 5-26 为不同周围压力下砂土的初始孔隙比与剪切破坏时体变的关系曲线，由图可见，砂土的临界孔隙比将随周围压力的增加而减小。

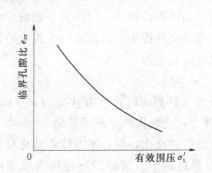

图 5-25　临界孔隙比与有效围压的关系

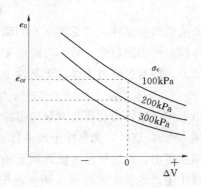

图 5-26　砂土的临界孔隙比

3. 高压下砂土的强度

　　前面讲的都是低压下的砂土强度，其压力均在 1MPa 以内，相当于一般建筑物基底下的压力，这时的 φ 角为定值，强度线为直线。当压力超过 1MPa 时（相当于重大建筑物基底压力），如为密实砂土，则强度线开始向下弯曲，当压力接近 10MPa 时，强度线稍有翘起并开始变为直线，其延长线通过原点，其内摩擦角已减小到剩余内摩擦角 φ_r，如图 5-27 所示。出现这种现象是由于在高压下，颗粒在接触点被压碎，剪胀随着压力提高而逐渐减少，最后完全消失，φ 角也趋于稳定。对于松砂，由于没有剪胀现象，其强度线始终是直线，不随压力增高而变化，内摩擦角为 φ_r，与高压力下密砂的内摩擦角相同。由此可见，在高压力下砂土的抗剪强度与砂土初始孔隙比无关。

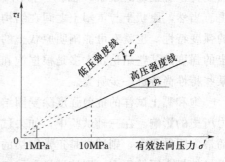

图 5-27　高压下密实砂土的强度线

4. 砂土的残余强度

　　如前所述，同一种砂土在相同的周围压力作用下，由于其初始孔隙比不同在剪切过程中将出现不同的应力—应变特征。松砂的应力—应变曲线没有一个明显的峰值，剪应力随着剪应变的增加而增大，最后趋于某一恒定值，密砂的应力—应变曲线有一个明显的峰

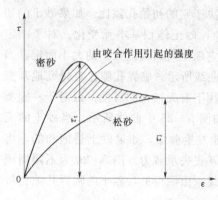

图5-28 砂土的剪应力与剪应变关系

值，过此峰值以后剪应力便随剪应变的增加而降低，最后趋于松砂相同的恒定值，如图5-28所示。这一恒定的强度通常称为残余强度或最终强度，以τ_1表示。密砂的这种强度减小被认为是剪位移克服了土粒之间的咬合作用之后，砂土结构崩解变松的结果。

5. 砂土的液化

液化被定义为任何物质转化为液体的行为或过程。对于大多数砂土来说，当试样受剪时，一般都能在短时间内排水固结；因而，砂土的抗剪强度应相当于固结排水试验或慢剪试验的结果。但是，对于饱和疏松的粉细砂，当受到突发的动力荷载时，如地震荷载，一方面由于动剪应力的作用使体积有缩小的趋势，另一方面由于时间短来不及向外排水，因此就产生很大的超静孔隙水压力。按有效应力原理，无黏性土的抗剪强度应表达为

$$\tau_f = \sigma' \tan\varphi' = (\sigma - u)\tan\varphi'$$

由上式可知，当动荷载引起的超静孔隙水压力 u 达到 σ 时，则有效应力 $\sigma'=0$，其抗剪强度 $\tau_f=0$，这时，无黏性土地基将丧失其承载力，土坡将产生流动滑塌。

顺便指出，在这里虽然仅提到无黏性土如粉细砂的液化，但并不意味着液化只发生在无黏性土中。地震灾害的现场调查表明，稍具有黏性的土对震动同样是极为敏感的。因此，在强震区，亦应对这种土给予足够的重视。关于土的动力特性，是土力学中一个专门的研究课题，可参阅有关专著。

5.5.2 黏性土的剪切性状

黏性土的抗剪强度特征远比无黏性土复杂，天然沉积的黏土就更复杂。想对原状土的强度特性有正确的了解，也就非常困难。对土的强度研究，大多采用经充分扰动的重塑土。当然，原状土与重塑土之间在结构上和应力历史上存在着重大差异，但掌握了重塑土的强度特性，也就有可能阐明原状土的许多特性。为阐明黏性土强度的某些共性，对有关土的强度的某些结论，大多是根据饱和重塑黏土的资料得到的。应该指出，原状黏性土的某些特性尚待进一步研究。

饱和黏土试样的抗剪强度除受固结程度和排水条件影响外，在一定程度上还受它的应力历史的影响。在三轴试验中，如果试样现有固结压力 σ 不小于该试样在历史上曾受到过的最大固结压力，则试样是正常固结的；如果试样现有固结压力 σ 小于该试样在历史上曾受过的最大固结压力，则该试样是属于超固结的。正常固结和超固结试样在受剪时将具有不同的强度特性。

5.5.2.1 正常固结黏土

1. 不固结不排水剪（UU）

不固结不排水剪切试验的过程如图5-29所示。

将一组（一般3～4个）饱和黏土试样，每个试样在同一固结压力 σ_c 作用下排水固结

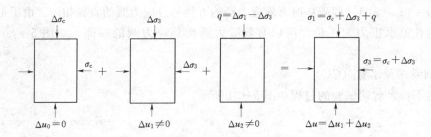

图 5-29　正常固结饱和黏性土 UU 试验过程示意图

至稳定，即待超静孔隙水压力 u_0 消散为 0。这时，莫尔应力圆为一点圆，试样没有受剪。取其中一个试样使周围压力增量 $\Delta\sigma_3$ 等于 0，在不允许排水条件下仅在轴向逐渐施加附加应力增量，直至试样剪切破坏。在这种情况下，小主应力 $\sigma_3 = \sigma_c$，大主应力 $\sigma_1 = (\sigma_3 + q)$，引起的孔隙水应力为 Δu_2。剪切破坏时的极限总应力圆如图 5-30 中的 A 圆。该组其余试样在不排水条件下承受依次递增的不同周围压力增量 $\Delta\sigma_3$，引起的孔隙水压力为图 5-29 中的 Δu_1。此时，莫尔总应力圆仍为一点圆，试样仍没有受剪。再在不允许排水条件下逐渐施加附加轴向应力增量，直至试样剪破。在这种情况下，试样承受的小主应力等于 $(\sigma_c + \Delta\sigma_3)$，大主应力等于 $(\sigma_3 + q)$，孔隙水应力等于 $(\Delta u_1 + \Delta u_2)$。剪切破坏时极限总应力圆如图 5-30 中的 B 圆。

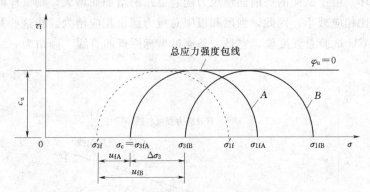

图 5-30　正常固结饱和黏土 UU 试验的强度包线

　　由于所有试样都在不排水条件下承受周围压力增量 $\Delta\sigma_3$，且饱和土的孔隙水压力系数 B 等于 1，因而 $\Delta\sigma_3$ 的施加仅引起孔隙水压力的等量增加，即 Δu_1 等于 $\Delta\sigma_3$。因此该组所有试样的剪前有效固结压力都没有改变，均为 σ_c，都有相同的剪前孔隙比，且在不排水剪试验过程中始终保持不变。因而上述所有试样将有相同的强度，亦即破坏时的极限总应力圆的直径相等。于是，在饱和土的不固结不排水剪试验中，总强度包线为一水平线，所以 $\varphi_u = 0$。

$$\tau_f = c_u = \frac{\sigma_{1f} - \sigma_{3f}}{2} \tag{5-36}$$

式中　c_u——某一 σ_c 下的不排水强度。

　　如果在试验中测出破坏时的孔隙水压力 u_f，从破坏时的总应力（σ_{1f} 和 σ_{3f}）中减去 u_f，可得到破坏时的有效大主应力 σ'_{1f}（$\sigma'_{1f} = \sigma_{1f} - u_f$）和有效小主应力 σ'_{3f}（$\sigma'_{3f} = \sigma_{3f} - u_f$）。则

$(\sigma'_{1f}-\sigma'_{3f})=(\sigma_{1f}-\sigma_{3f})$。即破坏时有效应力圆的直径与总应力圆的直径相同。由于正常固结所引起的孔隙水压力为正值，所以有效应力圆在总应力圆的左侧，如图 5-30 中的虚线圆。

2. 固结不排水剪（CU）

固结不排水剪切试验的过程如图 5-31 所示。

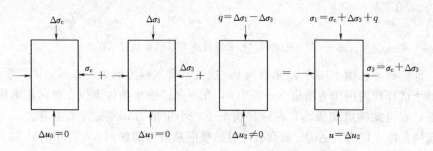

图 5-31　正常固结饱和黏土 CU 试验示意图

一组（一般 3～4 个）饱和黏土试样，先在相同固结压力 σ_c 作用下排水固结至稳定，再在试样周围施加不同应力增量 $\Delta\sigma_3$（每个试样的 $\Delta\sigma_3$ 依次递增），并使其排水固结至稳定，然后，在不允许排水的条件下逐渐施加附加轴向压力，即主应力差 $q=\Delta\sigma_1-\Delta\sigma_3$，直至试样剪切破坏。由于试样的剪前固结压力随着 $\Delta\sigma_3$ 的增加而增大，则试样剪前的有效应力增大而孔隙比相应减小，因此，强度和极限总应力圆也相应增大。作这些圆的包线即得正常固结土的 CU 试验总强度线，它是一条通过坐标原点的直线，倾角为 φ_{cu}，$c_{cu}=0$，如图 5-32 所示。

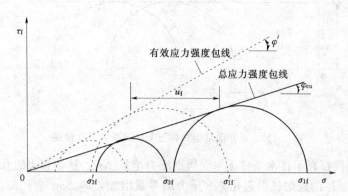

图 5-32　正常固结饱和黏土 CU 试验的强度包线和有效应力强度包线

其抗剪强度可表示为

$$\tau_f=\sigma\tan\varphi_{cu}$$

式中　σ——剪切破坏面上的法向总应力；

　　　φ_{cu}——固结不排水剪强度指标或参数。

正常固结饱和黏土在受剪过程中有类似于松砂的特性，即产生剪缩现象。但是，由于在剪切过程中不允许试样排水即不让土的体积缩小，因而在试样内部将引起正的孔隙水压力，并随着主应力差（或相应的轴向应变）的增加而增加。

若在固结不排水剪试验中量测孔隙水压力，则结果可用有效应力整理。从破坏时的总应力中减去 u_f，可得到相应破坏时的有效大主应力 σ'_{1f} 和有效小主应力 σ'_{3f} 及破坏应力圆，绘出这些破坏应力圆的包线，可得有效应力强度包线。由于正常固结黏土剪切破坏时的孔隙水压力为正值，则剪切破坏时的有效应力圆在总应力圆的左边，如图 5-32 中的虚线所示。有效应力强度包线也是通过坐标原点的直线，直线的倾角 φ' 大于 φ_{cu}，$c'=0$，于是，用有效应力表示的 CU 试验抗剪强度为

$$\tau_f = \sigma' \tan\varphi'$$

式中　σ'——剪切破坏面上的法向有效应力；

φ'——有效应力强度指标或参数。

由于试样在 σ_c 下固结稳定后，施加 $\Delta\sigma_3$ 也使其固结稳定，所以试验时，不必分两个阶段，而直接施加 $\sigma_3=\sigma_c+\Delta\sigma_3$ 使其固结稳定。

如前所述，正常固结土在不排水剪切试验中产生正的孔隙水压力，其有效应力圆在总应力圆的左边；而超固结土在不排水剪切试验中产生负的孔隙水压力，故有效应力圆在总应力圆的右边。CU 试验的有效应力强度指标与总应力强度指标相比，常有 $c'<c_{cu}$，$\varphi'>\varphi_{cu}$。

3. 固结排水剪（CD）

固结排水剪切试验的过程如图 5-33 所示。

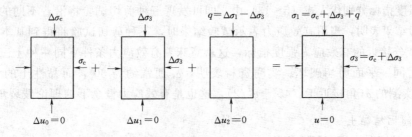

图 5-33　正常固结饱和黏土 CD 试验示意图

将一组（一般 3～4 个）饱和黏土试样，先在相同固结压力 σ_c 作用下排水固结至稳定，再在试样周围施加不同应力增量 $\Delta\sigma_3$（每个试样的 $\Delta\sigma_3$ 依次递增），也使其排水固结至稳定，然后，再逐渐施加附加轴向压力即主应力差 $q=\sigma_1-\sigma_3$，在试样剪切破坏过程中，允许试样充分排水。由于在剪切过程中允许试样充分排水，剪切前和剪切过程中的孔隙水压力始终为 0，因而其有效应力不断增大，孔隙比则不断减小，强度增大（比 CU 试验的结果大），其增大的幅值将随着周围压力增量 $\Delta\sigma_3$ 的增加而增加。试验所得到的一组破坏应力圆的直径必将随着周围压力增量 $\Delta\sigma_3$ 的增加而增大。作这些圆的包线即得正常固结黏土的固结排水剪强度包线，如图 5-34 所示，由于试验过程中孔隙水压力始终保持为 0，有效应力就等于外加总应力，极限总应力圆就是极限有效应力圆，因而总应力强度包线即为有效应力强度包线。CD 试验中的有

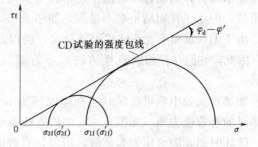

图 5-34　正常固结饱和黏土 CD 试验的强度包线

效应力强度指标常用 c_d，φ_d 表示。从图 5 - 34 中看出，其强度包线也是一条通过坐标原点的直线，其中倾角为 φ_d，$c_d = 0$。于是，CD 试验抗剪强度可表示为

$$\tau_f = \sigma \tan \varphi_d$$

式中　　σ——剪切破坏面上的法向应力；

　　　　φ_d——固结排水剪强度指标或参数。

饱和黏土试样的 CD 试验结果与 CU 试验类似，但由于试样在固结和剪切的全过程中始终不产生孔隙水压力，其总应力指标应该等于有效应力强度指标，即 $c' = c_d$，$\varphi' = \varphi_d$。

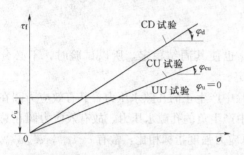

图 5 - 35　正常固结饱和黏土三种试验结果的强度包线

将上述三种三轴压缩试验的结果汇总于图 5 - 35 中。由图可见，对于同一种正常固结的饱和黏土，当采用三种不同的试验方法来测定其抗剪强度时，其强度包线是不同的。其中 UU 试验结果是一条水平线，CU 和 CD 试验各是一条通过坐标原点的直线。三种方法所得到的强度指标间的关系是：$c_u > c_{cu} = c_d = 0$；$\varphi_d > \varphi_{cu} > \varphi_u = 0$。若将三种试验的强度指标分别代入式（5-13）中，即可发现三种剪切试验将沿着不同的平面剪切破坏。试验结果表明，当用有效应力表示试验结果时，三种剪切试验将得到基本相同的强度包线及十分接近的有效应力强度指标，这就意味着有效应力条件下同一种土三种试验的试样将沿着同一平面剪切破坏。实测资料表明，α_f 通常约为 $60°$，而黏性土的 φ' 一般在 $30°$ 左右，实测的 α_f 角接近于 $(45° + \varphi'/2)$，这也是有效应力概念下的理论破裂角。

5.5.2.2　超固结黏土

1. 不固结不排水剪（UU 试验）

超固结饱和黏土的试验方法和过程与正常固结土的情况完全相同。它们的试验结果主要不同点在于：对试样施加的周围应力即初始有效固结压力 σ_c 小于原位应力（或前期固结应力）p_c，即 $\sigma_c < p_c$，体现试样剪前为超固结状态。在受剪过程中表现出类似于密砂的特征，即开始稍有剪缩，接着体积膨胀。但是，在 UU 试验中，由于试样不允许有水进出，即不允许产生体积缩小或膨胀，因而便在试样内部先出现正的孔隙水压力，继而减小。对于强超固结土，剪切将引起负孔隙水压力且常常大于周围应力增量 $\Delta\sigma_3$ 所引起的正的孔隙水压力，因而破坏时的孔隙水压力为负值；而弱超固结土在破坏时的孔隙水应力仍为正值，但比正常固结土要小得多，如图 5 - 36 所示。

由于 UU 试验不允许试样固结排水，所以，一组试样在剪前的有效应力和孔隙比均相同。因此，它们具存相同直径的破坏应力圆，其强度包线也是一条水平线，如图 5 - 37 所示。

如果在试验中测出破坏时的孔隙水压力 u_f，同样可以得到一个与总应力圆等直径的破坏时的有效应力圆，如图 5 - 37 中的虚线所示。其中 A、B 两圆是强超固结土的总应力圆，破坏时的孔隙水压力为负值，所以，有效应力圆在总应力圆的右边；C 圆为弱超固结土的总应力圆，破坏时的孔隙水压力为正值，所以，有效应力圆在总应力圆的左边。

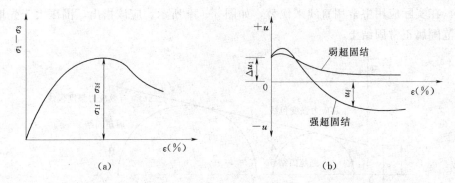

图 5-36　超固结饱和黏土 UU 试验的应力及孔隙水压力与轴向应变的关系曲线

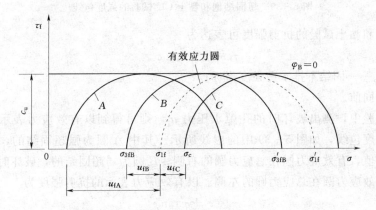

图 5-37　超固结饱和黏土 UU 试验的强度包线

2. 固结不排水剪（CU 试验）

超固结饱和黏土 CU 试验的方法和过程也与正常固结土的情况相同。超固结黏土在受剪过程中，开始稍有剪缩，接着剪胀。但 CU 试验在剪切过程中是不允许试样有水进出的，即不让试样的体积缩小和膨胀，因而使在试样内部先出现正的孔隙水压力，继而减小。对于超强固结的饱和黏土将出现负的孔隙水压力。图 5-38 表示超固结饱和黏土在 CU 试验时的应力—应变和孔隙水压力—应变的典型关系曲线。

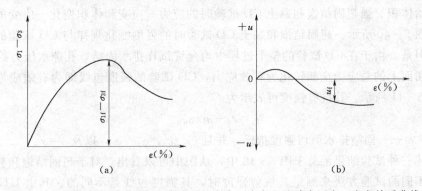

图 5-38　超固结饱和黏土 CU 试验时的应力—应变和孔隙水压力—应变关系曲线

超固结饱和黏土 CU 试验结果的强度包线在 $\sigma_3' < \sigma_c$ 范围内是一条不通过坐标原点的微

弯曲线，在实际应用中常用直线来代替，如图 5-39 所示。应该指出，围压大于先期固结压力的范围属正常固结土。

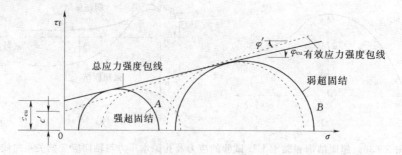

图 5-39 超固结饱和黏土 CU 试验的强度包线

超固结饱和黏土试验的抗剪强度可表达为

$$\tau_f = c_{cu} + \sigma \tan \varphi_{cu}$$

式中 c_{cu}、φ_{cu}——固结不排水剪强度指标；

其余符号同前。

如果在试验中，测出破坏时的孔隙水压力 u_f，则可得到以有效应力表示的破坏有效应力圆及其强度包线，如图 5-39 中的虚线所示。其中 A 圆为强超固结的，破坏时的孔隙水压力为负值，有效应力圆在总应力圆的右侧；B 圆为弱超固结的，破坏时的孔隙水应力为正值，有效应力圆在总应力圆的左侧。以有效应力表示的抗剪强度为

$$\tau_f = c' + \sigma' \tan \varphi'$$

式中 c'、φ'——有效应力强度指标；

其余符号同前。

从图中可看出，CU 试验的总应力强度指标与有效应力强度指标的关系是：$c_{cu} > c'$，$\varphi_{cu} < \varphi'$。

3. 固结排水剪（CD 试验）

超固结饱和黏土的 CD 试验方法和过程仍与正常固结土的情况一样。由于 CD 试验允许试样排水固结，所以，试样体积在受剪初期稍有缩小，接着产生膨胀，直至试样体积远远大于原始体积。强超固结饱和黏土 CD 试验时的应力—应变和体积变化—应变的典型关系曲线如图 5-40 所示。超固结饱和黏土 CD 试验时的强度变化规律与 CU 试验的变化规律相似。但是，由于在 CD 试验的整个过程中均允许试样排水固结，孔隙水压力始终为 0，所以，剪切面上的总应力全部转化为有效应力，CD 试验的强度包线即为有效应力强度包线，如图 5-41 所示。其抗剪强度可表示为

$$\tau_f = c_d + \sigma \tan \varphi_d$$

式中 c_d、φ_d——固结排水剪切强度指标，并且 $c_d = c'$，$\varphi_d = \varphi'$，以及 $\sigma = \sigma'$。

将上述三种试验结果汇总于图 5-42 中，从图中可以看出，对于超固结饱和黏土，当采用三种不同的试验方法来测定其杭剪强度时，其强度包线是不同的。其中 UU 试验是一条水平线，CU 和 CD 试验是一条不通过坐标原点的直线（实际上是微弯的曲线，但应用中可用直线来代替）。它们的强度指标关系是：$c_u > c_{cu} > c_d$，$\varphi_d > \varphi_{cu} > \varphi_u = 0$。

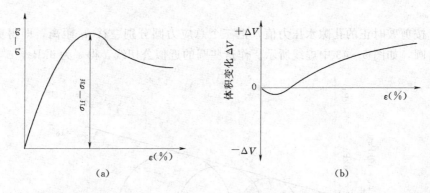

图 5-40 超固结饱和黏土 CD 试验时的应力—应变和试样体积变化—应变的关系曲线

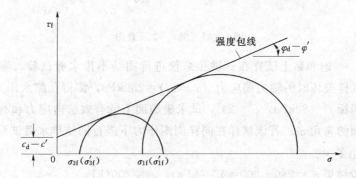

图 5-41 超固结饱和黏土 CD 试验时的强度包线

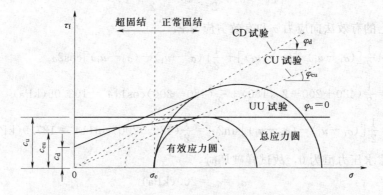

图 5-42 饱和黏土 UU, CU, CD 试验结果的强度包线

【例 5-3】 从某一饱和黏土样中切取一组试样进行固结不排水剪试验：三个试样分别在周围压力 σ_3 为 60kPa、100kPa 和 150kPa 下固结，剪破时大主应力 σ_1 分别为 143kPa、220kPa 和 313kPa，同时测得剪破时的孔隙水压力依次为 23kPa、40kPa 和 67kPa。试求总应力强度指标 c_{cu}、φ_{cu} 和有效应力强度指标 c' 和 φ'。

解： (1) 根据试样剪切破坏时三组相应的 σ_1 和 σ_3 值，在 $\tau-\sigma$ 坐标平面内的 σ 轴上按 $(\sigma_1+\sigma_3)/2$ 值定出极限应力圆的圆心，再以 $(\sigma_1-\sigma_3)/2$ 值为半径分别作圆，此即剪破时的总应力圆，如图 5-43 中的三个实线圆。作这些圆的近似公切线，量得 c_{cu} 为 10kPa，

φ_{cu} 为 18°。

（2）按剪破时正的孔隙水压力值，把三个总应力圆分别左移 u_1 距离，即得剪破时的有效应力圆，如图 5-43 中虚线所示。作这些圆的近似公切线，得 c' 为 6kPa，φ' 为 27°。

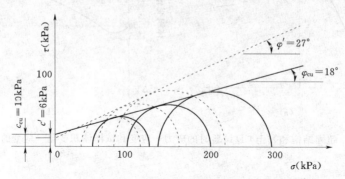

图 5-43 例 5-3 示意图

【例 5-4】 一饱和黏土试样在三轴压缩仪进行固结不排水剪试验，施加的周围压力 $\sigma_3 = 200$kPa，试样破坏时的轴向偏应力 $(\sigma_1 - \sigma_3) = 280$kPa，测得孔隙水压力 $u_f = 180$kPa，有效应力强度指标 $c' = 80$kPa，$\varphi' = 24°$，试求破裂面上的有效法向应力和有效剪应力，以及该面与水平面的夹角 α_f。若该试样在同样周围压力下进行固结排水剪试验，问破坏时的大主应力值 σ_1' 是多少？

解： 据试验结果 $\sigma_1 = 280 + 200 = 480$(kPa)，$\sigma_3 = 200$(kPa)

$$\alpha_f = 45° + \frac{\varphi'}{2} = 45° + \frac{24°}{2} = 57°$$

破裂面上的有效法向应力 σ 和有效剪应力 τ：

$$\sigma = \frac{1}{2}[(\sigma_1 - u_f) + (\sigma_3 - u_f)] + \frac{1}{2}[(\sigma_1 - u_f) - (\sigma_3 - u_f)]\cos 2\alpha_f$$

$$= \frac{1}{2}(480 + 200 - 2 \times 180) + \frac{1}{2}(480 - 200)\cos 114° = 103.06(kPa)$$

$$\tau = \frac{1}{2}[(\sigma_1 - u_f) - (\sigma_3 - u_f)]\sin 2\alpha_f = \frac{1}{2}(480 - 200)\sin 114° = 127.9(kPa)$$

排水剪的孔隙水压力恒为 0，故试样破坏时，

$$\sigma_3' = \sigma_3 = 200(kPa)$$

由

$$\sigma_1' = \sigma_3'\tan^2\left(45° + \frac{\varphi'}{2}\right) + 2c'\tan\left(45° + \frac{\varphi'}{2}\right)$$

$$= 200\tan^2\left(45° + \frac{24°}{2}\right) + 2 \times 80\tan\left(45° + \frac{24°}{2}\right)$$

$$= 720.614(kPa)$$

【例 5-5】 饱和黏土的有效内摩擦角为 30°，有效黏聚力为 12kPa，取土样做固结不排水剪切试验，测得土样破坏时 $\sigma_3 = 260$kPa，$\sigma_1 - \sigma_3 = 135$kPa，求：土样破坏时的孔隙水压力 u、σ_1' 和 σ_3'？

解： 由 $\sigma_3 = 260$kPa，$\sigma_1 - \sigma_3 = 135$kPa 得 $\sigma_1 = 135 + 260 = 395$（kPa）

$$\sin\varphi' = \frac{\sigma'_1 - \sigma'_3}{\sigma'_1 + \sigma'_3 + 2c'\cot\varphi'}$$

土体破坏时满足极限平衡条件

或

$$\sigma'_1 = \sigma'_3 \tan^2\left(45 + \frac{\varphi'}{2}\right) + 2c'\tan\left(45 + \frac{\varphi'}{2}\right)$$

据有效应力原理：

$$\sigma' = \sigma - u$$

则

$$\sin 30° = \frac{(395 - u) - (260 - u)}{(395 - u) - (260 - u) + 2 \times 12\cot 30} \Rightarrow u = 213.3(\text{kPa})$$

最后得

$$\sigma'_1 = 395 - 213.3 = 181.7(\text{kPa})$$

$$\sigma'_3 = 260 - 213.3 = 46.7(\text{kPa})$$

5.5.3 黏性土的残余强度

超固结黏土在剪切试验中有与密砂相似的应力—应变特征，当强度随着剪位移达到峰值后，如果剪切继续进行，随着剪位移继续增大，强度显著降低，最后稳定在某一数值不变，该不变的值即称为黏土的残余强度。正常固结黏土亦有此现象，只是降低的幅度较超固结黏土要小些。图 5-44（a）为不同应力历史的同一种黏土在相同竖向压力下，在直剪仪中的慢剪试验结果；图 5-44（b）为不同竖向压力 σ 下的峰值强度线和残余强度线。由图可知：

（1）黏土的残余强度与它的应力历史无关。

（2）在大剪位移下超固结黏土的强度降低幅度比正常固结黏土的大。

（3）残余强度同峰值强度一样也符合库仑公式，即

$$\tau_{\text{fr}} = c_{\text{r}} + \sigma\tan\varphi_{\text{r}}$$

式中　τ_{fr}——黏性土的残余强度；

　　　σ——破裂面上的法向应力；

　　　φ_{r}——残余内摩擦角。

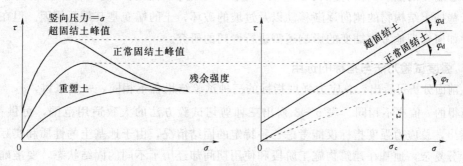

图 5-44　黏性土的残余强度

必须指出，在大位移下黏性土强度降低的机理与密砂不同，密砂是由于土粒间咬合作用被克服，结构崩解变松的结果。而黏土被认为是由于在受剪的过程中土的结构件损伤、土粒的排列变化及粒间引力减小，结合水层中水分子的定向排列和阳离子的分布因受剪而

遭到破坏。

5.5.4　黏性土的蠕变

在剪切过程中土的蠕变是指在恒定剪应力作用下应变随时间而增长的现象，图 5 - 45 是三轴不排水剪试验中在不同的恒定土应力差 $(\sigma_1 - \sigma_3)$ 作用下轴向应变随时间变化的过程线，即蠕变曲线。由图 5 - 45 （a） 可见，当主应力差很小时，轴向应变几乎在瞬时发生，之后蠕变缓慢发展，轴向应变—时间关系曲线最后呈水平线，土不会发生蠕变破坏；当主应力差较大时，蠕变速率会相应增大，当主应力差达到某一值后，轴向应变不断发展，应变速率增大，最终可导致蠕变破坏。

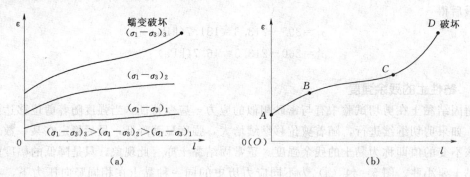

图 5 - 45　黏性土的蠕变曲线

如图 5 - 45 （b） 所示，蠕变破坏的过程包括以下几个阶段。

（1）瞬时蠕变阶段。图中 OA 段，对土而言，此阶段的应变值很小。

（2）初始蠕变阶段。图中 AB 段，在这一阶段，蠕变速率由大变小，如果这时卸除主应力差，则先恢复瞬时蠕变，继而恢复初期蠕变。

（3）稳定蠕变阶段。图中 BC 段，这一阶段的蠕变速率为常数。这时若卸除主应力差，土也将存在永久变形。

（4）加速蠕变阶段。在这一阶段，蠕变速率迅速增长，最后达到破坏。

易于蠕变的土，只要剪应力越过某一定值，它的长期强度可能远低于室内测定的强度。某些挡土结构物的侧向逐渐移动以及过坡的破坏，土的蠕变是其重要原因。但在工程设计中如何合理地考虑蠕变的影响还需进行专门的研究。

5.5.5　强度试验方法与指标的选用

从前面分析可看出，总应力强度指标的三种试验结果各不相同，一般来讲，$\varphi_d > \varphi_{cu} > \varphi_u$，所得的 c 值亦不相同。表 5 - 3 列出三种剪切试验方法的大致适用范围，可供参考，但应指出，总应力强度指标仅能考虑三种特定的固结情况，由于地基土的性质和实际加载情况十分复杂，地基在建筑物施工阶段和使用期间却经历了不同的固结状态，要准确估计地基土的固结度相当困难；此外，即使是在同一时间，地基中不同部位土体的固结程度亦不尽相同，但总应力对整个土层均采用某一特定固结度的强度指标，这与实际情况相去甚远。因此，在确定总应力强度指标时还应结合工程经验。在工程设计的计算分析中，应尽可能采用有效应力强度指标的分析方法。

表 5-3	三种试验方法的适用范围
试 验 方 法	适 用 范 围
UU 试验	地基为透水性差的饱和黏性土和排水不良，且建筑物施工速度快，常用于施工期的强度与稳定验算
CU 试验	建筑物竣工后经长时间，突遇荷载增大，如房屋加层，天然土坡上堆载等
CD 试验	地基的透水性较佳（如砂土等低塑性土）和排水条件良好（如黏性土层中夹砂层），而建筑物施工速度又较慢

（1）与有效应力法和总应力法相对应，应分别采用土的有效应力强度指标或总应力强度指标。当土中的孔隙水压力能通过试验、计算或其他方法加以确定时，宜采用有效应力法。用有效应力法及相应指标进行计算，概念明确，指标稳定，是一种比较合理的分析方法，只要能比较准确的确定孔隙水压力，则应该推荐采用有效应力强度指标。有效应力强度可用直剪的慢剪、三轴排水剪和三轴固结不排水剪（测孔隙水压力）等方法测定。

（2）三轴试验中的不固结不排水剪和固结不排水剪这两种试验方法的排水条件是很明确的，所以他们在工程中的应用也是明确的。不固结不排水剪相应于所施加的外力全部为孔隙水压力所承担，土样完全保持初始的有效应力状况；固结不排水剪的固结应力全部转化为有效应力而在施加偏应力时又产生了孔隙水压力。所以仅当实际工程中有效应力状况与上述两种情况相对应时采用上述试验方法及相应指标才是合理的。因此，对于可能发生快速加荷的正常固结黏性土上的路堤进行稳定性分析时可采用不固结不排水的强度指标；对于土层较厚、渗透性较小、施工速度较快工程的施工期分析也可采用不固结不排水剪的强度指标。反之，当土层较薄、渗透性较大、施工速度较慢工程的竣工期分析可采用固结不排水剪的强度指标；对于工程使用期分析一般采用固结不排水的强度指标。

（3）对于上面所述的一些工程情况下都是很明确的，如加荷速度的快慢、土层的厚薄、荷载大小以及加荷过程等都没有定量的界限值与之对应，因此在具体使用中常结合工程经验予以调整和判断，这也是应用土力学基本原理解决工程实际问题的基本方法。此外，常用的三轴不固结不排水剪和固结不排水剪的试验条件也是理想化了的室内条件，在实际工程中完全符合这两个特定试验条件的情况并不多，大多只是近似的情况，这也是在具体使用强度指标时需要结合实际工程经验的主要原因之一。

（4）直剪试验不能控制排水条件，因此，若用同一剪切速率和同一固结时间进行直剪试验，这对渗透性不同的土样来说，不但有效应力不同而且固结状态也不明确，若不考虑这一点，则使用直剪试验结果就带有很大的随意性。但直剪试验的设备构造简单、操作方便，国内各土工实验室都具备，比较普及，而目前完全用三轴试验取代直剪试验其条件又尚不具备，在大多场合下仍然采用直剪试验方法，因此必须注意直剪试验的实用性，也即注意和明确实际工程中的具体排水条件。

5.6 应 力 路 径

5.6.1 应力路径的基本概念

对某种土样采用不同的加荷方法使之剪切破坏，试样中的应力状态变化各不相同。为了分析应力变化过程对土的抗剪强度的影响，可在应力坐标系中用应力点的移动轨迹来描述土体在加荷过程中的应力变化，这种应力点的轨迹就称为应力路径。

以三轴压缩试验为例，如保持 σ_3 不变而逐渐增大 σ_1，试样的应力变化过程可用一系列莫尔应力圆来表示。如为特定目的需要研究剪切面上的应力变化，由式（5-13）可知，该面与 σ_1 作用面之间的夹角为 $\alpha_f=45°+\varphi/2$，由此可在每个应力圆上确定相应于破坏面上的应力特征点。然后，按应力变化过程顺序将这些点连接起来如图 5-46（a）中的 AM 线，即为常规三轴压缩试验中剪切破坏面上的应力路径。A 点表示试样仅有周围压力 σ_3 作用，而尚未施加轴向压力的初始情况。M 点表示轴向压力已增至试样剪破，A 与 M 两点之间的各点则表示试验中的剪切过程。

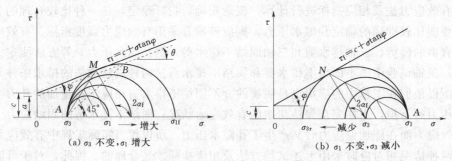

图 5-46　不同加荷方法的应力路径

三轴压缩试验的加荷方法不同，其应力路径也不同。如在试验中保持 σ_1 不变，而不断减小 σ_3，可获得剪切面上另一种应力路径，如图 5-46（b）中的 AN 线。虽然以上两种试验中的试样在轴向均代表大主应力 σ_1 的作用方向，且剪切面与 σ_1 作用面之间的夹角都为 $\alpha_f=45°+\varphi/2$，但两者试样中的应力状态发展方向却不同。

5.6.2　三轴压缩试验中的总应力路径和有效应力路径

确定试样剪切破坏面上的应力须预知破坏面的方向，这些应力也不能直接明确地表示整个试样所处的应力状态。由于土中某点的莫尔应力圆的顶点（剪应力为最大）位置与莫尔圆的大小和位置具有一一对应的关系，也即顶点的坐标为已知时，该点的应力状态就随之确定下来了。因此，可将顶点的应力作为一个应力特征点来代表整个应力圆。同样按应力变化过程顺序将这些点连接起来，如图 5-46（a）中的 AB 线，即为常规三轴压缩试验中最大剪应力面上的应力路径。在 $\tau—\sigma$ 坐标图上，应力圆顶点的横坐标为 $(\sigma_1+\sigma_3)/2$，纵坐标为 $(\sigma_1-\sigma_3)/2$。若将 $q=(\sigma_1-\sigma_3)/2$、$p=(\sigma_1+\sigma_3)/2$ 作为纵、横坐标，并在 $p—q$ 坐标图上，分别点绘常规三轴压缩试验过程中各个莫尔应力圆顶点的坐标值，各点的连线即为三轴试验在 $p—q$ 坐标上的应力路径表达形式，如图 5-47 中的 AB 线。在上述三轴压缩试验中，因 σ_3 维持不变，σ_1 不断增加，应力在 $p—q$ 坐标图上纵、横坐标的变化量总是相等。因此，AB 是直线且必与横坐标成 45°夹角。为使图面整洁直观，常可省去诸多应力圆不画，而在应力路径线上以箭头指明应力状态的发展方向。

在常规三轴压缩试验中，图 5-47 中 AB 线表示的是试样总应力变化的轨迹，称为总应力路径。而相应的有效应力变化轨迹则可由有效应力路径来表示。有效应力圆的顶点坐标与相应的总应力圆顶点坐标之间的关系为

$$\begin{cases} p' = \dfrac{1}{2}(\sigma_1' + \sigma_3') = \dfrac{1}{2}(\sigma_1 + \sigma_3) - u = p - u \\ q' = \dfrac{1}{2}(\sigma_1' - \sigma_3') = \dfrac{1}{2}(\sigma_1 - \sigma_3) = q \end{cases} \tag{5-37}$$

从式（5-37）中可看出，有效应力路径的确定，取决于试祥剪切时孔隙水压力的变化规律。与 τ—σ 坐标图相比，p—q 坐标图上可方便地阐明总应力路径和有效应力路径之间的对应关系。

根据式（5-37）的关系，将 AB 线上各总应力点的横坐标减去相应的孔隙水压力 μ 的实测值，就可获得有效应力路径 AB' 线。如前所述，由于试样在不排水剪切过程中的孔隙水压力随轴向偏应力的增加呈非线性变化，因此，有效应力路径 AB' 是曲线。大量试验结果表明，当试样剪破时，无论是总应力还是有效应力路径，都将发生转折或趋于水平，因而，应力路径的转折点可作为试样剪破的标准。若 B、B' 两点的坐标分别表示剪破时试样的总应力和有

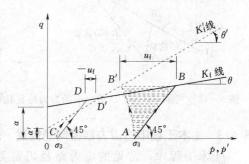

图 5-47 三轴 CU 试验中的应力路径

效应力状态，它们应分别落在以总应力和有效应力表示的极限应力圆顶点的连线 K_f 和 K_f' 上，设 K_f 和 K_f' 线与纵坐标的截距分别为 α 和 α'，倾角为 θ 和 θ'，则 α、θ 与 c、φ，α'、θ' 与 c'、φ' 之间的相互关系，可采取将 K_f、K_f' 线与强度包线绘制在同 τ—σ 坐标图上，通过几何关系推求出来，也可由土的极限平衡理论推算而得。当试样剪切破坏时，由式（5-6）可知：

$$\frac{1}{2}(\sigma_1 - \sigma_3)_f = c\cos\varphi + \frac{1}{2}(\sigma_1 + \sigma_3)\sin\varphi \tag{5-38}$$

而由图 5-47 可知，K_f 线的表达式为

$$\frac{1}{2}(\sigma_1 - \sigma_3)_f = \alpha + \frac{1}{2}(\sigma_1 + \sigma_3)_f \tan\theta \tag{5-39}$$

比较式（5-38）和式（5-39）可知，α、θ 与 c、φ 的关系为

$$\sin\varphi = \tan\theta$$

$$c = \frac{\alpha}{\cos\varphi} \tag{5-40}$$

同理，由土的极限平衡理论可推得 α'、θ' 与 c'、φ' 之间的关系为

$$\sin\varphi' = \tan\theta'$$

$$c' = \frac{\alpha'}{\cos\varphi'} \tag{5-41}$$

由前述可知，AB 和 AB' 线之间的阴影区域，平行于横坐标轴方向的距离长短反映了试样在剪切过程中孔隙水压力大小的变化。对于正常固结黏土试样来说，由于在不排水剪的整个过程中，始终产生正的孔隙水压力，故有效应力路径 AB' 在总应力路径 AB 的左边，至 B' 点试样剪破，此时的孔隙水压力 u_f 达到最大值（B 与 B' 之间的水平距离）。而

超固结黏土试样在不排水剪切中的开始阶段可能产生少量的正孔隙水压力，以后逐渐转为负值。故如图 5-47 所示，有效应力路径 CD' 开始在总应力路径 CD 的左边，随后转到右边，至 D' 点试样剪破时，所产生负的孔隙水压力 u_f 为 D 与 D' 点之间的水平距离。

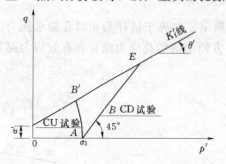

图 5-48　三轴 CU 与 CD 试验中的应力路径比较

将具有相同的周围压力下固结（即 A 点下固结）的正常固结黏土试样，作 CU 和 CD 试验的应力路径比较。试样作排水剪时因孔隙水压力始终保持为 0，其有效应力路径与总应力路径重合。故排水剪的有效应力路径将沿着图 5-48 中 AB 线继续向右上方延伸，直至交于 K_f' 线上 E 点才剪破，很显然，对相同条件的正常固结黏土试样来说，排水剪强度比固结不排水剪强度要高。

5.6.3　土木工程中的应力路径问题简述

土木工程中，常见的应力路径仍是类似于三轴试验中保持 σ_3 不变而逐渐增大 σ_1 的应力路径。一个典型的应用实例是，有目的地控制这种应力路径的加荷情况，对合理解决软土地基的加固问题具有现实意义。

在实际工程施工中，如果对天然软黏土地基施加荷载的速率过快，地基在受荷过程中来不及排水，有可能使地基在施工期间地基应力已达到土的不排水强度。由于土的不排水强度相对较低，导致地基所能承受的极限荷载很低。若施工中减缓加荷速率，或采用间歇式的分级加荷方式，就有可能使地基土得以充分固结排水而提高其抗剪强度，从而增大地基的承载力。这种控制加荷方式以提高地基承载力的原理，可用应力路径的方法加以说明。

设正常固结黏土地基中某点在加荷前的应力状态由图 5-49 中 a 点表示。假如荷载是一次施加的，该点的有效应力路径将沿曲线 ab 延伸（图中虚线所示）至 b' 点。若采用间歇加载方式，当迅速施加第一级荷载后，由于地基土来不及排水，该点在不排水条件下的有效应力路径就从 a 点向 b 点发展（剪切段）。在加载停歇的时间里，随着土的排水固结，该点的有效正应力不断增加，而剪应力却不发生变化。故此时的应力路径是一条水平线（固结段），在排水固结完毕时抵达 c 点。如此循环下去，该点的应力路径就将沿着 $a \rightarrow b \rightarrow c \rightarrow d \rightarrow e \rightarrow f \rightarrow g \rightarrow h$ 各点曲折地延伸发展，最终抵达 h 点。显然，土在 h 点的强度比之 b' 点有了较大的增长。

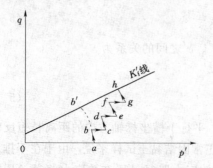

图 5-49　地基间歇式加荷的应力路径图

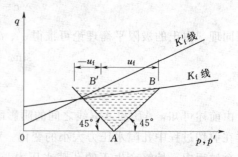

图 5-50　两种三轴压缩试验的应力路径比较

土木工程地基中还存在着其他类型的应力路径。如基坑和边坡的开挖、挡土墙的主动土压力等的应力路径就属于三轴试验中保持 σ_1 不变而逐渐减小 σ_3 的情况。有试验表明，一些土类在该应力路径下的不排水试验中，当 σ_3 减至为 0 时，试样的轴向偏应力（$\sigma_1-\sigma_3$）无趋近极限的势头，轴向应变 ε_1 也还未到达 15%。整理试验结果时，因各莫尔圆均相切于纵坐标，无法绘制总应力强度包线。但有效应力路径已显示土样早已剪破，并与同等条件下的保持 σ_3 不变而逐渐增大 σ_1 情况的有效应力路径几乎一致，如图 5-50 中的 AB 线。因而，仍可根据式（5-41）求得其有效应力强度指标 c' 和 φ'。显然，不同总应力路径下的有效应力路径存在着唯一性。

思 考 题

1. 什么是土的抗剪强度？什么是土的抗剪强度指标？试说明土的抗剪强度的来源，对一定的土类，其抗剪强度指标是否为一个定值？为什么？

2. 何谓土的极限平衡状态和极限平衡条件？试用莫尔-库仑强度理论推求土体极限平衡条件的表达式。

3. 土体中首先发生剪切破坏的平面是否就是剪应力最大的平面？为什么？在何种情况下，剪切破坏面与最大剪应力面是一致的？在通常情况下，剪切破坏面与大主应力面之间的夹角是多少？

4. 试比较黏性土在不同固结和排水条件下的三轴试验中，其应力条件和孔隙水压力变化有何特点？并说明所得的抗剪强度指标各自的适用范围。

5. 试根据有效应力原理在强度问题中应用的基本概念，分析三轴试验的三种不同试验方法中土样孔隙水压力和含水量变化的情况。

6. 根据孔隙压力系数 A、B 的物理意义，说明三轴不固结不排水和三轴固结不排水试验方法求 A、B 的区别。

7. 分别简述直剪试验和三轴压缩试验的原理。比较两者之间的优缺点和适用范围。

8. 试述正常固结黏土在 UU、CU、CD 三种试验中的应力—应变、孔隙水压力—应变（或体积变化—应变）和强度特性。

9. 试述超固结黏土在 UU、CU、CD 三种试验中的应力—应变、孔隙水压力—应变（或体积变化—应变）和强度特性。

习 题

1. 某土样做直剪试验，测得垂直压力 $p=100$kPa 时，极限水平剪应力 $\tau_f=75$kpa。以同样土样去做三轴试验，液压为 200kPa，当垂直压力加到 550kPa（包括液压）时，土样被剪切破坏。求该土样的 c 和 φ 值。

2. 对内摩擦角 $\varphi=30°$ 的饱和砂土试样进行三轴压缩试验。首先施加 $\sigma_3=200$kPa 围压，然后使最大主应力 σ_1 与最小主应力 σ_3 同时增加，且使 σ_1 的增量 $\Delta\sigma_1$ 始终为 σ_3 的增量 $\Delta\sigma_3$ 的 3 倍，试验在排水条件下进行。试求该土样的破坏时的 σ_1 值。

3. 某土样内摩擦角 $\varphi = 20°$，黏聚力 $c = 12\text{kPa}$。问：（1）做单轴压力试验时；（2）液压为 5kPa 的三轴压力试验时，垂直压力加到多大（三轴试验的垂直压力包括液压）土样将被剪切破坏？

4. 设地基内某点的大主应力为 450kPa，小主应力为 200kPa，土的内摩擦角为 $20°$，黏聚力为 50kPa，问该点处于什么状态？

5. 某无黏性土饱和试样进行排水剪切试验，测得抗剪强度指标为 $c_d = 0$，$\varphi_d = 31°$，如果对同一试样进行固结不排水剪试验，施加的周围压力 $\sigma_3 = 200\text{kPa}$，试样破坏时的轴向偏应力 $(\sigma_1 - \sigma_3) = 180\text{kPa}$。试求试样的不排水剪强度指标 φ_{cu} 和破坏时的孔隙水压力 u_f 与系数 A_f。

6. 设地基内某点的大主应力为 450kPa，小主应力为 150kPa，孔隙水压力为 50kPa，土的有效强度指标 $\varphi' = 30°$，$c' = 0$。问该点处于什么状态？

7. 某砂土试样在法向应力 $\sigma = 100\text{kPa}$ 作用下进行直剪试验，测得直剪强度 $\tau_f = 60\text{kPa}$。求：（1）φ 值；（2）如果试样的法向应力增至 $\sigma = 250\text{kPa}$，则土样的抗剪强度是多少？

8. 某饱和正常固结试样，在周围压力 $\sigma_3 = 150\text{kPa}$ 下固结稳定，然后再在不排水条件下施加附加轴向应力至剪切破坏，测得其不排水强度 $c_u = 60\text{kPa}$，剪切破坏面与大主应力面的实测角 $\alpha_f = 57°$，求内摩擦角 φ_{cu} 和剪切破坏时的孔隙水压力系数 A_f。

9. 对两个相同的重塑饱和黏土试样，分别进行两种固结不排水三轴压缩试验。一个试样先在 $\sigma_3 = 170\text{kPa}$ 的围压下固结，试样破坏时的轴向偏应力 $(\sigma_1 - \sigma_3)_f = 124\text{kPa}$。另一个试样施加的周围压力 $\sigma_3 = 427\text{kPa}$，破坏时的孔隙水压力 $u_f = 270\text{kPa}$。试求该土样的 φ_{cu} 和 φ'。（提示：重塑饱和黏土试样的 $c_{cu} = c' = 0$）

10. 对饱和黏土试样进行无侧限抗压试验，测得无侧限抗压强度 $q_u = 120\text{kPa}$。求：（1）该土样的不排水抗剪强度；（2）与圆柱形试样轴成 $60°$ 交角面上的法向应力 σ 和剪应力 τ。

第6章 挡土结构物上的土压力计算

6.1 概　　述

在土建工程中，挡土结构是一种常用的结构物。如桥梁工程中衔接路堤的桥台、道路工程中穿越边坡而修筑的挡土墙、基坑工程中的支挡结构、隧道工程中的衬砌以及码头、水闸、地下室等工程中采用的各种形式的挡土结构等，如图6-1所示。

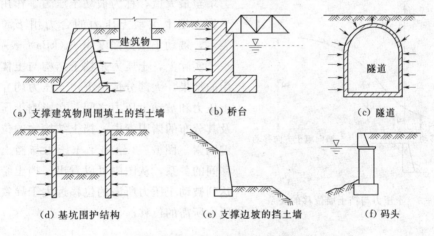

(a) 支撑建筑物周围填土的挡土墙　　(b) 桥台　　　　　(c) 隧道

(d) 基坑围护结构　　　(e) 支撑边坡的挡土墙　　　(f) 码头

图6-1　各种形式的挡土结构物

这些挡土结构都承受着来自他们与土体界面上侧向压力的作用，土压力就是这些侧向压力的总称。形成挡土结构物与土体界面上侧向压力的主要荷载包括：土体自重引起的侧向压力、水压力，以及影响区范围内的构筑物荷载、施工荷载，必要时还应考虑的地震荷载等引起的侧向压力。

在挡土结构物设计中，必须计算土压力的大小及分布规律。土压力的大小及分布规律与挡土结构物的侧向位移方向和大小、土的性质、挡土结构物的刚度和高度等因素有关，根据挡土结构物侧向位移的方向和大小可分为三种类型的土压力。

（1）静止土压力，如图6-2（a）所示。若刚性的挡土墙保持原来位置静止不动，则作用在墙上的土压力称为静止土压力。作用在每延米挡土墙上静止土压力的合力用 E_0（kN/m）表示，静止土压力强度用 p_0（kPa）表示。

（2）主动土压力，如图6-2（b）所示。若挡土墙在墙后填土压力作用下，背离填土方向移动，这时作用在墙上的土压力将由静止土压力逐渐减小，当墙后土体达到极限平衡，并出现连续滑动面使土体下滑，这时土压力减至最小值，称为主动土压力。作用在每延米挡土墙上主动土压力的合力用 E_a（kN/m）表示，主动土压力强度用 p_a（kPa）表示。

（3）被动土压力，如图6-2（c）所示。若挡土墙在外力作用下，向填土方向移动，

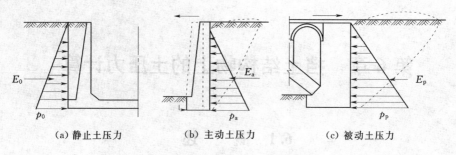

（a）静止土压力　　　（b）主动土压力　　　（c）被动土压力

图 6-2　土压力的三种类型

这时作用在墙上的土压力将由静止土压力逐渐增大，一直到土体达到极限平衡，并出现连续滑动面，墙后土体向上挤出隆起，这时土压力增至最大值，称为被动土压力。作用在每延米挡土墙上被动土压力的合力用 E_p（kN/m）表示，被动土压力强度用 p_p（kPa）表示。

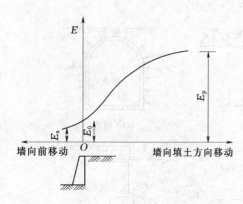

图 6-3　土压力与挡土墙位移的关系

实际上，土压力是挡土结构与土体相互作用的结果，大部分情况下，土压力均介于主动土压力和被动土压力之间。在影响土压力大小及其分布的诸因素中，挡土结构物的位移是关键因素，图 6-3 给出了土压力与挡土结构位移间的关系，从图中可以看出，挡土结构物后达到被动土压力所需的位移远大于导致主动土压力所需的位移。

6.2　静止土压力计算

计算静止土压力时，墙后填土处于弹性平衡状态，由于墙静止不动，土体无侧向位移，可假定墙后填土内的应力状态为半无限弹性体的应力状态。这时，土体表面下任意深度 z 处的静止土压力强度，可按半无限体在无侧向位移条件下侧向应力的公式计算，即

$$p_0 = K_0 \sigma_{cz} = K_0 \gamma z \qquad (6-1)$$

其中

$$K_0 = \frac{\mu}{1-\mu}$$

式中　K_0——静止土压力系数；

　　　μ——土体泊松比；

　　　γ——土的容重，kN/m³。

实际 K_0 在室内可由常规三轴仪或应力路径三轴仪测得，在原位可用自钻式旁压仪测得。

当缺乏试验资料时，对于正常固结土，可用经验公式（6-2）估算；对于超固结土，可用经验公式（6-3）估算。

$$K_0 = 1 - \sin\varphi' \tag{6-2}$$

$$K_0 = \sqrt{OCR}(1 - \sin\varphi') \tag{6-3}$$

式中 φ'——土的有效内摩擦角；

OCR——土的超固结比。

此外，依据土的种类与软硬状态，静止土压力系数 K_0 也可以采用相关资料上所列的参考值。

由式（6-1）可知，静止土压力强度 p_0 沿深度呈直线分布。如图 6-4 所示，作用在每延米挡土墙的静止压力为

$$E_0 = \frac{1}{2}K_0\gamma H^2 \tag{6-4}$$

式中 H——挡土墙高度。

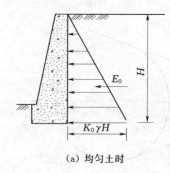

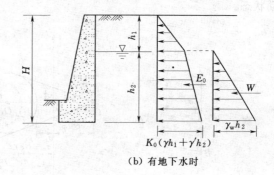

图 6-4 静止土压力的分布

对于成层土和有超载情况，静止土压力强度可按下式计算。

$$E_0 = K_0(\sum \gamma_i h_i + q) \tag{6-5}$$

式中 γ_i——计算点以上第 i 层土的容重；

h_i——计算点以上第 i 层土的厚度；

q——填土面上的均布荷载。

对于墙后填土有地下水情况计算静止土压力时，地下水位以下对于透水性的土应采用有效容重 γ' 计算，同时考虑作用于挡土墙上的静水压力，如图 6-4（b）所示。

对于墙背倾斜情况，作用在单位长度上的静止土压力 E_0' 为墙背直立时的 E_0 和土楔体 ABB' 自重的合力，如图 6-5 所示。

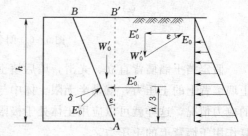

图 6-5 墙背倾斜时的静止土压力

6.3 朗金土压力理论

6.3.1 基本原理

朗金（Rankine）在 1857 年研究了半无限土体处于极限平衡状态的应力情况。若在半

无限体中取一竖直切面 AB，如图 6-6（a）所示，在 AB 面上深度 z 处取一单元土体，作用的法向应力为 σ_z、σ_x，因为 AB 面上无剪应力，故 σ_z 和 σ_x 均为主应力。当土体处于弹性状态时，$\sigma_z = \gamma z$、$\sigma_x = K_0 \gamma z$，其应力圆如图 6-6（b）中的圆 O_1，与土的强度包线不相交。若在 σ_z 不变的条件，使 σ_x 逐渐减小，直到土体达到极限平衡时，则其应力圆与强度包线相切，如图 6-6（b）中的应力圆 O_2。σ_z 及 σ_x 分别为最大及最小主应力，此即称为朗金主动状态，土体中产生的两组滑动面与水平面成 $\left(45° + \dfrac{\varphi}{2}\right)$ 夹角，如图 6-6（c）所示。若在 σ_z 不变的条件下，不断增大 σ_x 值，直到土体达到极限平衡，这时其应力圆为图 6-6（b）中的圆 O_3，它也与土的强度包线相切，但 σ_z 为最小主应力，σ_x 为最大主应力，土体中产生的两组滑动面与水面成 $\left(45° - \dfrac{\varphi}{2}\right)$ 角，如图 6-6（d）所示，这时称为朗金被动状态。

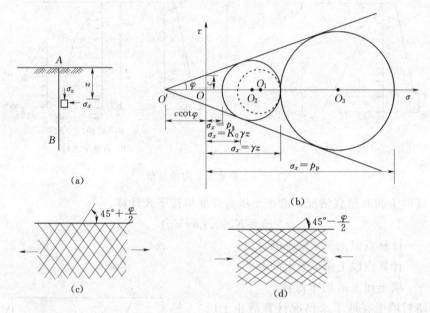

图 6-6　朗金主动及被动状态

假定挡土墙墙背直立、光滑，墙后填土面水平且无限延伸，这时，朗金认为作用于挡土墙墙背上的土压力，就是半无限土体中与墙背方向、长度相对应的达到极限平衡状态时的应力情况，这样就可以应用土体处于极限平衡状态时的最大和最小主应力的关系式来计算作用于墙背上的土压力。

6.3.2　朗金主动土压力计算

如图 6-7（a）所示的挡土墙，已知墙背直立、光滑，填土面水平。若墙背 AB 在填土压力作用下背离填土向外移动 $A'B'$，这时墙后土体达到极限平衡状态，作用在挡土墙墙背上的土压力即为朗金主动土压力。在墙后土体表面下深度 z 处取单元土体，其竖向应力 $\sigma_z = \gamma z$ 是最大主应力 σ_1，水平应力 σ_x 是最小主应力 σ_3，也即要计算的主动土压力 p_a，由第 5 章土体极限平衡理论公式可知，其主应力应满足下述关系式。

$$\sigma_3 = \sigma_1 \tan^2\left(45° - \frac{\varphi}{2}\right) - 2c\tan\left(45° - \frac{\varphi}{2}\right)$$

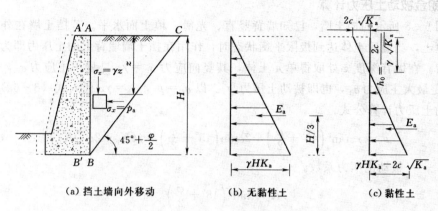

(a) 挡土墙向外移动　　　(b) 无黏性土　　　(c) 黏性土

图 6-7　朗金主动土应力计算

将 $\sigma_3 = p_a$，$\sigma_1 = \gamma z$ 代入上述公式，即可得到朗金主动土压力强度计算公式为

$$p_a = \gamma z \tan^2\left(45° - \frac{\varphi}{2}\right) - 2c\tan\left(45° - \frac{\varphi}{2}\right) = \gamma z K_a - 2c\sqrt{K_a} \tag{6-6}$$

式中　γ——土的容重；

c、φ——土的黏聚力、内摩擦角；

z——计算点深度；

K_a——主动土压力系数。

$$K_a = \tan^2\left(45° - \frac{\varphi}{2}\right)$$

对于无黏性土，黏聚力 $c = 0$，则有

$$p_a = \gamma z \tan^2\left(45° - \frac{\varphi}{2}\right) = \gamma z K_a \tag{6-7}$$

由式（6-6）和式（6-7）可知，主动土压力 p_a 沿深度 z 呈直线分布，如图 6-7（b）和图 6-7（c）所示。从图 6-7 可知，作用在墙背上单位长度挡土墙的主动土压力 E_a 即为 p_a 分布图形的面积，其作用点位置在分布图形的形心处。

对于无黏性土，主动土压力 E_a 为图 6-7（b）所示的三角形面积，即

$$E_a = \frac{1}{2}\gamma K_a H^2 \tag{6-8}$$

E_a 作用于距挡土墙底面 $H/3$ 处。

对于黏性土，当 $z = 0$ 时，由式（6-6）知 $p_a = -2c\sqrt{K_a}$，即出现拉力区。令式（6-6）中的 $p_a = 0$，可解得拉力区的高度为

$$h_0 = \frac{2c}{\gamma\sqrt{K_a}} \tag{6-9}$$

由于填土与墙背之间不能承受拉应力，因此在拉力区范围内将出现裂缝，在计算墙背上的主动土压力时，将不考虑拉力区的作用，即

$$E_a = \frac{1}{2}(H - h_0)(\gamma H K_a - 2c\sqrt{K_a}) \tag{6-10}$$

E_a 作用于距挡土墙底面 $(H-h_0)/3$ 处。

6.3.3 朗金被动土压力计算

如图 6-8 所示的挡土墙，已知墙背竖直、光滑，填土面水平。若挡土墙在外力作用下推向填土，当墙后土体达到极限平衡状态时，作用在挡土墙墙背上的土压力即为朗金被动土压力。在墙背深度 z 处取得单元土体，其竖向应力 $\sigma_z=\gamma z$ 是最小主应力 σ_3，而水平应力 σ_x 是最大主应力 σ_1，也即被动土压力 p_p。以 $\sigma_1=p_p$，$\sigma_3=\gamma z$ 代入式（6-6a），即得朗金被动土压力计算公式。

$$p_p=\gamma z\tan^2\left(45°+\frac{\varphi}{2}\right)+2c\tan\left(45°+\frac{\varphi}{2}\right)=\gamma z K_p+2c\sqrt{K_p} \tag{6-11}$$

式中　K_p——被动土压力系数。

$$K_p=\tan^2\left(45°+\frac{\varphi}{2}\right)$$

对于无黏性土，黏聚力 $c=0$，则有

$$p_p=\gamma z\tan^2\left(45°+\frac{\varphi}{2}\right)=\gamma z K_p \tag{6-12}$$

从式（6-11）和式（6-12）可知，被动土压力 p_p 沿深度 z 呈直线分布，如图 6-8（b）、图 6-8（c）所示。作用在墙背上单位长度挡土墙上的被动土压力 E_p，可由 p_p 的分布图形面积求得。

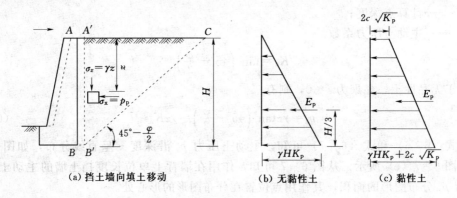

图 6-8　朗金被动土压力计算

6.3.4 几种特殊情况下的朗金土压力计算

6.3.4.1 填土表面有均布荷载时的朗金土压力计算

当挡土墙后填土表面上有连续均布荷载 q 作用时，如图 6-9 所示，计算时相当于深度 z 处的竖向应力增加 q 值，因此，只要将式（6-6）中的 γz 代之以 $(q+\gamma z)$ 就得到填土表面有超载时的主动土压力强度计算公式为

$$p_a=(\gamma z+q)K_a-2c\sqrt{K_a} \tag{6-13}$$

若填土面上为局部荷载时，如图 6-10 所示，则计算时，从荷载的两点 O 及 O' 点做两条辅助线 $\overline{OC}$ 和 $\overline{O'D}$，它们都与水平面成 $\left(45°+\frac{\varphi}{2}\right)$ 角，认为 C 点以上和 D 点以下的土压

力不受地面荷载的影响，C 点、D 点之间的土压力按均布载荷计算，AB 墙面上的土压力如图中阴影部分所示。

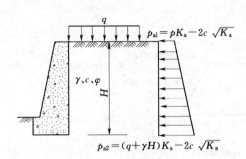

图 6-9　填土上有超载时的主动土压力计算

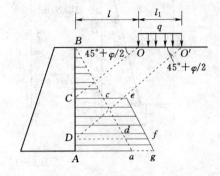

图 6-10　局部荷载作用下主动土压力的计算

6.3.4.2　成层填土中的朗金土压力计算

如图 6-11 所示的挡土墙后填土为成层土，仍可按式 (6-6) 计算主动土压力。但应注意在土层分界面上，由于两层土的抗剪强度指标不同，其传递由于自重引起的土压力作用不同，使土压力的分布有突变，如图 6-11 所示，其计算如下：

a 点：

$$p_{a1} = -2c\sqrt{K_{a1}}$$

b 点上（在第一层土中）：

$$p_{a2\pm} = \gamma_1 h_1 K_{a1} - 2c_1\sqrt{K_{a1}}$$

b 点下（在第二层土中）：

$$p_{a2\mp} = \gamma_1 h_1 K_{a2} - 2c_2\sqrt{K_{a2}}$$

c 点：

$$p_{a3} = (\gamma_1 h_1 + \gamma_2 h_2)K_{a2} - 2c_2\sqrt{K_{a2}}$$

其中　　$K_{a1} = \tan^2\left(45° - \dfrac{\varphi_1}{2}\right)$

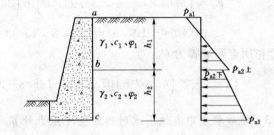

图 6-11　成层土的主动土压力的计算

$$K_{a2} = \tan^2\left(45° - \dfrac{\varphi_2}{2}\right)$$

其余符号意义如图 6-11 所示。

【例 6-1】　用朗金土压力公式计算如图 6-12 所示的挡土墙上的主动土压力分布及合力。已知填土为砂土，填土面作用均布荷载 $q = 20\text{kPa}$。

解： 已知 $c_1 = 0$，$\varphi_1 = 30°$，$c_2 = 0$，$\varphi_2 = 35°$，则 $K_{a1} = 0.333$，$K_{a2} = 0.271$，按式 (6-13) 计算墙上各点的主动土压力分布为

a 点：

$$p_{a1} = qK_{a1} = 20 \times 0.333 = 6.67(\text{kPa})$$

b 点上（在第一层土中）：

$$p_{a2\pm} = (\gamma_1 h_1 + q)K_{a1} = (18 \times 6 + 20) \times 0.333 = 42.6(\text{kPa})$$

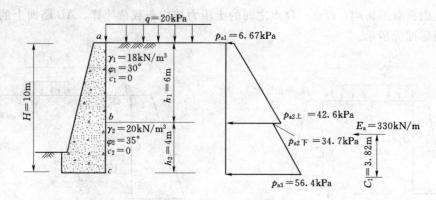

图 6-12 例 6-1 示意图

b 点下（在第二层土中）：

$$p_{a2下} = (\gamma_1 h_1 + q)K_{a2} = (18 \times 6 + 20) \times 0.271 = 34.7(kPa)$$

c 点：

$$p_{a3} = (\gamma_1 h_1 + \gamma_2 h_2 + q)K_{a2} = (18 \times 6 + 20 \times 4 + 20) \times 0.271 = 56.4(kPa)$$

将计算结果绘制为主动土压力分布图，如图 6-12 所示。由分布图面积可求得主动土压力合力 E_a 及其作用点位置。

$$E_a = \left(6.67 \times 6 + \frac{1}{2} \times 35.93 \times 6\right) + \left(34.7 \times 4 + \frac{1}{2} \times 21.7 \times 4\right)$$

$$= (40.0 + 107.8) + (138.8 + 43.4) = 330(kN/m)$$

E_a 作用点距墙脚为 C_1：

$$C_1 = \frac{1}{330} \times \left(40 \times 7 + 107.8 \times 6 + 138.8 \times 2 + 43.4 \times \frac{4}{3}\right) = 3.82(m)$$

6.3.4.3 墙后填土中有地下水时的朗金土压力计算

墙后填土常会部分或全部处于地下水位以下，这时作用在墙体的除了土压力外，还受到水压力的作用，在计算墙体受到的总的侧向压力时，对地下水位以上部分的土压力计算同前，对地下水位以下部分的水、土压力，一般采用"水土分算"和"水土合算"两种方法。对于砂性和粉土，可按水土分算原则进行计算，即分别计算土压力和水压力，然后两者叠加；对于黏性土可根据现场情况和工程经验，按水土分算或水土合算进行计算。

1. 水土分算法

水土分算法采用有效容重 γ' 计算土压力，按静压力计算水压力，然后两者叠加为总的侧压力，如图 6-13 所示。

$$p_a = \gamma' H K_a' - 2c'\sqrt{K_a'} + \gamma_w h_w \tag{6-14}$$

式中 γ'——土的有效容重，kN/m^3；

K_a'——按有效应力强度指标计算的主动土压力系数 $K_a' = \tan^2\left(45° - \dfrac{\varphi'}{2}\right)$；

c'——有效黏聚力，kPa；

φ'——有效内摩擦角，（°）；

γ_w——水的容重，kN/m^3；

h_w——以墙底起算的地下水位高度，m。

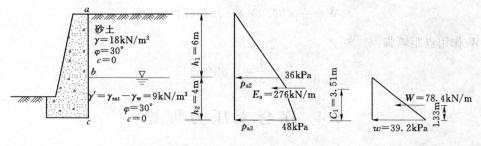

图 6-13 例 6-2 示意图

为了便于实际工程应用，在不能获取有效强度指标 c'、φ' 时，为简化起见，式（6-14）中的有效强度指标 c'、φ' 常用总应力强度指标 c、φ 代替。

2. 水土合算法

对地下水位下的黏性土，也可用土的饱和容重 γ_{sat} 计算总的水土压力，即

$$p_a = \gamma_{sat} H K_a - 2c\sqrt{K_a} \tag{6-15}$$

式中 γ_{sat}——土的饱和容重，地下水位可近似采用天然容重，kN/m^3；

K_a——按总应力强度指标计算的主动土压力系数，$K_a = \tan^2\left(45° - \dfrac{\varphi}{2}\right)$；

其他符号意义同前。

【例 6-2】 用水土分算法计算如图 6-13 所示的挡土墙上的主动土压力及水压力的分布图及合力。已知填土为砂性土，土的物理力学性质指标如图 6-13 所示。

解：
$$K_a = \tan^2\left(45° - \frac{\varphi}{2}\right) = \tan^2\left(45° - \frac{30°}{2}\right) = 0.333$$

按式（6-7）计算墙上各点的主动土压力为

a 点：
$$p_{a1} = \gamma_1 z K_a = 0$$

b 点：
$$p_{a2} = \gamma_1 h_1 K_a = 18 \times 6 \times 0.333 = 36.0 (\text{kPa})$$

由于水下土的抗剪强度指标与水上土相同，故在 b 点的主动土压力无突变现象。

c 点：
$$p_{a3} = (\gamma_1 h_1 + \gamma' h_2) K_a = (18 \times 6 + 9 \times 4) \times 0.333 = 48.0 (\text{kPa})$$

绘出主动土压力分布图，如图 6-13 所示，并可求得其合力 E_a 为

$$E_a = \frac{1}{2} \times 36 \times 6 + 36 \times 4 + \frac{1}{2} \times (48 - 36) \times 4 = 108 + 144 + 24 = 276 (\text{kN/m})$$

合力 E_a 作用点距墙脚为 C_1：

$$C_1 = \frac{1}{276}\left(108 \times 6 + 144 \times 2 + 24 \times \frac{4}{3}\right) = 3.51 (\text{m})$$

c 点水压力：

$$w = \gamma_w h_2 = 9.81 \times 4 = 39.2 \, (\text{kPa})$$

作用在墙上的水压力合力如图 6-13 所示，其合力 W 为

$$W = \frac{1}{2} \times 39.2 \times 4 = 78.4 \, (\text{kN/m})$$

W 作用点距墙脚：

$$\frac{h_2}{3} = \frac{4}{3} = 1.33 \, (\text{m})$$

6.4 库仑土压力理论

6.4.1 基本原理

库仑（Coulomb）在 1776 年提出的土压力理论，由于其计算原理比较简明，适应性较广，因此至今仍得到广泛应用。

库仑土压力理论假定挡土墙墙后的填土是均匀的砂性土，当墙背离开土体移动或推向土体时，墙后土体达到极限平衡状态，其滑动面是通过墙脚 B 的平面 BC，如图 6-14 所示，假定滑动土楔 ABC 是刚体，根据土楔 ABC 的静力平衡条件，按平面问题解得作用在挡土墙上的土压力。因此，也有把库仑土压力理论称为滑楔土压力理论。

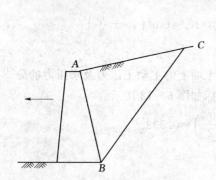

图 6-14 库仑土压力理论

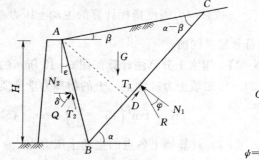

图 6-15 库仑主动土压力计算

6.4.2 主动土压力计算

如图 6-15 所示的挡土墙，已知墙背 AB 倾斜，与竖直线的夹角为 ε；填土表面 AC 是一平面，与水平面夹角为 β。若挡土墙在填土压力作用下离开填土向外移动，当墙后土体达到极限平衡状态时（主动状态），土体中产生两个通过墙脚 B 的滑动面 AB 及 BC。若滑动面 BC 与水平面间夹角为 α，取单位长度挡土墙，把滑动土楔 ABC 作为脱离体，考虑其静力平衡条件，作用在滑动土楔 ABC 上的作用力有以下几种。

（1）土楔 ABC 的重力 G。若 α 值已知，则 G 的大小、方向及作用点位置均已知。

（2）土体作用在滑动面 BC 上的反力 R。R 是 BC 面上摩擦力 T_1 与法向反力 N_1 的合力，它与 BC 面的法线间的夹角等于土的内摩擦角 φ。由于滑动土楔 ABC 相对于滑动面 BC 右边的土体是向下移动，故摩擦力 T_1 的方向向上，R 的作用方向已知，大小未知。

（3）挡土墙对土楔的作用力 Q。它与墙背法线间的夹角等于墙背与填土间的摩擦角

δ。同样，由于滑动土楔 ABC 相对于墙背是向下滑动的，故墙背在 AB 面产生的摩擦力 T_2 的方向向上。Q 的作用方向已知，大小未知。

考虑滑动土楔 ABC 的静力平衡条件，绘出 G、R 与 Q 三个力组成封闭的力三角形，如图 6-15 所示，由正弦定律得

$$\frac{G}{\sin[\pi-(\psi+\alpha-\varphi)]}=\frac{Q}{\sin(\alpha-\varphi)} \tag{6-16}$$

其中，$\psi=\dfrac{\pi}{2}-\varepsilon-\delta$，其余符号意义如图 6-15 所示。

由图 6-15 可知：

$$G=\frac{1}{2}\overline{AD}\ \overline{BC}\gamma \tag{6-17}$$

$$\overline{AD}=\overline{AB}\sin\left(\frac{\pi}{2}+\varepsilon-\alpha\right)=H\frac{\cos(\varepsilon-\alpha)}{\cos\varepsilon}$$

$$\overline{BC}=\overline{AB}\frac{\sin\left(\frac{\pi}{2}+\beta-\varepsilon\right)}{\sin(\alpha-\beta)}=H\frac{\cos(\beta-\varepsilon)}{\cos\varepsilon\cos(\alpha-\beta)}$$

$$G=\frac{1}{2}\gamma H^2\frac{\cos(\varepsilon-\alpha)\cos(\beta-\varepsilon)}{\cos^2\varepsilon\sin(\alpha-\beta)}$$

将 G 代入式（6-16）得

$$Q=\frac{1}{2}\gamma H^2\left[\frac{\cos(\varepsilon-\alpha)\cos(\beta-\varepsilon)\sin(\alpha-\varphi)}{\cos^2\varepsilon\sin(\alpha-\beta)\cos(\alpha-\varphi-\varepsilon-\delta)}\right] \tag{6-18}$$

其中，γ、H、ε、β、δ、φ 均为常数。

Q 随滑动面 BC 的倾角 α 而变化。当 $\alpha=\dfrac{\pi}{2}+\varepsilon$ 时，$G=0$，则 $Q=0$；当 $\alpha=\varphi$ 时，R 与 G 重合，则 $Q=0$；因此当 α 在 $\left(\dfrac{\pi}{2}+\varepsilon\right)$ 和 φ 之间变化时，Q 将有一个极大值，这个极限值 Q_{max} 即为所求的主动土压力 E_a。

要计算 Q_{max} 值时，可令

$$\frac{\mathrm{d}Q}{\mathrm{d}\alpha}=0 \tag{6-19}$$

因此，可将式（6-18）对 α 求导并令其为 0，然后解得 α 值并代入式（6-18），则可得库仑主动土压力计算公式为

$$E_a=Q_{max}=\frac{1}{2}\gamma H^2 K_a \tag{6-20}$$

$$K_a=\frac{\cos^2(\varphi-\varepsilon)}{\cos^2\varepsilon\cos(\delta+\varepsilon)\left[1+\sqrt{\dfrac{\sin(\delta+\varphi)\sin(\varphi-\beta)}{\cos(\delta+\varepsilon)\cos(\varepsilon-\beta)}}\right]^2} \tag{6-21}$$

上两式中　γ、φ——墙后填土的容重和内摩擦角；

　　　　　　H——挡土墙的高度；

　　　　　　ε——墙背与竖直线间夹角，墙背俯斜时为正，如图 6-15 所示，反之为负；

δ——墙背与填土间的摩擦角；

β——填土面与水平面间的倾角；

K_a——主动土压力系数，它是 φ、δ、ε、β 的函数，当 $\beta=0$ 时，K_a 可由表6-1查得。

表6-1 主动力压力系数 K_a（$\beta=0$ 时）

墙背倾斜情况			填土与墙背摩擦角 δ (°)	主动土压力系数 K_a					
类型	示 意 图	ε (°)		土的内摩擦角 φ (°)					
				20	25	30	35	40	45
仰斜		-15	$\frac{1}{2}\varphi$	0.357	0.274	0.208	0.156	0.114	0.081
			$\frac{2}{3}\varphi$	0.346	0.266	0.202	0.153	0.112	0.079
		-10	$\frac{1}{2}\varphi$	0.385	0.303	0.237	0.184	0.139	0.104
			$\frac{2}{3}\varphi$	0.375	0.295	0.232	0.180	0.139	0.104
		-5	$\frac{1}{2}\varphi$	0.415	0.334	0.268	0.214	0.168	0.131
			$\frac{2}{3}\varphi$	0.406	0.327	0.263	0.211	0.138	0.131
竖直		0	$\frac{1}{2}\varphi$	0.447	0.367	0.301	0.246	0.199	0.160
			$\frac{2}{3}\varphi$	0.438	0.361	0.297	0.244	0.200	0.162
俯斜		$+5$	$\frac{1}{2}\varphi$	0.482	0.404	0.338	0.282	0.234	0.193
			$\frac{2}{3}\varphi$	0.450	0.398	0.335	0.282	0.236	0.197
		$+10$	$\frac{1}{2}\varphi$	0.520	0.444	0.378	0.322	0.273	0.230
			$\frac{2}{3}\varphi$	0.514	0.439	0.377	0.323	0.277	0.237
		$+15$	$\frac{1}{2}\varphi$	0.564	0.489	0.424	0.368	0.318	0.274
			$\frac{2}{3}\varphi$	0.559	0.486	0.425	0.371	0.325	0.284
		$+20$	$\frac{1}{2}\varphi$	0.615	0.541	0.476	0.463	0.370	0.325
			$\frac{2}{3}\varphi$	0.611	0.540	0.479	0.474	0.381	0.340

若填土面水平、墙背竖直以及墙背光滑时，也即 $\beta=0$、$\varepsilon=0$ 及 $\delta=0$ 时，由式（6-21）可得

$$K_a=\frac{\cos^2\varphi}{(1+\sin\varphi)^2}=\frac{1-\sin^2\varphi}{(1+\sin\varphi)^2}=\frac{1-\sin\varphi}{1+\sin\varphi}=\tan^2\left(45°-\frac{\varphi}{2}\right)$$

此式与朗金土压力系数公式相同。由此可见，在相同条件下，两种土压力理论得到的结果是一致的。为了计算滑动土楔（也称破坏棱体）的长度，即 AC 长，须求得最危险的滑动面 BC 的倾角 α 值。若填土表面 AC 是水平面，即 $\beta=0$ 时，根据式（6-19）的条件，可解得 α 的计算公式如下：

墙背俯斜时（$\varepsilon>0$）：

$$\cot\alpha=-\tan(\varphi+\delta+\varepsilon)+\sqrt{[\cot\varphi+\tan(\varphi+\delta+\varepsilon)][\tan(\varphi+\delta+\varepsilon)]-\tan\varepsilon} \quad (6-22)$$

墙背仰斜时（$\varepsilon<0$）：

$$\cot\alpha=-\tan(\varphi+\delta-\varepsilon)+\sqrt{[\cot\varphi+\tan(\varphi+\delta-\varepsilon)][\tan(\varphi+\delta-\varepsilon)]+\tan\varepsilon} \quad (6-23)$$

墙背竖直时（$\varepsilon=0$）：

$$\cot\alpha=-\tan(\varphi+\delta)+\sqrt{\tan(\varphi+\delta)[\cot\varphi+\tan(\varphi+\delta)]} \quad (6-24)$$

由式（6-20）可以看到，主动土压力 E_a 是墙高 H 的二次函数，故主动土压力强度 p_a 是沿墙高按直线规律分布的，如图6-16所示。合力 E_a 的作用方向与墙背法线成 δ 角，与水平面成 θ 角，其作用点在墙高的1/3处。

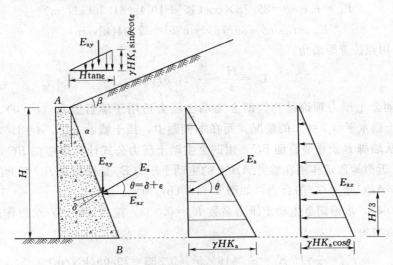

图6-16 库仑主动土压力分布图

作用在墙背上的主动土压力 E_a 可以分解为水平分力 E_{ax} 和竖向分力 E_{ay}：

$$E_{ax}=E_a\cos\theta=\frac{1}{2}\gamma H^2 K_a\cos\theta \quad (6-25)$$

$$E_{ay}=E_a\sin\theta=\frac{1}{2}\gamma H^2 K_a\sin\theta \quad (6-26)$$

上两式中 θ——E_a 与水平面的夹角，$\theta=\delta+\varepsilon$。

E_{ax}、E_{ay} 都是线性分布的，如图6-16所示。

【例6-3】 某挡土墙如图6-17所示。已知墙高 $H=5\text{m}$，墙背倾角 $\varepsilon=10°$，填土为细砂，填土面水平（$\beta=0$），$\gamma=19\text{kN/m}^3$，$\varphi=30°$，$\delta=\dfrac{\varphi}{2}=15°$。按库仑土压力理论求作用在墙上的主动土压力 E_a。

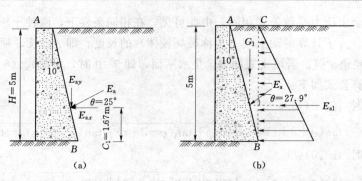

图 6-17　例 6-3 示意图

解：（1）按库仑土压力理论计算。当 $\beta=0$，$\varepsilon=10°$，$\delta=15°$，$\varphi=30°$时，由表 6-1 查得库仑主动土压力系数 $K_a=0.378$。由式（6-20）、式（6-25）和式（6-26）求得作用在每延米挡土墙上的库仑主动土压力为

$$E_a=\frac{1}{2}\gamma H^2 K_a=\frac{1}{2}\times 19\times 5^2\times 0.378=89.78(\text{kN/m})$$

$$E_{ax}=E_a\cos\theta=89.78\times\cos(15°+10°)=81.36(\text{kN/m})$$

$$E_{ay}=E_a\sin\theta=89.78\times\sin 25°=37.94(\text{kN/m})$$

E_a 的作用点位置距墙角：

$$C_1=\frac{H}{3}=\frac{5}{3}=1.67(\text{m})$$

（2）按朗金土压力理论计算。朗金主动土压力适用于墙背竖直（$\varepsilon=0$）、墙背光滑（$\delta=0$）和填土面水平（$\beta=0$）的情况。而在本例题中，挡土墙 $\varepsilon=10°$，$\delta=15°$，不符合上述情况。现从墙脚 B 点做竖直面 BC，用朗金主动土压力公式计算作用在 BC 面上的主动土压力 E_{a1}，近似地假定作用在墙背 AB 上的主动土压力 E_a 是作用在 BC 面上的主动土压力 E_{a1} 与土体 ABC 重力 G_1 的合力，如图 6-17（b）所示。

当 $\varphi=30°$时，求得朗金主动土压力系数 $K_a=0.333$。按式（6-8）求得作用在 BC 面上的主动土压力为

$$E_{a1}=\frac{1}{2}\gamma H^2 K_a=\frac{1}{2}\times 19\times 5^2\times 0.333=79.09(\text{kN/m})$$

土体 ABC_1 的重力 G_1 为

$$G_1=\frac{1}{2}\gamma H^2\tan\varepsilon=\frac{1}{2}\times 19\times 5^2\tan 10°=41.88(\text{kN/m})$$

作用在墙背 AB 上的主动土压力合力 E_a 为

$$E_a=\sqrt{E_{a1}^2+G_1^2}=\sqrt{79.09^2+41.88^2}=89.49(\text{kN/m})$$

合力 E_a 与水平面夹角 θ 为

$$\theta=\arctan\frac{G_1}{E_{a1}}=\arctan\frac{41.88}{79.09}=27.9°$$

可以看到，用这种近似方法求得的土压力合力与库仑公式的结果还是比较接近的。

6.4.3　被动土压力计算

若挡土墙在外力下推向填土，当墙后土体达到极限平衡状态时，假定滑动面是通过墙

脚的两个平面 AB 和 BC，如图 6-18 所示。由于滑动土体 ABC 向上挤出隆起，故在滑动面 AB 和 BC 上的摩阻力 T_2 及 T_1 的方向与主动力压力相反，是向下的。这样得到的滑动土体 ABC 的静止平衡力三角形如图 6-18 所示，由正弦定律可得

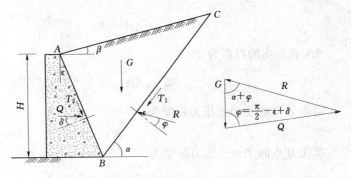

图 6-18　库仑被动土压力计算

$$Q = G \frac{\sin(\alpha + \varphi)}{\sin\left(\frac{\pi}{2} + \varepsilon - \delta - \alpha - \varphi\right)} \qquad (6-27)$$

同样，Q 值是随着滑动面 BC 的倾角 α 而变化，但作用在墙背上的被动土压力值，应该是各反力 Q 中的最小值。这是因为挡土墙推向填土时，最危险的滑动面上的抵抗力 Q 值一定是最小的。计算 $Q_{\min}$ 时，同主动土压力计算原理相似，可令

$$\frac{\mathrm{d}Q}{\mathrm{d}\alpha} = 0$$

由此可导得库仑被动土压力 E_p 的计算公式为

$$E_p = Q_{\min} = \frac{1}{2}\gamma H^2 K_p \qquad (6-28)$$

$$K_p = \frac{\cos^2(\varphi + \varepsilon)}{\cos^2\varepsilon \cos(\varepsilon - \delta)\left[1 - \sqrt{\dfrac{\sin(\varphi + \delta)\sin(\varphi + \beta)}{\cos(\varepsilon - \delta)\cos(\varepsilon - \beta)}}\right]^2} \qquad (6-29)$$

式中　K_p——被动土压力系数；

其余符号意义同前。

E_p 的作用方向与墙背法线成 δ 角，由式（6-28）可知被动土压力强度 p_p 沿墙高为直线规律分布。

6.5　几种特殊情况下的库仑土压力计算

6.5.1　地面荷载作用下的库仑土压力

挡土墙后的土体表面常作用有不同形式的荷载，这些荷载将使作用在墙背上的土压力增大。

土体表面若有满布的均布荷载 q 时，如图6-19所示，可将均布荷载换算为土体的当量厚度 $h_0 = \dfrac{q}{\gamma}$（γ 为土体容重），然后从图中定出假想的墙顶 A'，再用无荷载作用时的情况求出土压力强度和土压力合力。其步骤如下：

在 $\triangle AA'A_0$ 中，由几何关系可得

$$AA' = h_0 \frac{\cos\beta}{\cos(\varepsilon-\beta)} \qquad (6-30)$$

AA' 在竖向的投影为

$$h' = AA'\cos\varepsilon = \frac{q}{\gamma} \frac{\cos\varepsilon\cos\beta}{\cos(\varepsilon-\beta)} \qquad (6-31)$$

墙顶 A 点的主动土压力强度为

$$p_{aA} = \gamma h' K_a \qquad (6-32)$$

墙底 B 点的主动土压力强度为

$$p_{aB} = \gamma(h+h')K_a \qquad (6-33)$$

实际墙背 AB 上的土压力合力为

$$E_a = \gamma h \left(\frac{1}{2}h + h'\right) K_a \qquad (6-34)$$

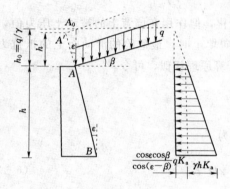

图 6-19　均布荷载作用下的库仑
主动土压力计算

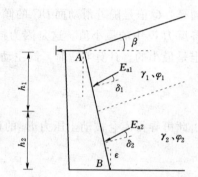

图 6-20　成层土中的库仑主动土压力

6.5.2　成层土体中的库仑主动土压力

当墙后土体成层分布且具有不同的物理力学性质时，常用近似方法计算土压力。如图 6-20 所示，假设各层土的分层面与土体表面平行，然后自上而下逐层计算土压力。求下层土的土压力时可将上面各层土的重量当作均布荷载对待，现以图 6-20 为例加以说明。

第一层层面处：$p_a = 0$

第一层层底处：$p_a = \gamma_1 h_1 K_{a1}$

在第二层顶面，将 $\gamma_1 h_1$ 的土重换算为第二层土的当量土厚度：

$$h_1' = \frac{\gamma_1 h_1}{\gamma_2} \frac{\cos\varepsilon\cos\beta}{\cos(\varepsilon-\beta)} \qquad (6-35)$$

故第二层顶面处的土压力强度为

$$p_a = \gamma_2 h_1' K_{a2} \qquad (6-36)$$

第二层层底处的土压力强度为

$$p_a = \gamma_2 (h_1' + h_2) K_{a2} \qquad (6-37)$$

上各式中　　K_{a1}、K_{a2}——第一、第二层土的库仑主动土压力系数；

γ_1、γ_2——第一、第二层土的容重，kN/m^3。

每层土的土压力合力 E_{a1}、E_{a2} 等于土压力分布图的面积，作用方向与 AB 法线方向成

δ_1、δ_2 角（δ_1、δ_2 分别为第一、第二层土与墙背之间的摩擦角），作用点位于各层土压力分布图的形心高度处。

另一种更简化的计算方法则是将各层土的容重、内摩擦角按土层厚度进行加权平均，即

$$\gamma_m = \frac{\sum \gamma_i h_i}{\sum h_i} \qquad (6-38)$$

$$\varphi_m = \frac{\sum \varphi_i h_i}{\sum h_i} \qquad (6-39)$$

上两式中　　γ_i——各层土的容重，kN/m^3；

　　　　　　φ_i——各层土的内摩擦角，°；

　　　　　　h_i——各层土的厚度，m。

然后近似地把它们当作均质土的抗剪强度指标求出土压力系数后再计算土压力。值得注意的是，计算结果与分层计算结果是否接近要看具体情况而定。

6.5.3　黏性土中的库仑土压力

在土建工程中，不论是一般的挡土结构，还是基坑工程中的支护结构，其后面的土体大多为黏性土、粉质黏土或黏土夹石，都具有一定的黏聚力，黏性土中的库仑土压力可用等代内摩擦角法计算。

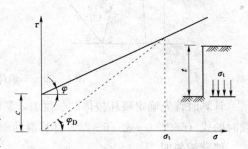

图 6-21　等代内摩擦角 φ_D 的计算

等代内摩擦角，就是将黏性土的黏聚力折算成内摩擦角，经折算后的内摩擦角称为等效内摩擦角或等值内摩擦角，用 φ_D 表示，目前工程中采用下面两种方法来计算 φ_D。

(1) 根据抗剪强度相等的原理，等效内摩擦角 φ_D 可从土的抗剪强度曲线上，通过作用在基坑底面标高处的土中垂直应力 σ_t 求出，如图 6-21 所示。

$$\varphi_D = \arctan \left(\tan\varphi + \frac{c}{\sigma_t} \right) \qquad (6-40)$$

式中，σ_t、c、φ 见图 6-21。

(2) 根据土压力相等的概念来计算等效内摩擦角 φ_D 值。为了使问题简化，假定墙背竖直、光滑；墙后填土与墙齐高，土面水平。具有黏聚力的土压力计算式为

$$E_{a1} = \frac{1}{2}\gamma H^2 \tan^2\left(45° - \frac{\varphi}{2}\right) - 2cH\tan\left(45° - \frac{\varphi}{2}\right) + \frac{2c^2}{\gamma}$$

按等效内摩擦角的土压力计算式为

$$E_{a2} = \frac{1}{2}\gamma H^2 \tan^2\left(45° - \frac{\varphi_D}{2}\right)$$

令 $E_{a1} = E_{a2}$，就可求得：

$$\tan\left(45° - \frac{\varphi_D}{2}\right) = \tan\left(45° - \frac{\varphi}{2}\right) - \frac{2c}{\gamma H}$$

$$\varphi_D = 2\left\{45° - \arctan\left[\tan\left(45° - \frac{\varphi}{2}\right) - \frac{2c}{\gamma H}\right]\right\} \qquad (6-41)$$

6.5.4 车辆荷载作用下的土压力计算

在桥台或挡土墙设计时，应考虑车辆荷载引起的土压力。在《公路桥涵设计通用规范》（JTG D60—2004）中对车辆荷载（包括汽车、履带车和挂车）引起的土压力计算方法，作出了具体规定。其计算原理是按照库仑土压力理论，把填土破坏棱体（即滑动土楔）范围内的车辆荷载，用一个均匀荷载（或换算成等代均布土层）来代替，然后用库仑土压力公式计算，如图 6-22 所示。

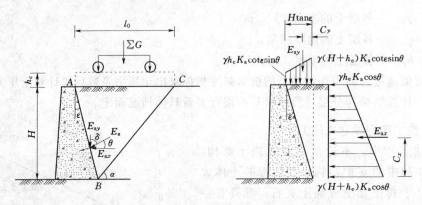

图 6-22 车辆荷载引起的土压力计算

计算时首先确定破坏棱体的长度 l_0，忽略车辆荷载对滑动面位置的影响，按没有车辆荷载时的式（6-22）～式（6-24）计算滑动面的倾角 $\cot\alpha$ 值，然后用下面相应的公式求 l_0 值。

墙背俯斜时：

$$l_0 = H(\tan\varepsilon + \cot\alpha) \tag{6-42}$$

式中 H——挡土墙高度；

ε、α——墙背倾角、滑动面的倾角。

作用在破坏棱体范围内的车辆荷载，可用式（6-43）换算成厚度为 h_e 的等代均布土层，如图 6-22 所示。

$$h_e = \frac{\sum G}{B l_0 \gamma} \tag{6-43}$$

式中 γ——填土容重，kN/m^3；

B——桥台的计算宽度或挡土墙的计算长度，m，按式（6-44）计算；

l_0——桥台或挡土墙后填土的破坏棱体长度，m；

$\sum G$——布置在 $B \times l_0$ 面积内的车辆轮的重力，kN。

挡土墙的计算长度 B 可按下列公式计算。

$$B = 13 + H\tan 30° \tag{6-44}$$

式中 H——挡土墙高度，对墙顶以上有填土的挡土墙，H 为两倍墙顶填土高度加墙高，m。

这里，由式（6-44）计算得到的挡土墙计算长度不应超过挡土墙分段长度，如图 6-23 所示。当挡土墙分段长度小于 13m 时，B 取挡土墙分段长度，单位为 m。

车辆轮的重力 $\sum G$ 按下述规定计算。

（1）桥台为 $B \times l_0$ 面积内可能布置的车轮的重力。

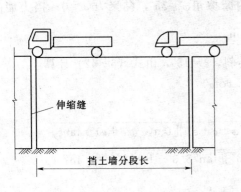

图 6-23 挡土墙的分段长度

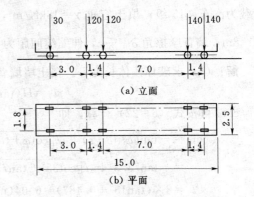

图 6-24 车辆荷载纵向布置图
（轴重力单位：kN；尺寸单位：m）

（2）车辆荷载不分荷载等级，采用图 6-24（a）所示的统一荷载标准值，车辆荷载的平面布置按图 6-24（b）规定。

（3）挡土墙计算时，车辆荷载的横向布置按图 6-25 规定。车辆外侧车轮中线距路面安全带边缘的距离为 0.5m。

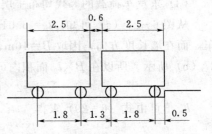

图 6-25 车辆荷载横向布置图
（单位：m）

当求得等代土层厚度 h_e 后，可按式（6-45）计算作用在墙上的主动土压力 E_a 值，如图 6-22 所示。

$$\left.\begin{array}{l} E_a = \dfrac{1}{2}\gamma H(H + 2h_e)K_a \\[2mm] E_{ax} = E_a\cos\theta \\[2mm] E_{ay} = E_a\sin\theta \end{array}\right\} \qquad (6-45)$$

式中　θ——E_a 与水平线间夹角，$\theta = \delta + \varepsilon$；

　　　K_a——主动土压力系数，由表 6-1 查得。

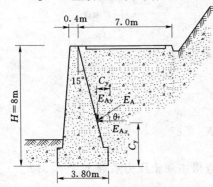

图 6-26 例 6-4 示意图

E_{ax} 和 E_{ay} 的分布图形如图 6-22 所示，其作用点分别位于各分布图形的形心处，可按式（6-46）、式（6-47）计算。

E_{ax} 的作用点距墙脚 B 点的竖直距离 C_x 为

$$C_x = \frac{H}{3}\frac{H + 3h_e}{H + 2h_e} \qquad (6-46)$$

E_{ay} 的作用点距墙脚 B 点的水平距离 C_y 为

$$C_y = \frac{d}{3}\frac{d + 3d_1}{d + 2d_1} \qquad (6-47)$$

其中，$d = H\tan\varepsilon$，$d_1 = h_e\tan\varepsilon$。

【例6-4】某公路路肩挡土墙如图 6-26 所

185

示。计算作用在每延米挡土墙上由于汽车荷载引起的主动土压力 E_A 值。已知路面宽 7m；荷载为汽车—15 级；填土容重 $\gamma=18kN/m^3$，内摩擦角 $\varphi=35°$，黏聚力 $c=0$；挡土墙高 $H=8m$，墙背摩擦角 $\delta=\frac{2}{3}\varphi$，伸缩缝间距为 10m。

解： (1) 求破坏棱体长度 l_0。挡土墙墙背俯斜，$\varepsilon=15°$，由式（6-42）计算

$$l_0=H(\tan\varepsilon+\cot\alpha)$$

$\cot\alpha$ 可按式（6-22）计算，即

$$\cot\alpha=-\tan(\varphi+\delta+\varepsilon)+\sqrt{[\cot\varphi+\tan(\varphi+\delta+\varepsilon)][\tan(\varphi+\delta+\varepsilon)-\tan\varepsilon]}$$

$$=-\tan73.3°+\sqrt{[\cot35°+\tan73.3°][\tan73.3°-\tan15°]}=0.487$$

$$l_0=8\times(\tan15°+0.487)=6.04(m)$$

(2) 求挡土墙的计算长度 B。按规定汽车—15 级时，取挡土墙的分段长度。已知挡土墙的分段长（即伸缩缝间距）为 10m，小于 15m，故取 $B=10m$。

(3) 求汽车荷载的等代均布土层厚度 h_e。

从图 6-27（a）可知，$l_0=6.04m$ 时，在 l_0 长度范围内可布置两列汽车—15 级加重车，而在墙长度方向，因取 $B=10m$，故布置 1 辆加重车和 1 个标准车的前轴，如图 6-27（b）所示。所以在 $B\times l_0$ 面积内可布置的汽车车轮的重力 $\sum G$ 为

$$\sum G=2\times(70+130+50)=500(kN)$$

h_e 值可由式（6-29）求得

$$h_e=\frac{\sum G}{Bl_0\gamma}=\frac{500}{10\times6.04\times18}=0.46(m)$$

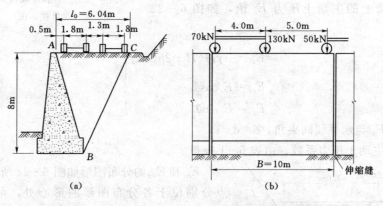

图 6-27 $B\times l_0$ 面积内汽车荷载的布置

(4) 求主动土压力 E_A。

由式（6-45）可知

$$E_A=\frac{1}{2}\gamma H(H+2h_e)K_a$$

已知 $\varphi=35°$，$\varepsilon=15°$，$\delta=\frac{2}{3}\varphi$，$\beta=0$，由表 6-1 查得主动土压力系数 $K_a=0.372$。

$$E_A=\frac{1}{2}\times18\times8\times(8+2\times0.46)\times0.372=238.9(kN/m)$$

已知 $\theta = \delta + \varepsilon = 23.3° + 15° = 38.3°$。

$$E_{Ax} = E_A \cos\theta = 238.9 \times \cos 38.3° = 187.5 \text{(kN/m)}$$

$$E_{Ay} = E_A \sin\theta = 238.9 \times \sin 38.3° = 148.1 \text{(kN/m)}$$

E_{Ax} 和 E_{Ay} 的作用点位置，可由式（6-46）和式（6-47）计算得

$$C_x = \frac{H}{3} \frac{H + 3h_e}{H + 2h_e} = \frac{8 \times (8 + 3 \times 0.46)}{3 \times (8 + 2 \times 0.46)} = 2.80 \text{(m)}$$

$$d = H \tan\varepsilon = 8 \times \tan 15° = 2.14 \text{(m)}$$

$$d_1 = h_e \tan\varepsilon = 0.46 \times \tan 15° = 0.12 \text{(m)}$$

$$C_y = \frac{d}{3} \frac{d + 3d_1}{d + 2d_1} = \frac{2.14 \times (2.14 + 3 \times 0.12)}{3 \times (2.14 + 2 \times 0.12)} = 0.75 \text{(m)}$$

6.6 关于朗金与库仑土压力理论的讨论

挡土墙土压力的计算理论是土力学主要的课程之一。作用于挡土墙上的土压力与许多因素有关，200 多年来，尽管有过众多关于影响土压力因素的研究，有关的著作也不少，但总的来说，对土压力尚不能准确地计算，更大程度上只是一种估算，其原因就是目前的朗金和库仑土压力理论对实际问题作了一些简化和假设，因而目前的土压力计算结果存在误差是必然的，这在许多实际工程的计算和观测中有所反映。现就朗金与库仑土压力理论作简要对比，并对其中一些问题作简要的讨论。

6.6.1 朗金与库仑理论比较

朗金与库仑两种土压力理论都是研究土压力问题的一种简化方法，但它们研究的出发点和途径不同，分别根据不同的假设，以不同的分析方法计算土压力，只有在最简单的情况下（$\alpha = 0$，$\beta = 0$，$\delta = 0$），两种理论计算结果才一致，否则两种计算结果不会相同。

朗金土压力理论从半无限体中一点的应力状态和极限平衡的角度出发，推导出土压力计算公式。其概念清楚，公式简单，便于记忆，计算公式对黏性或无黏性土均可适用，在工程中得到了广泛应用。但为了使挡土墙后填土的应力状态符合半无限体的应力状态，必须假设墙背是光滑、直立的，因而它的应用范围受到了很大限制。此外，朗金理论忽略了实际墙背并不光滑，存在摩擦力的事实，使计算得到的主动土压力偏大，而计算的被动土压力偏小。最后一点，朗金理论采用先求土中竖直面上的土压力强度及分布，然后再计算出作用在墙背上的土压力合力，这也是与库仑理论的不同之处。

库仑土压力理论是根据挡土墙后滑动土楔体的静力平衡条件推导出土压力的计算公式的。推导时考虑了实际墙背与土之间的摩擦力，对墙背倾斜、填土面倾斜情况没有像朗金公式那样限制，因而库仑理论应用更广泛。但库仑理论事先曾假设墙后填料为无黏性土，因而对于黏性填土挡土墙，不能直接采用库仑土压力公式进行计算。此外，库仑理论是由滑动土楔体的静止平衡条件先求出库仑土压力的合力，然后再根据土压力合力与墙高的平方成正比的关系，经对计算深度 z 求导，得到土压力沿墙身的压力分布。

总的来说，朗金理论在理论上较为严密，但只能得到理想简单边界条件下的解答，在应用上受到限制。而库仑理论虽然在推导时作了明显地近似处理，但由于能适用于各种较为复

杂的边界条件或荷载条件，且在一定程度上能满足工程上所要求的精度，因而应用更广。

6.6.2 破裂面形状

库仑土压力理论假定墙后填土的破坏是通过墙踵的某一平面滑动的，这一假定虽然大大简化了计算，但是与实际情况不符，经模型试验观察，破裂面是一个曲面。只有当墙背倾角较小（$\alpha<15°$），墙背与填土间的摩擦角较小（$\delta<15°$），考虑主动土压力时，滑动面才接近于一个平面。在考虑被动土压力或黏性填土时，滑动面呈曲面是十分显著的。由于假定破裂面为平面以及数学推导上不够严谨，给库仑理论结果带来了一定误差。计算主动土压力时，计算得出的结果与按曲线滑动面计算的结果相比要小约 $2\%\sim10\%$，可以认为已经满足工程设计所要求的精确度。但在计算被动土压力时，由于实际滑动面更接近于对数螺旋曲面，若仍采用平面滑动面假设进行计算，则误差较大，有时理论计算比实际结果相差 $2\sim3$ 倍，造成工程上不能容许的误差。

此外，由于库仑理论把破裂面假设为一平面，使得处于极限平衡的滑动土楔体平衡所必需的力素对于任何一点的力矩之和应等于 0 的条件得不到满足。除非挡土墙墙背倾角、填土面倾斜角 β 以及墙背与填土摩擦角 δ 都很小，否则这个误差将随 α、β 和 δ 角的增大而增加，尤其在考虑被动土压力计算时，误差更为明显。

6.6.3 土压力强度分布

墙背土压力强度的分布形式与挡土墙移动和变形有很大的关系。朗金和库仑土压力理论都假定土压力随深度呈线性分布，实际情况并非完全是这样。从一些试验和观测资料来看，挡土墙若绕墙踵转动时，土压力随深度是接近线性分布的；当挡土墙绕墙顶转动时，在填土中将产生土拱作用，因而土压力强度的分布呈曲线分布；挡土墙为平移或平移与转动的复合变形时，土压力也为曲线分布。如果挡土墙刚度很小，本身较柔，受力过程中会产生自身挠曲变形，如板桩墙，其墙后土压力分布图形就更为复杂，呈现出不规则的曲线分布，而并非一般经典土压力理论所确定的线性分布。

对于一般刚性挡土墙，一些大尺寸模型试验给出了两个重要的结果。

（1）曲线分布的实测土压力总值与按库仑理论计算的线性分布的土压力总值近似相等。

（2）当墙后填土为平面时，曲线分布的土压力的合力作用点距墙踵高度约为 $0.04H\sim0.43H$（H 为墙高）。

此外，土的黏聚力、地下水的作用、荷载的性质（静载或动载）、土的膨胀性能等都会对土压力的分布有一定影响。特别是黏性填土土压力的计算问题，还是目前工程界和科研部门极为关注的重要课题。

6.7 挡土墙设计

6.7.1 挡土墙基本概念

挡土墙是用来支撑路基填土或山坡土体，防止填土或土体变形失稳的一种构造物。建筑物两侧土的高度不同时，较高的一侧土会对结构产生水平推力。为保持建筑结构的稳定，需要设置挡土墙。在房屋建筑、水利工程、铁路工程以及桥梁中挡土墙的应用很广。地形复杂、地势落差较大的土建工程设计中，为了减少土方量、降低工程造价，常常因地制宜设计成高低错落的台地。台地边界的处理一般采用两种方法：自然放坡和设置挡土墙。自然放坡的方法常受稳定和场地的限制，而设置挡土墙则是常见的处理方法。

在公路工程中，挡土墙可用以支撑路堤或路堑边坡、隧道洞口、防止水流冲刷路基，同时也常用于处理路基边坡滑坡崩坍等路基病害。尤其在山区公路中挡土墙的运用更为广泛。

6.7.2 挡土墙的布置

挡土墙的布置应根据路基横断面图、纵断面图及墙趾纵断面图，并考虑地形、地质与水文地质情况、材料供应及施工技术水平等条件，选择和确定挡土墙类型、位置和长度。

1. 挡土墙的位置

路堑挡土墙大多数设在边沟旁，山坡挡土墙应考虑设在基础可靠处；路基墙应保证路基宽度布设；路堤墙应与路肩墙进行技术经济比较，以确定墙的合理位置；沿河挡土墙要结合河流的水文地质情况及河道工程来布置，注意设墙后仍保持水流顺畅。

2. 纵向布置

挡土墙纵向布置应在墙趾纵断面图上进行，布置并绘制挡土墙正面图。如图 6-28 所示，布置的内容有以下几点。

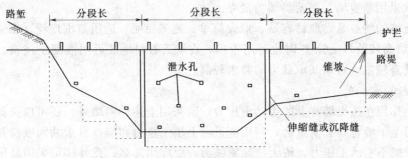

图 6-28 挡土墙正面图

（1）确定挡土墙的起点桩号和墙长，选择挡土墙与路基或其他结构物的连接方式。

（2）按地基和地形情况进行分段，确定沉降缝和伸缩缝的位置。

（3）布置好各段挡土墙的基础。挡土墙的基础底宜做成不大于 5% 的纵坡；若大于 5% 时，应做成台阶状。但地基为岩石时，纵坡是不大于 5%，为减少开挖，也可在纵向做成台阶，台阶的尺寸随地形变动，但其高度比不宜大于 1∶2。

（4）确定泄水孔和护拦的位置，包括数量、间隔和尺寸等。

3. 横向布置

绘制起点、墙高最大处、墙身断面和基础形式变异处以及其他有关桩号的挡土墙横断面图。图上应按计算结果布置墙身断面、确定基础形式和埋置深度、布置排水设备等。

4. 平面布置

在平面图上，应标示出挡土墙与路线的平面位置、地貌和地物（特别是与挡土墙有干扰的建筑物）等情况。此外，还应附有以下说明。

（1）采用标准图的编号。

（2）选用挡土墙设计参数的依据。

（3）所需的工程材料数量。

（4）其他有关材料及施工的要求和注意事项等。

6.7.3　挡土墙类型及适用范围

挡土墙的种类繁多，按结构型式可分为重力式、衡重式、悬臂式、扶壁式、加筋土式和锚定板式等几种。

1. 重力式挡土墙

重力式挡土墙靠本身的重量保持墙身的稳定。这种挡土墙通常是由砖、块石或素混凝土修筑而成，因而墙体抗弯能力较差，同时土压力对挡土墙所引起的倾覆力矩和推力要靠墙身自重产生的反倾覆力矩和发生在基底的抗滑力来平衡，因此，墙身的断面比较大，这对于挡土墙的稳定性和强度可以起到保证作用。

重力式挡土墙按墙背的仰斜情况分为仰斜、垂直和俯斜三种。从受力情况分析，仰斜墙的主动土压力最小，而俯斜墙的主动土压力最大。从挖方、填方角度来看，如边坡为挖方，以墙背仰斜较合理，因为仰斜的墙背可以和开挖的临时边坡紧密贴合；若边坡为填方，则以墙背俯斜或垂直较合理，因为仰斜墙背填土的夯实工作比较困难。另外，当墙前地形平坦，用仰斜较好；若地形较陡，则用垂直墙背为佳。综合以上所述，应优先采用仰斜墙，其次采用垂直墙，而俯斜墙为最差。

该挡土墙的特点是：取材容易、形式简单、施工简便、适用范围广泛。多采用浆砌片（块）石，墙高较低（≤6m）时也可用干砌，在缺乏石料地区可用混凝土浇筑。其断面尺寸较大、墙身较重、对地基承载力的要求较高。

2. 衡重式挡土墙

为减小作用在挡土墙背上的主动土压力，除采用上述仰斜墙外，还可以选择衡重式挡土墙，该墙上下墙背间有衡重台，利用衡重台上填土重力和墙身自重共同维持其稳定。其墙背有利于减小主动土压力，增大抗倾覆能力，故应用甚多。此外还可采用减压平台，平台以下部分墙背所受的土压力仅与台下填土的重量有关。减压平台一般设在墙背中部附近，并向后伸出，以伸到滑动面附近为佳。若挡土墙的抗滑稳定性不能满足设计要求，可将基底做成逆坡（称为逆坡底）；为了使基底压力减小，可加墙趾台阶，这样也有利于墙的倾覆稳定。

衡重式挡土墙的特点是：断面尺寸较重力式小，且因墙面陡直、下墙墙背仰斜，可降低墙高和减少基础开挖量，但地基承载力要求较高。多用在地面横坡陡峻的路肩墙，也可作路堤墙或路堑墙。由于衡重台以上有较大的容纳空间，上墙墙背加缓冲墙后，可作为拦截崩坠石之用。

3. 悬臂式挡土墙

悬臂式挡土墙用钢筋混凝土建造而成。悬臂式挡土墙由三个悬臂板组成，即立壁、墙趾悬臂和墙踵悬臂。墙的稳定主要依靠墙踵悬臂以上的土重，而墙体内所产生的拉应力则由钢筋承担。因此，这类挡土墙的优点是能充分利用钢筋混凝土的受力性能，墙体的截面尺寸较小，可以承受较大的土压力，适用于重要工程中墙高 $H>5m$，地基土质较差，同时当地又缺乏石料等情况。在市政工程和厂矿贮库中广泛应用这种型式的挡土墙。

悬臂式挡土墙的特点是：与重力式挡土墙相比，其墙身较薄，断面尺寸较小，结构轻巧。但墙较高时，立壁下部的弯矩大，钢筋与混凝土的用量大，经济性差。该墙多用作墙高 $H \leqslant 6m$ 的路肩墙，适用于缺乏石料和地基承载力较低的地区。

4. 扶壁式挡土墙

当墙高 $H > 8m$ 时，墙后填土比较高，若采用悬臂式挡土墙会导致墙身过厚而不经济，通常沿墙的长度方向每隔 $(1/3 \sim 1/2) H$（H 为墙高）做一道扶壁以保持挡土墙的整体性，增强悬臂式挡土墙中立壁的抗弯性能。这种挡土墙称为扶壁式挡土墙，其中的扶壁可以做在外侧，也可以做在内侧。

扶壁式挡土墙适用于缺乏石料的地区和地基承载力较低的地段，以及墙较高 $H > 6m$ 的情况，比悬臂式挡土墙更经济。

5. 加筋土式挡土墙

加筋土式挡土墙由墙面板、拉筋和填土三部分组成，土与拉筋之间的摩擦改善了土的物理力学性质，使土与拉筋结合成一个整体。在垂直于墙面的方向，按一定间隔和高度水平地放置拉筋材料，然后填土压实，通过拉筋与填土间的摩擦作用，把土的侧压力传给拉筋，从而稳定土体。拉筋材料通常采用镀锌薄钢带、铝合金、增强材料及合成纤维等。墙面一般是用混凝土预制，也可采用半圆形铝板。

加筋土式挡土墙属柔性结构，可以做成很高的垂直填土，从而可以减少占地面积；此外，可以在工厂制造面板、加筋条，在现场用机械分层填筑，故而施工方便又造型美观；并且地基可以轻微地变形，因而可用于较软地基上。同时，加筋土式挡土墙又是重力式结构，可承受荷载的冲击、振动作用，抗震性好，适用于缺乏石料的地区和大填方工程。

6. 锚定板式挡土墙

锚定板式挡土墙是一种适用于填方的轻型支挡结构，在立交桥台、港口护岸、边坡支挡、坡脚防护等多种工程中广泛应用。锚定板式挡土墙是由墙面、拉杆、锚定板以及充填墙面与锚定板之间的填土所组成的一个整体。锚定板埋置于墙后的稳定土层内，利用锚定板产生的抗拔力抵抗侧向土压力，维持挡土墙的稳定。

锚定板式挡土墙的特点是：基底应力小，圬工数量少，不受地基承载力的限制，构件轻简，可预制拼装、机械化施工。适用于缺乏石料的路堤墙和路肩墙，墙高时可分级修建。

6.7.4 挡土墙设计要求与稳定性验算

在种类繁多的挡土墙当中，重力式挡土墙是我国目前最常用的一种挡土墙型式。本小节以重力式挡土墙为例，介绍挡土墙设计要求与稳定性验算。

6.7.4.1 挡土墙设计的要求

重力式挡土墙本身必须有足够的整体稳定性，墙身截面应具有足够的强度以承受土体侧压力。重力式挡土墙可能产生的破坏有滑移、倾覆、不均匀沉降和墙身断裂等。在设计时需要验算挡土墙在组合力系作用下沿基底滑动稳定性、绕基础趾部转动的倾覆稳定性、基体应力及偏心距，以及墙身断面强度。为此，重力式挡土墙设计需满足表 6-2 中所列的各项要求。

表 6 - 2   **重 力 式 挡 土 墙**

要　　求	指　　标
不产生墙身沿基底的滑移破坏	滑动稳定系数 $K_c \geqslant 1.3$
不产生墙身绕墙趾倾覆	滑动稳定系数 $K_0 \geqslant 1.6$
不出现因基底过度的不均匀沉陷而引起的墙身倾斜	作用于基底的合力的偏心距 $e \leqslant 1/6B$（土质地基）或 $e \leqslant 1/5B$（岩质地基）
地基不出现过大的沉降	基底的最大应力 σ 小于地基的容许承载力，即 $\sigma \leqslant [\sigma]$
墙身截面不产生开裂、破坏	墙身截面上的压应力 σ_{max} 及剪应力 τ_1，拉应力 σ_{min} 应小于材料的容许应力，作用在截面上的合力偏心距 $e_1 \leqslant 0.25B_1$

注　1. 荷载组合较为不利时，K_c 和 K_0 均为 1.3，作用在截面上的偏心距 $e_1 \leqslant 0.3B_1$。
　　2. 坚硬岩质地基上的偏心距 e，可考虑放宽至 $e \leqslant 0.25B$。
　　3. B 和 B_1 为基底和截面的宽度。

6.7.4.2 挡土墙稳定性验算

1. 抗滑稳定性验算

在主动土压力的水平分力 E_x 作用下，挡土墙向外滑动，阻止滑动的是基础底面与地基之间的摩擦力。抗滑力与滑动力的比值，称为滑动稳定系数 K_c，即

$$K_c = \frac{T}{E_x} = \frac{(W + E_y)f}{E_x} \geqslant 1.3 \tag{6-48}$$

式中　T——抗滑力，kN；

　　　E_x——滑动力，kN；

　　　E_y——主动土压力的垂直分力，kN；

　　　W——挡土墙自重，kN；

　　　f——基底摩擦系数，可通过现场试验确定。

当 $K_c < 1.3$ 时，表示抗滑稳定性不足。此时，应增加抗滑稳定性的措施：①倾斜基底；②凹榫基础；③改善基础，如更换基底土层；④改变墙身断面形式等。

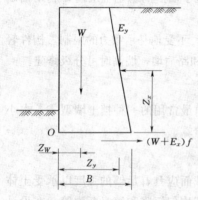

图 6 - 29　挡土墙的滑动与倾覆稳定

2. 抗倾覆稳定性验算

如图 6 - 29 所示，抗倾覆稳定系数 K_0，即对于墙趾总的稳定力矩 $\sum M_y$ 与总的倾覆力矩 $\sum M_0$ 之比。

$$K_0 = \frac{\sum M_y}{\sum M_0} = \frac{WZ_w + E_yZ_y}{E_xZ_x} \geqslant 1.6 \tag{6-49}$$

式中　Z_x、Z_y——E_x、E_y 对墙趾的力臂，m；

　　　Z_w——墙重 W 对墙趾的力臂，m。

当 $K_0 < 1.6$ 时，抗倾覆稳定不足，可采取以下措施：①加宽墙趾；②改变墙面或墙背的坡度，以减小土压力或增大力臂；③改变墙身型式，如改用衡重式等。

3. 基底应力及合力偏心距验算

如图 6 - 30 所示，作用于基底的合力偏心距 e 为

$$e = \frac{B}{2} - Z_N = \frac{B}{2} - \frac{WZ_w + E_y Z_y - E_x Z_x}{W + E_y} \qquad (6-50)$$

基底应力的计算如下：

$$\sigma_{1,2} = \frac{N}{A} \pm \frac{\sum M}{W} = \frac{W + E_y}{B}\left(1 \pm \frac{6e}{b}\right) \leqslant [\sigma_0] \qquad (6-51)$$

上两式中　　$\sigma_{1,2}$——基底面墙趾、墙踵处的最大和最小压应力，kPa；

$\sum M$——挡土墙上的水平力和竖向力对基底的弯矩，kN·m；

Z_N——基底垂直力总和对 O 点的力臂，m；

A——基底底面面积，m^2；

W——基底面的截面抵抗矩，kN·m；

$[\sigma_0]$——基底容许应力，kPa；

B——基底宽度，m；

e——合力的偏心距，m。

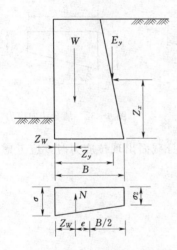
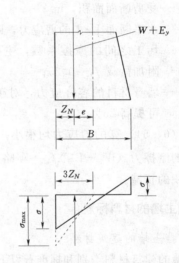

图 6-30　基底应力分布　　　　图 6-31　偏心距过大的基底应力分布

当 $e > B/6$ 时，基底出现拉应力，一般均不考虑地基能受此应力，则基底应力重新分布，如图 6-31 所示。最大的压应力为

$$\sigma_{max} = \frac{2N}{3Z_N} = \frac{2(W + E_y)}{3(B/2 - e)} \leqslant [\sigma] \qquad (6-52)$$

为此，应控制偏心距，根据地基土质情况，规定土质地基 $e \leqslant B/6$，石质较差的软石地基 $e \leqslant B/5$，紧密岩石地基 $e \leqslant B/4$。

4. 墙后断面强度的验算

重力式挡土墙一般属于偏心受压，如图 6-30、图 6-31 所示，为了保证墙身具有足够的强度，应选取一二个墙身截面进行强度验算。如基底、基础顶面、1/2 墙高处、上下墙交界处等截面。

(1) 法向应力验算。如图 6-32 所示，取墙身截面 I-I，则

$$\begin{matrix} \sigma_{max} \\ \sigma_{min} \end{matrix} = \frac{W_1 + E_{y1}}{B_1}\left(1 \pm \frac{be_1}{B_1}\right) \leqslant [\sigma_a] \qquad (6-53)$$

式中　σ_{max}，σ_{min}——验算断面的最大与最小法向应力，kPa；

　　　　W_1，E_{y1}——断面Ⅰ-Ⅰ的墙重、土压力的垂直分力，kN；

　　　　B_1，e_1——断面Ⅰ-Ⅰ处墙底宽及偏心距，m；

　　　　$[\sigma_a]$——圬工砌体的容许压应力，kPa。

（2）剪应力验算。对于一般梯形断面的重力式挡土墙，只进行墙身水平截面的平剪验算。对于衡重式挡土墙的衡重台与上墙连接处，除应进行水平剪验算外，还要对倾斜截面进行斜剪验算。如图6-32所示，水平截面上的剪应力为

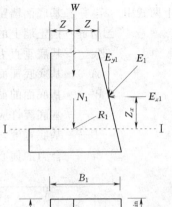

$$\tau_1 = \frac{Q}{F_1} = \frac{(E_{x1} - W_1 + E_{y1})f_1}{B_1} \leqslant [\tau] \qquad (6-54)$$

式中　Q——验算断面的切向力，kN；

　　　　F_1——受剪断面面积，m^2；

　　　　τ_1——水平断面Ⅰ-Ⅰ的剪应力，kPa；

　　　　f_1——圬工之间的摩擦系数，主要荷载 $f_1 = 0.4$，附加荷载 $f_1 = 0.25$；

　　　　$[\tau]$——墙身材料的容许应力，对于验算荷载，$[\tau]$ 可提高25%。

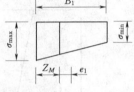

图6-32　墙身法向应力

按式（6-54）算的剪应力均很小。为了安全，可将验算断面的摩擦力 $(W_1 + E_{y1})f_1$ 一项略去不计。当墙身截面出现拉应力时，应考虑裂缝对受剪面积的折减。

6.7.5　挡土墙的材料标准

6.7.5.1　挡土墙的建筑材料

挡土墙的建筑材料类别和标准有以下几种。

（1）砌砖挡土墙。根据挡土墙的高度和受力大小确定砖和砂浆的强度等级，水泥砂浆强度等级不低于 M2.5，通常采用 M5～M7.5；砖的强度等级不低于 MU10，范围为 MU10～MU20。

（2）干砌石挡土墙。用块（片）石叠压堆积形成的挡土墙，所用石料的强度等级不低于 MU30。

（3）浆砌石挡土墙。用砂浆砌筑块（片）石形成的挡土墙，常用的水泥砂浆强度等级为 M7.5～M10；块（片）石的强度等级不低于 MU30。

（4）混凝土砌块挡土墙。采用混凝土预制块砌筑而成，混凝土的强度等级为 C15～C20；水泥砂浆强度等级为 M7.5～M15。

（5）混凝土挡土墙。采用混凝土浇筑而成的挡土墙，常用混凝土的强度等级为 C15～C20。

（6）钢筋混凝土挡土墙。采用混凝土浇筑而成的挡土墙，常用混凝土的强度等级为 C15～C30。受力钢筋宜采用Ⅱ级钢筋，分布钢筋则采用Ⅰ级钢筋。

6.7.5.2　墙后填料

墙后填土性质决定挡土墙的受力，填土的容重越大，产生的土压力越大，填土的含水水位越高，产生的土压力也越大；而填土的压实度越好，产生土压力越小，填土内摩擦角越大，产生土压力越小。

因黏性土的压实性和透水性较差，且具有吸水膨胀和冻胀性，可能产生侧向膨胀压力，其内摩擦角比松散型土小，故黏性填土会产生较大主动土压力。砂性土颗粒较粗，透水性强，内摩擦角大，产生的主动土压力较小。所以，墙后填料应选用砂性上，如中粗砂、砂砾、碎石土、砾石土、块石等；当缺少砂性土而必须回填黏性土或细砂时，也应在黏性土或细砂中掺合一定量的石渣、砾料、矿渣等粗颗粒土。当然，如果开挖填料满足要求，应优先采用原开挖料做回填料，以减少施工程序和投资。

挡土墙完成后，必须使强度达到70%以上才能回填土，回填土中的冻结土块、木屑、树根、杂草等应清除，并分层夯实。为保证夯实质量，回填土的含水量不应超过最佳含水量的110%，并分层夯实。

思 考 题

1. 土压力有哪几种？影响土压力的因素有哪些？其中最主要的影响因素是什么？

2. 静止土压力的墙背填土属于哪一种平衡状态？它与主动土压力及被动土压力状态有何不同？

3. 挡土墙的位移和变形对土压力有何影响？

4. 朗金土压力理论与库仑土压力理论的基本原理有何异同之处？有人说"朗金土压力理论是库仑土压力理论的一种特殊情况"，你认为这种说法是否确切？

5. 挡土墙有何设计要求？

6. 挡土墙后的填土，选择什么样的填料为好？

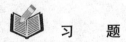

习 题

1. 某挡土墙墙高 4m，墙背竖直光滑，墙后填土面水平，墙后填土为中砂，含水量 $w=2.5\%$，孔隙比 $e=1.0$，土粒相对密度 $d_s=2.6$，$c=0$，$\varphi=30°$，若地下水位自地基上升 2m，求：作用在墙底处主动土压力和及其变化（设地下水位变化时砂的强度指标不变）。

2. 挡土墙高 4m，填土容重 $\gamma=20\text{kN/m}^3$，$c=0$，$\varphi=30°$。实测作用于挡土墙上的土压力为 64kN/m，试用朗金土压力理论说明此时墙后土体是否达到极限平衡状态。为什么？

3. 某挡土墙墙高 6m，墙背竖直、光滑，墙

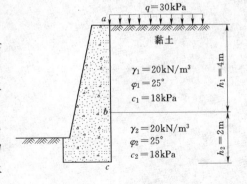

图 6-33　习题 3 示意图

后填土面水平，填土表面上作用有连续均匀荷载 $q=30\text{kPa}$，墙后填土为两层性质不同的土层，其物理力学指标如图 6-33 所示。试计算作用于该挡土墙上的被动土压力及其分布。

4. 某挡土墙墙高 5m，墙背竖直、光滑，墙后填土面水平，墙后填土分两层，地表下 2m 范围内土层 $\gamma_1=16\text{kN/m}^3$，$c_1=12\text{kPa}$，$\varphi_1=30°$；2～5m 内土层饱和容重 $\gamma_{\text{sat}}=20\text{kN/m}^3$，$c_2=10\text{kPa}$，$\varphi_2=25°$，地下水位在土层分界面处，试求：

(1) 第一层土底面的主动土压力；

(2) 第二层土顶面的主动土压力。

5. 某挡土墙如图 6-34 所示。已知墙高 $H=5\text{m}$，墙背倾角 $\varepsilon=10°$，填土为细砂，填土面水平，$\gamma=19\text{kN/m}^3$，$\varphi=30°$，$\delta=15°$。按库仑理论求作用在墙上的主动土压力 E_a。

6. 挡土墙的墙背竖直，高度为 6m，墙后填土为砂土，相关指标为：$\gamma=18\text{kN/m}^3$，$\varphi=30°$，设 δ 和 β 均为 15°，试按库仑理论计算墙后主动土压力。如用朗金理论计算，其结果又如何？

7. 试用朗金土压力理论计算如图 6-35 所示挡土墙上作用的主动土压力及其分布、水压力及其分布、总压力的大小及作用点的位置。

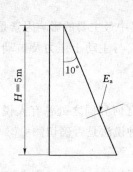

图 6-34 习题 5 示意图

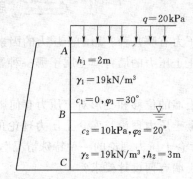

图 6-35 习题 7 示意图

第7章　土质边坡稳定性分析

7.1　概　　述

　　土质边坡简称土坡，是指具有倾斜坡面的土体，按照成因可分为天然土坡与人工边坡两大类。由于地质作用而自然形成的土坡称为天然土坡，如山坡、江河岸坡等；而由人工填筑开挖形成的土坡称为人工土坡，如路堤、土坝、土质基坑等。简单土质边坡的外形及各部分名称如图7-1所示。

　　由于边坡表面倾斜，在土体自重及其他外力作用下，整个土体都有从高处向低处滑动的趋势。当边坡丧失其原有稳定性，一部分土体相对于另一部分土体发生滑动的现象，称为滑坡。土坡在发生滑动之前，一般先在坡顶出现明显的下沉并产生裂缝，坡脚附近的地面则有较大的侧向位移并微微隆起。随着坡顶裂缝的开展和坡脚侧向位移的增加，部分土体突然沿着某一个滑动面急剧下滑，造成滑坡事故，图7-2为一典型的土坡滑坡情形。某些软弱土组成的土坡，如沿海淤泥上堆筑的码头岸坡，由于土的蠕变变形大，滑坡的发生也可能是长期缓慢发展的。

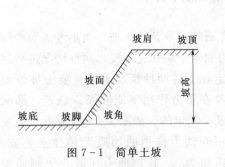

图7-1　简单土坡

图7-2　典型土坡滑坡

　　引起滑坡的根本原因在于土体内部某个面上的剪应力达到了它的抗剪强度，稳定平衡遭破坏，而剪应力达到抗剪强度的原因有二：一是由于剪应力的增加，例如，路堑或基坑的施工中坡顶堆载使土中应力发生变化，在坡顶修建建筑物使坡顶荷载增加，由于地震、打桩、爆破等引起土体中产生动荷载，降雨使土体容重增加、产生渗流力和动水压力等均会使坡体内部剪应力增加；二是由于土体本身抗剪强度的减小，土中的软弱夹层因降雨软化、膨胀土反复胀缩及黏性土的蠕变效应，或因振动使土的结构破坏或孔隙水压力升高等都会导致土的抗剪强度降低。因此为了有效地防止滑坡，对人工土坡除了在设计时经过仔细地稳定分析，得出一个合理的土坡设计断面外，还应采取相应的工程措施，加强工程管理，以消除某些不利因素的影响；对天然边坡，当其发生滑坡对人类生命财产造成危害时，须研究其潜在的滑面位置，滑面的抗剪强度，控制边坡稳定性的因素，可能采取的加固措施等。

土坡稳定问题是土木工程界关注的重要问题之一，目前用于土坡稳定分析的方法有刚体极限平衡法、图解法、数值模拟法、可靠性理论以及模型试验等，但目前应用较多的仍是刚体极限平衡法。在刚体极限平衡法中将组成土坡的土体视为刚体，用极限平衡理论进行分析，而不考虑土体本身的变形。土坡失稳时滑动面形状要具体分析，通常均质无黏性土土坡的滑动面近似于平面，而均质黏性土土坡的滑动面则是一光滑的曲面，该曲面底部曲率大，形状平滑，靠近坡顶位置曲率半径较小，近似垂直于坡顶。根据经验，在稳定计算时滑动面的形状假定得稍有出入，对安全系数影响不大。为方便起见，常将均质黏性土土坡破坏时的滑动面假定为一圆柱面。其在平面上的投影就是一个圆弧，称为滑弧。对于非均质的多层土或含软弱夹层的土坡，例如，土石坝坝身或坝基中存在有软弱夹层时，土坡往往沿着软弱夹层的层面发生滑动，此时的滑动面常常是直线和曲线组成的复合滑动面。

除非土体中存在有裂缝、软弱夹层、老滑坡体等明显的薄弱环节，一般情况下土坡滑动面的位置是不知道的。因此，在进行稳定计算时，首先要假定若干可能的滑动面，分别求出它们的抗滑稳定安全系数，从中找出最小值，以此来代表土坡的稳定安全系数，而与此相应的滑动面也就是最危险的滑动面。对均质土坡来说，滑面的位置与土的性质、土坡坡度以及硬土层的埋藏深度有关。实际土坡的稳定验算表明，只要土的强度指标选择得当，算出的最小抗滑安全系数还是能反映实际土坡的稳定程度的。

本章将对土坡稳定性分析的基本理论和工程中常用的土坡稳定性计算方法进行介绍，对土坡稳定分析中常遇到的问题进行必要的说明。

7.2 无黏性土的土坡稳定性分析

无黏性土坡即是由无黏性土颗粒如砂、卵石、砾石等所堆筑的土坡。当不考虑颗粒间水的渗流作用时，无黏性土坡的稳定性分析可以分为完全干燥和完全浸水两种情况进行讨

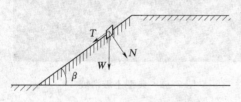

图7-3 无渗流作用的无黏性土
土坡稳定性分析

论，即假定在上述两种情况下，只要土坡坡面上的土颗粒在重力作用下能够保持稳定，那么整个土坡就是稳定的。如图7-3所示为一边坡角为 β 且不受动力作用的均质无黏性土土坡，土的内摩擦角为 φ。在坡面上任取一个侧面竖直，底边与边坡面平行的土体单元，假设不考虑土体单元两侧应力对土体单元稳定性的影响。

设该小块土体的重量为 W，其法向分力 $N=W\cos\beta$，切向分力 $T=W\sin\beta$，法向分力产生摩擦阻力，阻止土体下滑，称为抗滑力，其值为 $R=N\tan\varphi=W\cos\beta\tan\varphi$，切向分力 T 是促使土体下滑的滑动力，则土体的稳定安全系数 K_s 为

$$K_s=\frac{R}{T}=\frac{W\cos\beta\tan\varphi}{W\sin\beta}=\frac{\tan\varphi}{\tan\beta} \tag{7-1}$$

由以上分析可知，对于均质无黏性土坡，理论上讲土坡的稳定性与坡高无关，土坡潜

在滑动面倾角等于土体的内摩擦角，与坡底夹角大于土体内摩擦角的区域内的土体是处于不稳定状态的。只要坡角小于土体的内摩擦角，即 $\beta<\varphi$、$K_s>1$，土坡就是稳定的；当 $\beta=\varphi$、$K_s=1$ 时，土坡内的抗滑力等于下滑力，此时土坡坡角也称为无黏性土的天然休止角；当 $\beta>\varphi$、$K_s>1$ 时，土坡处于不稳定状态。通常为了土坡具有足够的安全储备，可取 $K_s=1.1\sim1.5$。

土坡在很多情况下，会受到由于水位差的改变所引起的水力坡降或水头梯度，从而在土坡（或土石坝）内形成渗流场，对土坡稳定性带来不利影响。如图 7-4 所示，假设水流方向顺坡而下并与水平面夹角为 θ，这时 $\theta=\beta$，则沿水流方向作用在单位体积土骨架上的渗透力为 $j=\gamma_w i$。在下游坡面上取体积为 V 的土骨架为隔离体，其实际重

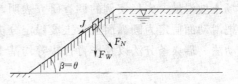

图 7-4 有渗流作用的无黏性土土坡稳定性分析

量为 $\gamma'V$，即图中的 F_w。作用在土骨架上的渗透力为 $J=jV=\gamma_w iV$，则沿坡面的下滑力为
$$F=\gamma'V\sin\beta+\gamma_w iV\cos(\beta-\theta)$$

坡面的正压力由 $\gamma'V$ 和 J 共同引起，将 $\gamma'V$ 和 J 分解可得
$$F_N=\gamma'V\cos\beta-\gamma_w iV\sin(\beta-\theta)$$

抗滑力 F_f 来自于摩擦力，为
$$F_f=F_N\tan\varphi$$

那么，土体沿坡面滑动的稳定安全系数为
$$K_s=\frac{F_f}{F}=\frac{F_N\tan\varphi}{F}=\frac{[\gamma'V\cos\beta-\gamma_w iV\sin(\beta-\theta)]\tan\varphi}{\gamma'V\sin\beta+\gamma_w iV\cos(\beta-\theta)} \tag{7-2}$$

式中　i——计算点处渗透水力梯度；

　　　γ'——土体的浮容重，kN/m^3；

　　　γ_w——水的容重，取 $\gamma_w=9.8kN/m^3$；

　　　φ——土的内摩擦角，（°）。

当 $\theta=\beta$ 时，水流顺坡溢出，这时顺坡流经 d_s 的水头损失为 d_b，则有
$$i=\frac{d_b}{d_s}=\sin\beta \tag{7-3}$$

将式（7-3）代入式（7-2）得
$$K_s=\frac{\gamma'\cos\beta\tan\varphi}{\gamma'\sin\beta+\gamma_w\sin\beta}=\frac{\gamma'\cos\beta\tan\varphi}{\gamma_{sat}\sin\beta}=\frac{\gamma'\tan\varphi}{\gamma_{sat}\tan\beta} \tag{7-4}$$

对比式（7-4）与式（7-1）可知，当溢出段为顺坡渗流时，安全系数降低了 $\dfrac{\gamma'}{\gamma_{sat}}$，通常 $\dfrac{\gamma'}{\gamma_{sat}}$ 近似等于 0.5，所以安全系数约降低一半。若要使 $K_s=1.1\sim1.5$，以保证土坡稳定有足够的安全储备，则 $\tan\beta=\dfrac{\gamma'\tan\varphi}{1.5\gamma_{sat}}\sim\dfrac{\gamma'\tan\varphi}{1.1\gamma_{sat}}$。由此可知，有渗透力作用时所要求的安全坡角要比无渗透力作用时的相应坡角平缓得多。

7.3　黏性土的土坡稳定性分析

由于颗粒之间存在黏结力，黏性土土坡滑坡时不会像无黏性土土坡那样沿坡面表面形

成类平面的滑动面，黏性土土坡危险滑动面深入土体内部，发生滑动时是整块土体向下滑动的，坡面上任一单元土体的稳定条件不能用来代替整个土坡的稳定条件。基于极限平衡理论可以导出均质黏性土土坡发生滑坡时，其滑动面形状为对数螺旋线曲面，形状近似于圆柱面，在断面上的投影近似于一圆弧面，常见的滑坡面形状如图 7-5 所示。通过对现场土坡滑坡、失稳实例的调查研究表明，实际滑动面也与圆弧面相似。因此工程设计中常把滑动面假定为圆弧面进行土坡稳定分析，下述介绍的研究黏性土土坡失稳的整体圆弧滑动法、瑞典条分法以及毕肖普法等均基于滑动面为圆弧这一假定。

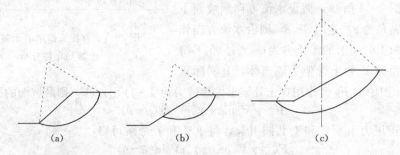

图 7-5　常见均质黏性土简单土坡圆弧滑动面形状

7.3.1　整体圆弧滑动法

整体圆弧滑动法是最常用的方法之一，又称瑞典圆弧法，是 1915 年由瑞典的彼得森提出的，后被广泛应用于简单土坡工程。

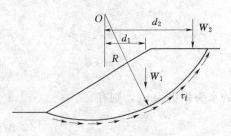

图 7-6　整体圆弧滑动法土坡稳定分析

假定滑面为无限延伸的圆柱面，可以看做是平面应变问题，截取一个横剖面，代表延长方向单位长度的土坡。在剖面上，滑面呈现为一段圆弧，如图 7-6 所示。滑动体所受外力为 W_1 和坡面荷载 W_2，这些力对滑弧中心 O 所产生的力矩为土坡的滑动力矩，而滑面上的抗剪强度 τ_f 对 O 点的力矩之和为抗滑力矩，因此土坡的稳定安全系数为

$$K_s = \frac{\text{抗滑力矩}}{\text{滑动力矩}} = \frac{\tau_f L R}{W_1 d_1 + W_2 d_2} \tag{7-5}$$

如果坡顶没有荷载作用时，土坡的稳定安全计算式为

$$K_s = \frac{\tau_f L R}{W d} \tag{7-6}$$

式中　d、d_1、d_2——W 作用点和 W_1、W_2 合力作用点距离圆心 O 点的水平距离；

　　　　R——圆弧半径；

　　　　τ_f——滑动面上的平均抗剪强度；

　　　　L——滑弧总长度。

根据莫尔—库仑强度理论，黏性土的抗剪强度 $\tau_f = c + \sigma\tan\varphi$。因此对于均质黏性土土坡，$c$、$\varphi$ 虽然是常数，但滑动面上的法向应力 σ 却是沿滑动面不断改变的，并非常数，

因此，只要 $\sigma\tan\varphi\neq0$，式（7-5）、式（7-6）中的 τ_f 就不是常数。所以，式（7-5）、式（7-6）只能给出一个定义式，并不能确定土坡的稳定安全系数 K_s 的大小。但对于饱和软黏土，在不排水条件下，其摩擦角 $\varphi=0$，$\tau_f=c$，即黏聚力 c 就是土可抗剪强度，此时抗滑力就是 cLR 一项。于是式（7-5）、式（7-6）即可写为

$$K_s=\frac{cLR}{W_1d_1+W_2d_2} \qquad (7-7)$$

黏性土土坡在发生滑坡前，坡顶常出现竖向裂缝，并存在开裂深度 z_0，如图7-7所示，$z_0=\frac{2c}{\gamma\sqrt{K_a}}$，$K_a$ 表示主动土压力系数，在 $\varphi=0$ 的情况下，$K_a=\tan^2\left(45-\frac{\varphi}{2}\right)=1$，故裂缝深度可用临界深度 $z_0=\frac{2c}{\gamma}$，考虑裂缝被水充满时，须附加水压力的合力 p_w 对圆心 O 的力矩，如图7-7所示。坡顶裂缝的存在，减小了滑动面滑弧的长度，改变为 $L-z_0$。

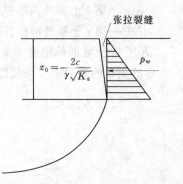

图7-7 整体圆弧滑动法中含竖向裂缝土坡稳定分析

7.3.2 条分法

7.3.2.1 条分法的基本原理

为了将圆弧滑动法应用于 $\varphi>0$ 的黏土，通常采用条分法。条分法分为垂直条分法及斜条分法，这里仅介绍垂直条分法。条分法的基本思路就是将滑动土体沿竖向分成若干土条，视所有土条为刚体，对每个土条进行受力分析，分别求出作用于各土条上的滑动力矩和抗滑力矩，然后得到土坡的稳定安全系数。划分土条后，其中第 i 个土条的受力如图7-8所示。W_i 为土条重力，P_i、P_{i+1} 和 H_i、H_{i+1} 分别为作用在土条侧面 ac 和 bd 上的法向力和切向力，P_i、P_{i+1} 的作用高度分别为 h_i、h_{i+1}，N_i、T_i 分别为作用在土条底面滑弧上的法向力和切向力。当土条宽度不大时，滑弧 cd 可近似看成直线而 W_i 和 N_i 可以看成作用于直线滑面 cd 的中点。根据静力平衡和极限平衡条件，土条可以建立如下三个静力平衡方程和一个极限平衡方程，即

$$\sum F_{xi}=0 \qquad (7-8)$$
$$\sum F_{yi}=0 \qquad (7-9)$$

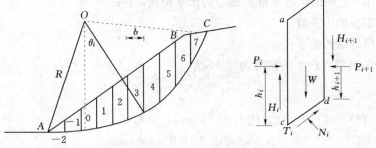

图7-8 条分法基本原理示意图

$$\sum M_i = 0 \tag{7-10}$$

$$T_i = \frac{c_i l_i + N_i \tan\varphi_i}{K_s} \tag{7-11}$$

式中　c_i——第 i 土条的黏聚力，kPa；

　　　φ_i——第 i 土条的内摩擦角，(°)；

　　　l_i——第 i 土条的滑面长度，m；

　　　K_s——土坡的稳定安全系数。

　　显然土条的受力是一个超静定的问题，划分的土条数越多，则超静定次数越高，要使问题得以求解，常用的做法是对土条间的作用力进行一些必要的简化假定，以减少未知量个数或增加方程数。目前的多种条分法，其差别就在于采用了不同的简化假定。

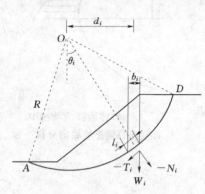

图 7-9　瑞典条分法土条受力图

7.3.2.2　瑞典条分法

　　瑞典条分法由瑞典铁路工程师彼得森于 1916 年提出，是条分法中最古老而又最简单的方法，后经费兰纽斯等人不断修改和完善，在工程上得到了广泛应用。我国《建筑地基基础设计规范》（GB 50007—2002）推荐用该法进行地基稳定性分析。

　　如图 7-9 所示，取土条 i 进行分析，所受的力有重力 W_i、滑面上的法向力 N_i 和切向力 T_i。根据径向力的平衡条件，有

$$N_i = W_i \cos\theta_i \tag{7-12}$$

式中　θ_i——第 i 土条的滑动面法线与竖直方向的夹角，(°)。

　　滑弧面上的极限平衡条件见式（7-11）。其中，$T \neq W_i \sin\theta_i$，因此土条的力多边形不能闭合，即单个土条不能完全满足静力平衡条件。

　　按整体力矩平衡条件，外力对圆心的力矩之和为 0。在土条的三个作用力中，法向力 N 过圆心 O 不引起力矩。滑动体的重力产生的滑动力矩 M 为所有土条的重力产生的力矩之代数和，即

$$M = \sum_{i=1}^{n} W_i d_i = W_i R \sin\theta_i \tag{7-13}$$

式中　d_i——第 i 土条的重心至滑弧圆心的水平距离，m；

　　　n——划分的土条数；

　　　R——滑动圆弧的半径。

　　所有土条的抗滑力产生的抗滑力矩 M' 为

$$M' = \sum_{i=1}^{n} T_i R \tag{7-14}$$

　　将式（7-11）、式（7-12）代入式（7-14）可得

$$M' = R \sum_{i=1}^{n} \frac{c_i l_i + W_i \cos\theta_i \tan\varphi_i}{K_s} \tag{7-15}$$

　　按整体力矩平衡条件，有 $M = M'$

$$R \sum_{i=1}^{n} W_i \sin\theta_i = R \sum_{i=1}^{n} \frac{c_i l_i + W_i \cos\theta_i \tan\varphi_i}{K_s} \tag{7-16}$$

则边坡的安全系数为

$$K_s = \frac{\sum_{i=1}^{n} \left[c_i l_i + W_i \cos\theta_i \tan\varphi_i \right]}{\sum_{i=1}^{n} W_i \sin\theta_i} \tag{7-17}$$

对于均质土坡有

$$K_s = \frac{\tan\varphi \sum_{i=1}^{n} c_i l_i + W_i \cos\theta_i}{\sum_{i=1}^{n} W_i \sin\theta_i} \tag{7-18}$$

瑞典条分法忽略土条间力的影响，因而只能满足滑动土体整体力矩平衡条件而不满足单个土条的静力平衡条件，理论上有不合理之处，但该法在应用中积累了丰富的经验，故仍是目前工程上常用的方法。

【例7-1】 某土坡如图7-10所示，已知土坡高度 $H=10m$，坡角 $\beta=40°$，土的容重 $\gamma=17.8kN/m^3$，黏聚力 $c=21.2kPa$，内摩擦角 $\varphi=10°$，试用瑞典条分法确定土坡的安全系数。

解：根据泰勒的经验方法（关于该方法，可参考高大钊等编的《土质学与土力学》，人民交通出版社，2001）确定危险滑动面圆心位置，当 $\varphi=10°$、$\beta=40°$ 时，可得 $\varphi=33°$，$\theta=41°$，经计算可得安全系数为1.139，计算过程见表7-1。

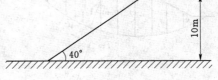

图7-10 土坡示意图

表7-1　　　　　　　　　瑞典条分法计算结果（从右到左编号）

土条编号	土条底面长度 $l_i(m)$	土条重力 $W_i(kN)$	底面倾角 $\theta_i(°)$	$W_i \sin\theta_i$	$W_i \cos\theta_i$
1	3.812	47.785	66.172	43.712	19.305
2	2.564	123.666	53.088	98.878	74.272
3	2.122	162.096	43.483	111.543	117.614
4	1.886	162.822	35.269	94.017	132.936
5	1.741	153.476	27.838	71.669	135.715
6	1.648	137.261	20.894	48.953	128.235
7	1.589	115.266	14.263	28.399	111.713
8	1.554	88.115	7.825	11.996	87.294
9	1.540	56.146	1.486	1.456	56.128
10	1.545	19.493	-4.835	-1.643	19.424
合计	20.001	合计		508.981	882.634
安全系数	$K_s = \dfrac{\tan\varphi \sum\limits_{i=1}^{n} c_i l_i + W_i \cos\theta_i}{\sum\limits_{i=1}^{n} W_i \sin\theta_i} = \dfrac{882.634 \times \tan10° + 21.2 \times 20.001}{508.981} = 1.139$				

7.3.2.3　毕肖普 (bishop) 法

考虑到瑞典条分法计算公式 (7-17) 并未考虑圆弧滑动体分条间推力，使求得的稳定安全系数偏小，计算结果偏于安全，且经过多年的工程实践，对瑞典条分法已积累了大量的经验，用该法计算的安全系数一般比其他较严格的方法约低 $10\%\sim15\%$。后来，许多学者对此进行了研究，试图在分析中考虑条间力的作用，并满足静力平衡条件，以便合理地解决 N_i 的数值，由于不同学者考虑的条间作用力数量、方向、作用点的位置各不相同，得出了不同的分析方法。以下介绍一种比较简单合理的毕肖普法。

毕肖普于 1955 年提出了一个考虑土条侧面作用力的土坡稳定分析方法，称为毕肖普法。毕肖普法仍然假定滑动面为圆弧面，且假定各土条底部滑动面上的抗滑安全系数均相同，都等于整个滑动面上的平均安全系数。为了不失一般性，下面对存在孔隙水压力时土坡的稳定安全系数予以推导。

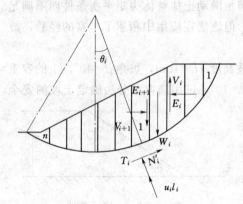

图 7-11　毕肖普条分法受力图

毕肖普法做了以下两个基本假设，第一个是假设滑动面为圆柱面及滑动土体为不变形的刚体；第二是假设每个土条与土坡具有相同的安全系数，当 $K_s > 1$ 时，土坡处于稳定状态，任一土条内的抗剪强度只发挥了一部分，并与此时滑动面上的滑动力相平衡，即 $T_i = \dfrac{T_{fi}}{K_s}$。

图 7-11 为一个具有圆弧滑动面的滑动体，将滑动体从 1 到 n 进行分条编号。任取一土条 i 进行受力分析，设土条宽度为 b_i，高度为 h_i，滑动面弧长为 l_i。土条上作用有自重力 W_i，土条底面的切向抗剪力 T_i，有效法向反力 N'_i，孔隙水压力合力 $u_i l_i$，土条侧面的法向力 E_i、E_{i+1} 及切向力 V_i、V_{i+1}，$\Delta V_i = V_{i+1} - V_i$。

根据莫尔—库仑强度理论，在极限状态下，任意土条 i 的滑动面上的抗剪力为

$$T_{fi} = c'_i l_i + N'_i \tan\varphi'_i \tag{7-19}$$

则 T_i 与 T_{fi} 和 K_s 之间必须满足

$$T_i = \frac{T_{fi}}{K_s} = \frac{c'_i l_i + N'_i \tan\varphi'_i}{K_s} \tag{7-20}$$

在极限状态下，土条应当满足静力平衡条件，即

$$W_i + \Delta V_i - T_i \sin\theta_i - u_i l_i \cos\theta_i = 0 \tag{7-21}$$

由此可以推导出

$$N'_i = \frac{W_i + \Delta V_i - \mu_i b_i - \dfrac{c'_i l_i + \sin\varphi'_i}{K_s}}{m_{\theta_i}} \tag{7-22}$$

其中，$m_{\theta_i} = \cos\theta_i + \dfrac{\tan\varphi'}{K_s}\sin\theta_i$。

考虑在极限状态下，整个滑动体对圆心 O 的力矩平衡条件。此时，相邻土条之间侧壁上的作用力由于其大小相等方向相反，所以对 O 点的力矩将相互抵消，而各土条滑动

面上的有效法向应力合力 N'_i 的作用线通过圆心，也不产生力矩，则有

$$\sum_{i=1}^{n} W_i R \sin\theta_i - \sum_{i=1}^{n} T_i R = 0 \qquad (7-23)$$

根据以上各式整理可得

$$K_s = \frac{\sum_{i=1}^{n} \dfrac{1}{m_{\theta_i}}\left[c'_i l_i + (W_i - \mu_i b + \Delta V_i)\tan\varphi'_i\right]}{\sum_{i=1}^{n} W_i \sin\theta_i} \qquad (7-24)$$

其中

$$m_{\theta i} = \cos\theta_i + \frac{\tan\varphi'}{K_s}\sin\theta_i$$

式（7-24）是毕肖普条分法计算土坡稳定安全系数的基本公式。尽管毕肖普法考虑了土条侧面的法向条间力 E_i 的作用，但式（7-24）中并未出现该项。此外，式（7-24）中的 ΔV_i 仍是未知数。为使问题得到简化，以求出土坡的稳定安全系数的大小，毕肖普假设 $\Delta V_i = 0$。此即简化的毕肖普法，即

$$K_s = \frac{\sum_{i=1}^{n} \dfrac{1}{m_{\theta i}}\left[c'_i b_i + (W_i - \mu_i b)\tan\varphi'_i\right]}{\sum_{i=1}^{n} W_i \sin\theta_i} \qquad (7-25)$$

式（7-24）和式（7-25）又称为简化毕肖普公式，式中 m_{θ_i} 包含了安全系数 K_s；故由式（7-24）和式（7-25）尚不能直接计算 K_s，而需要采用试算的方法，迭代求解 K_s 值。

7.3.2.4 简布（Janbu）法

瑞典条分法和毕肖普条分法均是基于圆弧滑动面假设而提出的计算公式。为了扩大这两种方法的应用范围，有些学者尝试将其应用于非圆弧滑动面计算中，但缺乏力学意义上的合理性。针对实际工程中常遇到非圆弧滑动面的问题，简布于 1954 年提出了一种条分法的概念，其主要特点在于：其并不假定土条竖直分界面上剪切力 T 的大小、分布形式，而是假定土条分界面上推力作用点的位置，认为大致在土条侧面高度的下 1/3 位置处，具体位置的变化与土体强度特性和土条所处位置有关。当黏聚力 $c = 0$ 时，可取 E 的作用点位于土条侧面高度下的 1/3 位置处；若 $c > 0$，则在被动区，位置稍高于 1/3 位置处，主动区则稍低于 1/3 位置处，从而可得推力线性分布图。

在简布条分法中，可以完全考虑土条的力学平衡条件，因此又可将其称为普遍条分法，取滑动体中的一个分条进行分析，如图 7-12 所示。

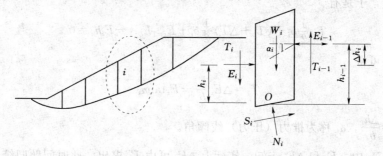

图 7-12 简布条分法受力图

根据图示土条，建立土条两个方向的力平衡条件为

$$\begin{cases} \sum F_x = 0: E_i - E_{i-1} + N_i\sin\alpha_i - S_i\cos\alpha_i = 0 \\ \sum F_y = 0: W_i + T_i - T_{i-1} - N_i\cos\alpha_i - S_i\sin\alpha_i = 0 \end{cases} \tag{7-26}$$

若记 $\Delta E_i = E_{i-1} - E_i$，$\Delta T_i = T_{i-1} - T_i$，则有

$$\Delta E_i = N_i\sin\alpha_i - S_i\cos\alpha_i \tag{7-27}$$

$$N_i = (W_i + \Delta T_i)\sec\alpha_i - S_i\cos\alpha_i \tag{7-28}$$

故而可得

$$\Delta E_i = (W_i + \Delta T_i)\tan\alpha_i - S_i\sec\alpha_i \tag{7-29}$$

根据简布法的假设可知

$$S_i = \frac{1}{K_s}(N_i\tan\varphi_i + c_i l_i) \tag{7-30}$$

从而

$$S_i = \frac{1}{K_s}\left[(W_i + \Delta T_i)\tan\varphi_i + c_i b_i\right]\frac{1}{m_{ai}} \tag{7-31}$$

其中

$$m_{ai} = \cos\alpha_i + \frac{1}{K_s}\tan\varphi_i\sin\alpha_i \tag{7-32}$$

故而有

$$\Delta E_i = (W_i + \Delta T_i)\tan\varphi_i - \frac{1}{K_s}\left[(W_i + \Delta T_i)\tan\varphi_i + c_i b_i\right]\frac{1}{m_{ai}\cos\alpha_i} \tag{7-33}$$

若令

$$A_i = \left[(W_i + \Delta T_i)\tan\varphi_i + c_i b_i\right]\frac{1}{m_{ai}\cos\alpha_i}, B_i = (W_i + \Delta T_i)\tan\varphi_i \tag{7-34}$$

对于整个土坡来说，有 $\sum \Delta E_i = 0$，则有

$$K_s = \frac{\sum A_i}{\sum B_i} \tag{7-35}$$

式（7-35）中安全系数 K_s 和土条两侧剪切力的差值 ΔT_i 未知，其中安全系数 K_s 可以通过迭代方法求得，关键在于确定剪切力 ΔT_i。

取土条底面中心为矩轴进行力矩平衡分析，可知 $\sum M = 0$，计算时假设土条重心通过土条底面中点，于是有

$$T_i\frac{1}{2}b_i + (T_i + \Delta T)\frac{1}{2}b_i + E_{i-1}h_{i-1} - E_i h_i = 0 \tag{7-36}$$

经过变换可得

$$T_i = \Delta E_i\frac{h_i}{b_i} - E_i\tan\alpha_i \tag{7-37}$$

其中，$\tan\alpha_i = \dfrac{\Delta h_i}{b_i}$，$\alpha_i$ 称为推力（压力）线倾角。

式（7-37）中：E_i 和 ΔE_i 未知，实际上 ΔE_i 可由 E_i 求出，此时问题归结到求解推力

E_i，由前述可知，E_i 和 T_i 存在互相耦合的关系，在计算时需要解耦。显然水平推力存在明显的规律性，在滑坡入口处和出口处均为 0，在计算时首先假定 T_i 为 0，计算出安全系数 K_s 后，然后得出 ΔE_i，从而计算出 ΔT_i，再计算安全系数，该过程只能通过迭代完成。

简布法在计算时，首先假设土条间竖向剪切力为 0，此时安全系数计算公式变为

$$K_s = \frac{A_i}{B_i} = \frac{\sum\limits_{i=1}^{n} \frac{1}{m_{ai}\cos\alpha_i}\left[c_i b_i + (W_i + \Delta T_i)\tan\varphi_i\right]}{\sum\limits_{i=1}^{n}(W_i + \Delta T_i)\tan\alpha_i} \tag{7-38}$$

式（7-38）与毕肖普条分法公式相类似。然后考虑土条间的竖向剪切力进行计算，首先用不考虑剪切力时得出的安全系数 K_{s0} 求出 ΔE_i 和 E_i 值（此时 A_i 和 B_i 用不考虑竖向剪切力的情况下得出的值计算），然后求出 ΔT_i 和 T_i 值，并假定一个试算安全系数 K_{s0} 计算 m_{ai}（为计算方便起见，可采用按毕肖普条分法得出的安全系数），考虑 ΔT_i 影响求得 A_i 和 B_i，从而求得新的安全系数 K_{s1}，若 K_{s1} 和 K_{s0} 相差不大，可停止试算，从而得出最终的安全系数，否则进行下一次迭代。

7.3.2.5 不平衡推力法

如图 7-13 所示是任意一滑动土条，其两侧条间力合力的作用方向分别与上一条土条底面相平行，取垂直与平行土条底面方向力的平衡，有

$$N_i - W_i\cos\alpha - P_{i-1}\sin(\alpha_{i-1} - \alpha_i) = 0 \tag{7-39}$$

$$T_i + P_i - W_i\sin\alpha_i - P_{i-1}\cos(\alpha_{i-1} - \alpha_i) = 0 \tag{7-40}$$

应用安全系数的定义及莫尔—库仑准则，得

$$t_i = \frac{c_i' l_i}{K_s} + (N_i - u_i l_i)\frac{\tan\varphi_i'}{K_s} \tag{7-41}$$

式中 u_i——作用于土条底面的孔隙应力。

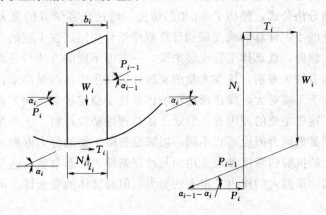

图 7-13   不平衡推力传递法土条受力和条间力分析

由以上三式消去 T_i、N_i，得

$$P_i = W_i\sin\alpha_i - \left[\frac{c_i' l_i}{K_s} + (W_i\cos\alpha_i - u_i l_i)\frac{\tan\varphi_i'}{K_s}\right] + P_{i-1}\psi_i \tag{7-42}$$

其中，ψ_i 称为传递系数，以下式表示，即

$$\psi_i = \cos(\alpha_i - 1 - \alpha_i) - \frac{\tan\varphi_i'}{K_s}\sin(\alpha_{i-1} - \alpha_i) \tag{7-43}$$

在解题时要先假定 K_s，然后从第一土条开始逐条向下推求，直至求出最后一条的推力 P_n，P_n 必须为 0，否则要重新假定 K_s 进行试算。

为了使计算工作更加简化，在工程单位常采用下列简化公式，即

$$P_i = K_s W_i \sin\alpha_i - [c_i'l_i + (W_i\cos\alpha_i - u_il_i)\tan\varphi_i'] + P_{i-1}\psi_i \tag{7-44}$$

其中，传递系数 ψ_i 改用下式计算，即

$$\psi_i = \cos(\alpha_{i-1} - \alpha_i) - \tan\varphi_i'\sin(\alpha_{i-1} - \alpha_i) \tag{7-45}$$

如采用总应力法，在式（7-44）中略去 u_il_i 项，c、φ 值可根据土的性质及当地经验，采用试验和滑坡反算相结合的方法来确定。K_s 值应根据滑坡现状及其对工程的影响等因素确定，一般可取 $1.05\sim1.25$。另外，因为土条之间不能承受拉力，所以任何土条的推力 P_i 如果为负值，则此 P_i 不再向下传递，而对下一条土条取 $P_{i-1}=0$。

各土条分界面上的 P_i 求出之后，就很容易求出此分界面上的抗剪安全系数，为

$$K_{ui} = [c_i'h_i + (P_i\cos\alpha_i - uP_i)\tan\varphi_i']\frac{1}{P_i\sin\alpha_i} \tag{7-46}$$

式中　　　　uP_i——作用于土条侧面的孔隙水应力；

　　　　　　h_i——土条侧面高；

　　c_i'、$\tan\varphi_i'$——采用土条侧面各土层的平均抗剪强度指标。

因为 P_i 的方向是规定的，当 α 比较大时，求出的 K_{ui} 可能小于 1。同时本法只考虑了力的平衡，对力矩平衡没有考虑，这也是一个缺点。但因为计算简捷，为广大工程技术人员所采用。

7.3.3　条分法的讨论

基于极限平衡理论基础上的条分法计算黏性土坡的安全系数的方法，从建立简单的计算公式到普遍的条分法公式，经历了 80 年的历史，经过众多学者的努力，公式的形式已比较完善。从简化的手工计算形式发展到计算程序设计应用，在工程的应用方面应该说作出了很大的贡献。然而，就具体工程土坡来说，一方面不同的方法与公式计算得到的安全系数数值仍有可能有较大差别，这在大量的实际计算结果中已凸显出来；另一方面，即使得到的安全系数大于 1 或更大，即在理论上坡体是处于稳定状态，而工程实际上出现滑坡也是不争的事实。这里主要的原因有：假定土体是理性塑性材料，土条是理想的刚体，各种方法最大的差别是条间力假设形式不同，以满足极限平衡的静力方程，使得问题可以求解；再者，对使用的抗剪切强度参数采用的是特定条件下静态数值，这与工程实际的环境状态有一定的差别。虽然人们作出了很大的努力，但对坡体的安全性准确判断还是与实际有一定的差距。

7.4　土坡稳定性分析的几个问题

7.4.1　地下水对边坡稳定分析的影响

实践表明，地下水对边坡稳定具有决定性的影响，对边坡失稳的统计调查发现，大约

80%的边坡事故是由水的因素引起的，因此分析地下水及其运动对边坡稳定的影响具有重要的意义。地下水对边坡稳定的影响可分成以下几种情况：边坡部分或全部浸入静水中；边坡中有稳定渗流；边坡中有不稳定渗流；坡顶开裂时裂缝充水，如图7-14所示，由图可知坡顶出现裂缝后水体进入裂缝，坡外水位明显下降。

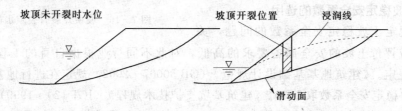

图7-14 考虑地下水作用的边坡稳定分析

这里以条分法为例进行分析，取滑动体中一条进行分析，并列出除土条相互之间作用力外的主要外力，如图7-15所示。

如图7-15（a）所示，将土条与浸入到土条中的水看作一个整体分析，作用在土条侧面的水压力有 W_1、W_2，作用在土条底面的水压力为 U，显然水压力均垂直于作用面。在分析时根据渗流流网做出水流的等势线，从而可得出三个水压力数值。土条重力由两个部分组成，浸润线以上的土体重量 W_A 和浸润线以下的土体重量 W_B，前者按土体的天然容重计算，后者则用饱和容重计算。

如图7-15（b）所示为另外一种计算渗流作用力的方法。土条重量计算同样

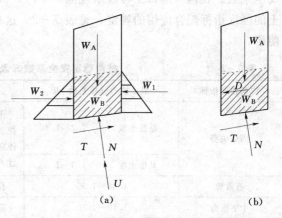

图7-15 渗流对土条作用力的两种分析方法

分为两部分：浸润下以上和以下。前者与图7-15（a）相同，后者在计算时则按浮容重（有效容重）γ' 计算，而特别将渗流作用力单独提出来，即渗流作用力 D，又称为动水力，按下式计算。

$$D = G_D A = \gamma_w I A \tag{7-47}$$

式中　G_D——作用在单位体积土体上的动水力，kN/m^3；

　　　γ_w——水的容重，kN/m^3；

　　　A——土条位于浸润下部分的面积，m^2；

　　　I——在浸润下范围内水力梯度平均值，可近似假设为浸润线两端连线斜率。

对于边坡浸在水中的情况，显然有 W_1 和 W_2 完全相等而抵消，在土条底部存在静水压力 U，显然该情况为渗流计算的一个特例。

地表土在长期外界因素作用下，存在或多或少的裂隙，当裂隙张开并且深度较大时，可能在裂隙中存在一定的积水，形成静水压力而造成下滑力的增加，此时须考虑裂隙水对边坡稳定的影响，如图7-16所示。

此时坡顶裂隙积水产生的静水压力为 F_w $=\frac{1}{2}\gamma_w h_0^2$，起着一个推力的作用，不利边坡稳定，在进行边坡稳定分析时需要加以考虑。

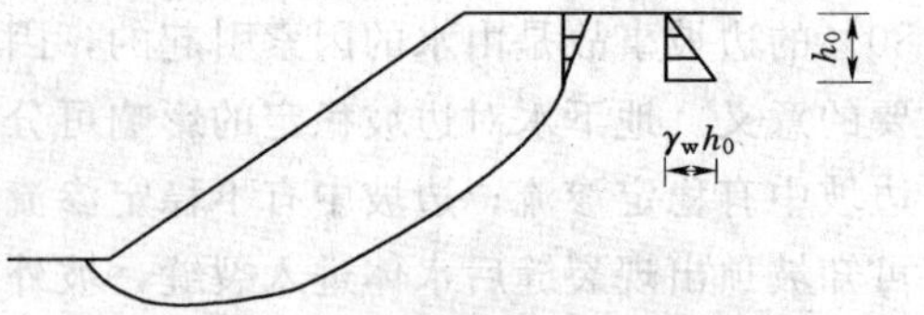

图 7 - 16　坡顶开裂时裂隙水压力

7.4.2　土坡稳定安全系数的选用

如何规定土坡稳定安全系数的问题，关系到设计或评价土坡的安全储备要求的高低，对此不同行业根据自身的工程特点作出了不同的规定。《建筑地基基础设计规范》（GB 50007—2002）规定在进行地基基础的稳定性验算时稳定安全系数取 1.30。《建筑基坑支护技术规程》（JGJ 120—1999）规定在进行整体抗滑稳定性验算时安全系数也取 1.30。《公路路基设计规范》（JTJ 013—95）规定，土坡稳定的安全系数要求大于 1.25。然而，应该看到允许安全系数是同选用的抗剪强度指标有关的，同一个边坡稳定分析采用不同试验方法得到的强度指标，会得到不同的安全系数。我国《港口工程技术规范》（TJT 250—1998）中给出了抗滑稳定安全系数和土的强度指标配合应用的规定，见表 7 - 2。这些都是从实践中总结出来的经验，可参照使用。

表 7 - 2　　　　　抗滑稳定安全系数 K 及相应的强度指标

抗剪强度指标	最小抗力分项系数 γR		说　明
固结快剪	黏性土坡	1.2～1.4	土坡上超载 q 引起的抗滑力矩可全部采用或部分采用，视土体在 q 引起的抗滑力矩可全部采用或部分采用，视土体在 q 作用下固结程度而定；q 引起的滑动力矩应全部计入
	其他土坡	1.3～1.5	
有效剪	1.30～1.50		孔隙水压力采用与计算情况相应的数值
十字板剪	1.10～1.30		需考虑因土体固结引起的强度增长
快剪	按经验取值		需考虑因土体固结引起的强度增长；考虑土体的固结作用，可将计算得到的安全系数提高 10%

7.4.3　施工过程对边坡稳定的影响

从边坡的有效应力分析方法可知，孔隙水压力是影响边坡滑动面上土的抗剪强度的重要因素。在总应力保持不变的情况下，孔隙水压力增大，土的抗剪强度就会减小，边坡的稳定安全系数相应地就下降；反之，孔隙水压力变小，边坡的稳定安全系数相应地就增大。

在饱和黏性土地基上修筑路堤或堆载形成的边坡，如图 7 - 17 所示，以 a 点为例，从图 7 - 18 可知，超孔隙水压力随着填土荷载的不断增大而加大，如果近似地认为在施工过程中不发生排水，则填土荷载将全部由孔隙水来承担、施工过程中土的有效应力和土的抗剪强度保持不变。竣工以后，土中的总应力保持不变，而超孔隙水压力则由于黏性土的固结而消散，直至趋于 0，如图 7 - 18（b）所示，相应地土的有效应力和抗剪强度就会不断地增加，如图 7 - 18（c）所示。因此，当填土结束时边坡的稳定性应用总应力法和不排水强度来分析，而长期稳定性则应用有效应力法和有效应力参数来分析。边坡的安全系数在施工刚结束时最小，并随着时间的增长而增大，如图 7 - 18（d）所示。

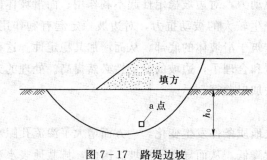

图 7-17　路堤边坡

图 7-18　填方边坡稳定性分析

　　黏性土中挖方形成的边坡如图 7-19 所示，也近似地以 a 点为例，从图 7-20 中可知，随着总应力的减小，超孔隙水压力不断地下降，直至出现负值。如果同样地在施工期间不实施排水，则土的有效应力和土的抗剪强度保持不变。竣工以后，负超孔隙水压力随着时间逐渐消散，如图 7-20（b）所示，伴随而来的是黏性土的膨胀和抗剪强度的下降，如图 7-20（c）所示。因此，竣工时的稳定性和长期稳定性应分别采用卸载条件下的不排水和排水抗剪强度来表示。但是与填方边坡不同，挖方边坡的安全系数随着时间的增长而逐渐降低，如图 7-20（d）所示。

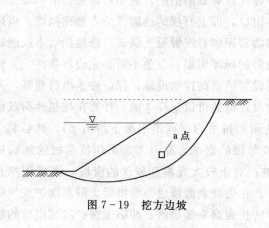

图 7-19　挖方边坡

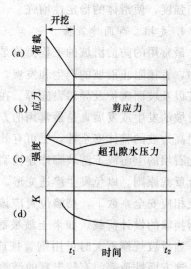

图 7-20　挖方边坡稳定性分析

7.5　增加土坡稳定性的一些措施

　　当边坡的稳定安全系数不能达到要求时，就需要采取工程措施提高安全系数，以满足

211

安全运行的需要。有关的方法在防止滑坡的专门书籍中有详细的叙述，本节只作简要的介绍，以便读者有一个基本概念。

常见的增加土坡稳定性的方法有以下几种。

1. 削坡、减载和压脚

滑坡体顶部的重量往往是形成滑坡的驱动力，对边坡稳定性起不利作用；而滑坡体底部的重量，则往往形成有效抗滑力，甚至产生较大的被动抗力，对边坡稳定起有利作用。因此，可考虑将滑坡体顶部的土体挖除，堆筑于滑坡体的底部，从而增加其稳定性。这种作法，实际上是将原有坡面改造得更加平缓和合理了，边坡的稳定性必然提高。处理的方案，要采用本书介绍过的各种稳定分析方法加以验算。

2. 阻水和排水

不少土坡由于暴雨后或水库蓄水后水文地质条件发生变化，一方面增大了渗流孔隙水压力的作用，另一方面使滑面上的抗剪强度降低，从而导致了滑坡。因此，排截地表水和地下水，常为防治滑坡的一项有效措施。例如，在滑坡区周围修建截水沟，可有效地拦截滑坡区外的坡面雨水，并加以排除，以免进入滑坡区内。在滑坡区表面，可考虑加强植被保护措施，以防止或减缓雨水下渗。必要时，还可考虑在滑坡体内钻设排水孔，以排除沿坡体内的渗水，降低地下水位。

3. 改变土体性质

对于软基和由软土填筑的土坡，可采用物理或化学方法改变土体性质，以提高边坡的稳定性。例如，采用灌浆法，将水泥或化学材料灌注于土体中，以提高滑带附近土的密实性和强度，使滑体的稳定性增强。

4. 支挡、加固建筑物

最常用的防治滑坡的工程措施是在滑坡体的坡脚、表面或内部修建一些支挡和加固建筑物，直接阻止滑坡的产生和发展，这是一种比较有效的措施。例如，修建抗滑挡墙或抗滑桩以及坡面砌护及导渗设施等。在滑坡体出口，即土石坝的坡脚部位，修建挡墙，以阻止滑坡的发生或发展，是最常用的方法。挡墙常用砌石或混凝土筑成。修建挡墙不仅能适当提高边坡的整体安全性，更可有效防止坡脚的局部崩塌，以免不断恶化边坡条件。无论在土石坝的上游或下游坡脚修建挡墙，均需设置适当的排水设施，保证渗水出口通畅，并符合反滤原则，以免发生渗透变形。挡墙的设计荷载可以这样考虑：计算在控制性荷载组合及相应安全系数下，挡墙位置应该提供的附加抗滑力（或不平衡下滑力 p），然后将 p 作为挡墙的设计荷载。如果土坡坡底是比较坚硬的岩基，亦可考虑采用抗滑桩的加固措施。当滑坡规模不大时可用钢管桩或钻孔桩；对于较大规模和较深的滑坡，可采用挖孔桩，这方面铁道部门有较丰富的经验。此外，在边坡表面修建一些拱形、网形砌护或导渗设施，虽不能提高边坡的整体稳定性，但能防止表面局部崩落、冲刷或保护渗流出口的稳定性，以避免恶化边坡的工作条件，故而也是一种支挡建筑物。

上面提到的各种措施在具体实践中常须根据实际情况综合应用，以求工程简单、可靠而有效，此外，加强对滑坡的监测也是同样重要的措施。例如，通过观测，研究和预测可能产生滑坡的条件、时间和可能产生的后果，根据观测研究结果，拟定相应的措施。

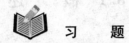

思　考　题

1. 土坡的滑坡是指什么？
2. 简述三种黏性土土坡稳定分析方法并比较其异同。
3. 增加土坡稳定性的方法有哪些？

习　　题

1. 已知土坡高度 $H = 13\text{m}$，黏聚力 $c = 40.0\text{kPa}$，坡度为 $1:1.5$（高宽比），$\gamma = 18.2\text{kN/m}^3$，内摩擦角 $\varphi = 0°$。试用瑞典圆弧法确定滑面位置，并列表计算此土坡的稳定安全系数 K_s。

2. 一均质黏性土土坡，高 $H = 20\text{m}$，坡度为 $1:2$，填土黏聚力 $c = 10.0\text{kPa}$，内摩擦角 $\varphi = 20°$，容重 $\gamma = 18\text{kN/m}^3$，试用瑞典圆弧法计算土坡的稳定安全系数 K_s。

第8章 地基承载力

8.1 概　述

8.1.1 承载力的概念

随着建（构）筑物荷载的逐渐施加，地基内部应力逐渐发生变化，其表现在两方面：一方面是由于地基土在建筑物荷载作用下产生压缩变形，引起基础过大的沉降量或沉降差，造成管线破坏、上部结构倾斜、开裂，甚至破坏而无法使用；另一方面是由于建筑物的荷载过大，超过了基础下持力层（直接与建筑物基础底面接触并支承上部荷载的土层称为持力层）所能承受荷载的能力而使地基产生滑动破坏。因此，在设计建筑物基础时，地基必须满足下列条件：①变形条件，在荷载作用下基础所产生的最大沉降量或沉降差，应在容许范围内；②强度条件，基底压力应在地基土所容许的承载能力之内。对于一些特殊建（构）筑物，还应满足相应要求，例如，水工建筑物地基应满足抗渗、防冲刷的要求。关于地基变形方面的问题已在第4章中作了介绍，本章将主要讨论地基的强度问题，即地基的承载能力不足所引起的破坏和地基承载力确定的问题。

地基强度的失效往往造成建（构）筑物的破坏，又称为地基稳定性问题。任何情况下地基承受的外荷载不能等于更不能大于其极限承载力，否则，地基容易失稳，所以在设计时需要考虑一定的安全储备。这里需要明确一些工程实践中常用的一些概念。

（1）地基承载力。指地基土单位面积上随荷载增加所能发挥的承载潜力。通常把地基土单位面积上所能承受的最大荷载称为极限荷载或极限承载力。地基承载力问题属于地基的强度和稳定问题。

（2）承载力特征值［《建筑地基基础设计规范》（GB 50027—2002）中的提法］。是满足强度、稳定性要求的地基承载力，常由现场载荷试验确定或根据原位试验（包括标贯试验、静力触探、旁压及其他原位试验）结果确定的承载力值。修正的承载力特征值是指考虑了地基、基础的各项影响因素后，对地基承载力特征值进行修正并且满足正常使用状态的承载力值。

（3）承载力设计值。是指在进行地基基础设计时为确保地基稳定性且有足够安全度储备而取用的承载力值，需根据建筑物使用要求和所得到的承载力具体方法综合确定。

（4）容许承载力。地基承载力的设计取值通常是在保证建筑物稳定的前提下，使建筑的变形不超过其允许值的承载力，即容许承载力，其安全系数已包括在内。容许承载力是同时兼顾地基强度、稳定性和变形要求的承载力。它是一个变量，和建筑物允许变形值密切联系在一起。

8.1.2 地基土的承载特性

前面第4章曾介绍用载荷试验确定地基土变形模量，现场载荷试验也常用来确定地基的承载力。试验方法此处不再介绍，主要讨论试验结果。图 8-1 是典型的载荷试验 p—s 曲线，曲线Ⅰ在开始阶段呈直线关系，但当荷载增大到某个极限值以后沉降急剧增大，呈现脆性破坏的特征；曲线Ⅱ在开始阶段也呈直线关系，在到达某个极限以后虽然随着荷载增大，沉降增大较快，但不出现急剧增大的特征；曲线Ⅲ在整个沉降发展的过程中不出现明显的拐弯点，沉降对压力的变化率也没有明显的变化。这三种曲线代表

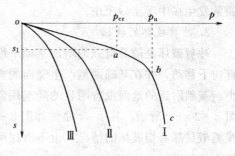

图 8-1 荷载试验 p—s 曲线

了三种不同的地基破坏特征，即整体剪切破坏、局部剪切破坏和冲剪破坏。

1. 整体剪切破坏的特征

当基础上的荷载较小时，基础压力与沉降的关系近乎直线变化，此时地基土处于弹性变形阶段，基础下形成一个三角形压密区，如图 8-2（a）所示；随着荷载增大，压密区向两侧挤压，土中产生塑性区，从基础边缘逐步扩大直到最后形成连续的滑动面延伸到地面，土从基础两侧挤出并隆起，基础的沉降急剧增大，整个地基失稳破坏。整体剪切破坏通常发生在浅埋基础下的密砂或硬黏土等坚硬地基中。

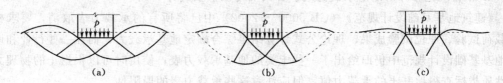

图 8-2 地基土破坏模式

整体剪切破坏其 p—s 曲线如图 8-1 中曲线Ⅰ所示。根据 p—s 曲线可将地基从开始发生变形到失去稳定的发展过程，可以分成顺序发生的三个阶段，即压密变形阶段（oa）、局部剪切阶段（ab）和整体剪切破坏阶段（bc）。

三个阶段之间存在着两个界限荷载。第一个界限荷载称为临塑荷载 p_{cr}（也称比例界限），是指基础下的地基中塑性区的发展深度限制在一定范围内时的基础底面压力。当 $p>p_{cr}$ 标志压密阶段进入局部剪切破坏阶段。第二个界限荷载称为极限承载力 p_u，当地基土中由于塑性区不断扩大，而形成一个连续的滑动面时，使得基础连同地基一起滑动，这时相应的基础底面压力称为极限承载力 p_u。当 $p>p_u$ 标志着地基土从局部剪切破坏阶段进入整体破坏阶段，地基丧失稳定。

2. 局部剪切破坏的特征

局部剪切破坏的过程与整体剪切破坏相似，地基中也产生压密区及塑性区，如图 8-2（b）所示，但塑性区的发展限制在地基中的某一范围以内，地基内的滑动面并不延伸到地面，仅在地基两侧地面微微隆起。其 p—s 曲线如图 8-1 中曲线Ⅱ所示，但不像整体剪切破坏有一个明显转折点 a，压力超过转折点以后的沉降也没有整体剪切破坏那样急剧增加。局部剪切与整体剪切破坏的区别是，局部剪切破坏时，其压力与沉降的关系，从一开始就呈现非线性的变化，并且当达到破坏时，均无明显地出现转折现象。局部剪切破坏

通常发生在中等实砂土中。

3. 冲剪破坏的特征

冲剪破坏是随着荷载的增加基础下面的土层产生压缩变形，基础随着土的压缩近乎垂直向下移动，并在基础两侧产生竖向的剪切变形，使基础"切入"土中，但侧向变形比较小，基础附近的地面没有明显的隆起现象，最后因基础侧面附近土的垂直剪切而破坏，如图 8-2（c）所示。其 $p—s$ 曲线如图 8-1 中曲线Ⅲ所示，冲剪破坏的压力与沉降关系曲线类似局部剪切破坏的情况，也不出现明显的转折现象，这种破坏模式通常发生在松砂或软土地基中。

8.1.3　地基承载力确定的途径

除了前面介绍的载荷试验，还有一些确定地基承载力的方法，工程上常用的有下面几种方法。

1. 利用原位试验成果确定地基承载力

根据标准贯入、静力触探、动力触探、旁压试验等原位试验成果，结合区域工程地质条件，通过统计分析，总结出各种类型的土在某种状态下的确定承载力数值。每种试验方法都有一定的适用条件。

2. 根据规范推荐的地基承载力表、公式确定地基承载力

《建筑地基基础设计规范》（GB 50007—2002）中已将所有的承载力表取消，要求根据载荷试验、原位试验成果、理论公式计算结果综合确定地基承载力，而在一些行业和地方地基基础设计规范中仍旧给出了一些土类的地基承载力表，使用时可以根据土的物理力学性质指标查得地基土的承载力值，但应注意这些承载力表的局限性。

3. 根据地基承载力的理论公式确定

地基承载力理论公式是在一定的假定条件下通过弹塑性理论导出的解析解，包括地基临塑荷载 p_{cr} 公式，临界荷载 $p_{1/4}$、$p_{1/3}$ 公式，太沙基公式，普朗特尔和汉森公式等。通常使用的地基承载力公式均在整体剪切破坏的条件下得到的，对于局部剪切破坏和冲剪破坏的情况尚无理论公式可循。

8.2　临塑荷载和临界荷载的确定

8.2.1　塑性区边界方程

根据整体剪切破坏的特征可知，当基底压力大于持力层土的强度极限时，沿着基础边缘土体开始出现塑性变形，随着基底压力增大塑性区范围不断增大，当塑性区范围扩大并连通成片时，形成延续到地面的滑动面时，此时对应的基底压力为地基的极限承载力。如果进行基础设计时采用临塑荷载作为基底压力，地基土处于弹性压密状态，不能充分发挥地基土的承载能力；如果采用极限承载力作为基底压力，地基稳定将没有保障。显然将基底压力控制在使地基有一定塑性变形而又不形成连通的塑性区，既可以保证地基的稳定性，又可以不至于过于保守。这种按塑性区开展深度确定的地基承载力即为地基的容许承载力。

按塑性区开展程度确定地基承载力是一个弹塑性混合问题，无法精确解答。此处介绍

条形基础均布压力作用下的容许承载力的近似计算方法。计算原理如图8-3所示。

根据弹性理论，由条形均布压力所引起地基中任意点 M 处的附加大、小主应力为

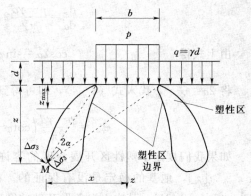

$$\begin{matrix}\Delta\sigma_1\\\Delta\sigma_3\end{matrix}=\frac{p-q}{\pi}(2\alpha\pm\sin2\alpha) \qquad (8-1)$$

式中　　2α——M 点与基底两端连线的夹角；

　　　　$q=\gamma d$——均布荷载，其等价于基础两侧埋深 d 范围土体所形成的超载。

图8-3　地基中的附加大、小主应力与塑性区

在 M 点处还有地基土体所引起的自重压力。M 点处应力应为原有自重应力与附加应力之和。

对于地基自重应力场大、小主应力的方向是处处确定的，而附加应力场的大、小主应力的方向是处处变化的，为使问题简化，假设极限平衡区土的静止侧压力系数 $K_0=1$，则由土自重所引起的法向应力在各个方向都相同，均等于 $\gamma(d+z)$。那么附加应力与自重应力在 M 点引起的大、小主应力之和为

$$\begin{matrix}\sigma_1\\\sigma_3\end{matrix}=\frac{p-\gamma d}{\pi}(2\alpha\pm\sin2\alpha)+\gamma(d+z) \qquad (8-2)$$

当 M 点土体达到极限平衡状态时，其大小主应力应满足莫尔—库仑强度理论，即

$$\sigma_{1f}=\sigma_{3f}\tan^2\left(45°+\frac{\varphi}{2}\right)+2\cot\left(45°+\frac{\varphi}{2}\right) \qquad (8-3)$$

将式（8-2）代入式（8-3）式并经整理后，得

$$z=\frac{p-\gamma d}{\gamma\pi}\left(\frac{\sin2\alpha}{\sin\varphi}-2\alpha\right)-\frac{c}{\gamma\tan\varphi}-d \qquad (8-4)$$

式（8-4）为地基中塑性区的边界线方程。当基底压力 p 和埋深 d 一定时，表明塑性区边界线上的任一点其坐标 z 与 α 的关系，可据此描绘塑性区边界线；当 p 增大时，z 亦增大，表明塑性区范围扩大。在工程应用时，不一定需要知道整个塑性区边界，而只需了解塑性区开展的深度是多少。

8.2.2　临塑荷载和临界荷载的确定

1. 临塑荷载和临界荷载的定义

当荷载增大到某一值时，基础两侧边缘的土首先达到极限平衡状态，$p\sim s$ 曲线上的直线段达到了终点，如图8-1中的 a 点所示，其对应的荷载称为临塑荷载，用 p_{cr} 表示，临塑荷载就是地基土即将进入塑性状态时所对应的荷载，也就是当 $z_{max}=0$（即地基中即将出现塑性区）时，地基所能承受的基底压力为临塑荷载。

允许地基中塑性区开展深度在某一范围内所对应的荷载为临界荷载。在中心荷载作用下塑性区开展深度 $z_{max}=b/4$，相对应的基础底面压力用 $p_{1/4}$ 表示；在偏心荷载作用下塑性区开展深度 $z_{max}=b/3$，相对应的基础底面压力用 $p_{1/3}$ 表示。

2. 临塑荷载和临界荷载计算公式的确定

为了求得塑性区的最大开展深度，将式（8-4）对 α 求导数，并令其等于 0，即

$$\frac{\mathrm{d}z}{\mathrm{d}\alpha}=\frac{p-\gamma d}{\pi\gamma}2\left(\frac{\cos2\alpha}{\sin\varphi}-1\right)=0$$

由上式得
$$\cos2\alpha=\sin\varphi\Rightarrow2\alpha=\frac{\pi}{2}-\varphi$$

将 $2\alpha=\dfrac{\pi}{2}-\varphi$ 代入式（8-4），即可得到塑性区开展的最大深度为

$$z_{\max}=\frac{p-\gamma d}{\gamma\pi}\left(\cot\varphi-\frac{\pi}{2}+\varphi\right)-\frac{c}{\gamma\tan\varphi}-d \tag{8-5}$$

如果我们规定了塑性区开展深度的容许值 $[z]$，那么若 $z_{\max}\leqslant[z]$，地基是稳定的；若 $z_{\max}>[z]$，地基的稳定是没有保证的。根据工程实践经验，塑性区开展深度容许值 $[z]=(1/4\sim1/3)b$，其中 b 为条形基础的宽度，单位以 m 计。

为便于判别地基的稳定性，常采取规定容许的塑性区开展深度计算地基所能承受的基底压力。为此，将式（8-5）改写为

$$p=\frac{\gamma\pi z_{\max}}{\cot\varphi-\frac{\pi}{2}+\varphi}+\gamma d\left(1+\frac{\pi}{\cot\varphi\frac{\pi}{2}+\varphi}\right)+c\left(\frac{\pi\cot\varphi}{\cot\varphi-\frac{\pi}{2}+\varphi}\right) \tag{8-6}$$

当地基刚出现塑性区，即塑性区开展深度 $z_{\max}=0$ 时，得到地基的临塑荷载 p_{cr} 为

$$p_{\mathrm{cr}}=\gamma d\left(1+\frac{\pi}{\cot\varphi-\frac{\pi}{2}+\varphi}\right)+c\left(\frac{\pi\cot\varphi}{\cot\varphi-\frac{\pi}{2}+\varphi}\right) \tag{8-7}$$

当塑性区开展深度 $z_{\max}=\dfrac{1}{4}b$（中心受压基础）时，得到地基的临界荷载 $p_{1/4}$ 为

$$p_{1/4}=\frac{b}{4}\frac{\pi\gamma}{\left(\cot\varphi-\frac{\pi}{2}+\varphi\right)}+\gamma d\left(1+\frac{\pi}{\cot\varphi-\frac{\pi}{2}+\varphi}\right)+c\left(\frac{\pi\cot\varphi}{\cot\varphi-\frac{\pi}{2}+\varphi}\right) \tag{8-8}$$

当塑性区开展深度 $z_{\max}=\dfrac{1}{3}b$ 时（偏心受压基础）时，得到地基的临界荷载 $p_{1/3}$ 为

$$p_{1/3}=\frac{b}{3}\frac{\pi\gamma}{\left(\cot\varphi-\frac{\pi}{2}+\varphi\right)}+\gamma d\left(1+\frac{\pi}{\cot\varphi-\frac{\pi}{2}+\varphi}\right)+c\left(\frac{\pi\cot\varphi}{\cot\varphi-\frac{\pi}{2}+\varphi}\right) \tag{8-9}$$

将基底以上土的平均容重用 γ_0 表示，基底以下土的平均容重用 γ 表示（如果位于地下水位以下上述土的容重均取浮容重），则式（8-7）、式（8-8）、式（8-9）可以用普遍的形式来表示，即

$$p=\frac{1}{2}\gamma bN_\gamma+\gamma_0 dN_\mathrm{q}+cN_\mathrm{c}=\frac{1}{2}\gamma bN_\gamma+qN_\mathrm{q}+cN_\mathrm{c} \tag{8-10}$$

式中　　　　p——地基容许承载力，$\mathrm{kN/m^2}$；

N_γ、N_q、N_c——承载力系数，它们是土的内摩擦角的函数，可查表 8-1。

其中
$$N_\mathrm{c}=\frac{\pi\cot\varphi}{\cot\varphi-\frac{\pi}{2}+\varphi}$$

$$N_\mathrm{q}=1+N_\mathrm{c}\tan\varphi$$

当 $z_{\max}=0$
$$N_\gamma=0$$

当 $z_{max} = \dfrac{1}{4}b$

$$N_\gamma = \frac{\pi}{2\left(\cot\varphi - \dfrac{\pi}{2} + \varphi\right)}$$

当 $z_{max} = \dfrac{1}{3}b$

$$N_\gamma = \frac{2\pi}{3\left(\cot\varphi - \dfrac{\pi}{2} + \varphi\right)}$$

需要说明的是：①以上公式中由条形基础均布荷载推导得来，对矩形或圆形基础偏于安全；②公式应用弹性理论，对已出现塑性区情况条件不严格，但因塑性区的范围不大，其影响为工程所允许，故取临界载荷为地基承载力。

表 8-1　　　　　　地基承载力系数 N_γ，N_q，N_c 与 φ 的关系值

φ (°)	$N_{\gamma(b/4)}$	$N_{\gamma(b/3)}$	N_q	N_c
0	0	0	1.0	3.14
2	0.06	0.08	1.12	3.32
4	0.12	0.16	1.25	3.51
6	0.20	0.26	1.40	3.71
8	0.28	0.37	1.55	3.93
10	0.36	0.48	1.73	4.17
12	0.47	0.63	1.94	4.42
14	0.59	0.78	2.17	4.70
16	0.72	0.95	2.43	5.00
18	0.86	1.15	2.72	5.31
20	1.03	1.37	3.10	5.66
22	1.22	1.63	3.44	6.04
24	1.44	1.91	3.87	6.45
26	1.68	2.24	4.37	6.90
28	1.97	2.62	4.93	7.40
30	2.29	3.06	5.60	7.95
32	2.67	3.56	6.35	8.55
34	3.11	4.15	7.20	9.22
36	3.62	4.83	8.25	9.97
38	4.22	5.62	9.44	10.80
40	4.92	6.56	10.84	11.73
42	5.76	7.68	12.70	12.80
44	6.75	9.00	14.50	14.00
45	7.32	9.76	15.60	14.60

【例 8-1】　一条形基础，宽度 $b = 2m$，埋置深度 $d = 1m$，地基土的湿容重 $\gamma = 18kN/m^3$，饱和容重 $\gamma_{sat} = 20kN/m^3$，土的快剪强度指标为 $c = 10kPa$，$\varphi = 10°$，试求：

（1）地基的容许承载力 $p_{1/3}$、$p_{1/4}$ 值；

（2）若地下水位上升至基础底面，承载力有何变化。

解：（1）查表 $\varphi = 10°$ 时，承载力系数 $N_{1/4} = 0.36$，$N_{1/3} = 0.48$，$N_q = 1.73$，$N_c =$

4.17，代入式 $p=\dfrac{1}{2}\gamma b N_\gamma+\gamma_0 d N_q+c N_c$ 中得

$$p_{1/4}=\dfrac{1}{2}\times18\times2\times0.36+18\times1\times1.73+10\times4.17$$
$$=6.48+31.14+41.7$$
$$=79.3(\text{kPa})$$

$$p_{1/3}=\dfrac{1}{2}\times18\times2\times0.48+18\times1\times1.73+10\times4.17$$
$$=8.64+31.14+41.7$$
$$=81.5(\text{kPa})$$

（2）当地下水位上升时，若假设土的强度指标 c、φ 值不变，因而 N_γ、N_q、N_c 不变。地下水位以下土的容重取浮容重，则

$$\gamma'=\gamma_{sat}-\gamma_w=20-9.8=10.2(\text{kN/m}^3)$$

那么，地下水位上升后的 $p_{1/3}$、$p_{1/4}$ 为

$$p_{1/4}=\dfrac{1}{2}\times10.2\times2\times0.36+18\times1\times1.73+10\times4.17$$
$$=3.67+31.14+41.7$$
$$=76.5(\text{kPa})$$

$$p_{1/3}=\dfrac{1}{2}\times10.2\times2\times0.48+18\times1\times1.73+10\times4.17$$
$$=4.90+31.14+41.7$$
$$=77.7(\text{kPa})$$

可见，当地下水上升时，地基的承载力将有所降低。

8.3 极限承载力计算公式

8.3.1 普朗特尔极限承载力公式

普朗特尔（L. Prandtl，1920）研究了坚硬物体压入较软的、均匀的、各向同性材料的过程，他根据塑性平衡理论导出了介质达到极限平衡时的滑动面的数学方程及相应的极限承载力公式，但是，该研究结果只适用于无重量的介质的极限平衡平面课题。随后不少学者进一步对普朗特尔的研究结果作了不同形式的修正和补充，以便在工程中加以应用。

普朗特尔公式是求解宽度为 b 的条形基础，置于地基表面，在中心荷载 P 作用下的极限荷载 p_u 值。普朗特尔的基本假设及结果，归纳为如下几点。

（1）地基土是均匀、各向同性的无重量介质，即认为土的 $\gamma=0$，而只具有 c、φ 的材料。

（2）基础底面光滑，即基础底面与土之间无摩擦力存在，故基底平面是最大主应力面，基底竖向压力是大主应力，对称面上的水平压力是小主应力（即朗金主动土应力）。

（3）当地基处于极限平衡状态时，将出现连续的滑动面，其滑动区域由朗金主动区 Ⅰ，径向剪切区 Ⅱ（或称为过渡区）和朗金被动区 Ⅲ所组成，如图 8-4 所示。其中滑动

区Ⅰ边界 BC 或 AC 为直线，并与地基表面成（$45°+\varphi/2$）角，即三角形 ABC 是主动应力状态区；随着基础下沉，Ⅰ区土楔向两侧挤压，因此Ⅲ区因水平向应力成为大主应力（即朗肯被动土应力）而为朗金被动状态区，滑动面也是由两组平面组成，由于地基表面为最小主应力平面，故滑动面与地基表面成（$45°-\varphi/2$）角；滑动区Ⅱ的边界 CE 或 CD 为对数螺旋曲线，其曲线方程为 $r=r_0\mathrm{e}^{\theta\tan\varphi}$，其中 r_0 为起始矢径；θ 为射线 r 与 r_0 夹角。

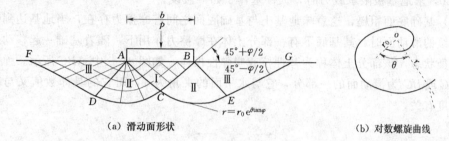

（a）滑动面形状　　　　　　　　　　　　　　（b）对数螺旋曲线

图 8-4　普朗特尔承载力公式计算示意图

（4）当基础有埋置深度 d 时，将基础底面以上的两侧土体用相当的均布超载 $q=\gamma d$ 来代替。

根据上述的基本假设，采用刚体平衡方法（具体推导过程可参阅相关文献），可以得到地基极限承载力为

$$p_u=\gamma dN_q+cN_c=qN_q+cN_c \tag{8-11}$$

式中　γ——基础底面埋深以上土的平均容重，$\mathrm{kN/m^3}$；

　　　d——基础的埋置深度，m；

N_q、N_c——承载力系数，它们是土的内摩擦角 φ 的函数，其中 $N_q=\mathrm{e}^{\pi\tan\varphi}\tan^2\left(45°+\dfrac{\varphi}{2}\right)$，

　　　　　$N_c=(N_q-1)\cot\varphi$，亦可查表 8-2。

表 8-2　　　　　　　　　　地基承载力系数 N_q、N_c 与 φ 的关系值

φ (°)	N_r	N_q	N_c	φ (°)	N_r	N_q	N_c
0	0	1.00	5.14	24	6.90	9.61	19.30
2	0.01	1.20	5.69	26	9.53	11.90	22.30
4	0.05	1.43	6.17	28	13.10	14.70	25.80
6	0.14	1.72	6.82	30	18.10	18.40	30.20
8	0.27	2.06	7.52	32	25.00	23.20	35.50
10	0.47	2.47	8.35	34	34.50	29.50	42.20
12	0.76	2.97	9.29	36	48.10	37.80	50.60
14	1.16	3.58	10.40	38	67.40	48.90	61.40
16	1.72	4.33	11.60	40	95.50	64.20	75.40
18	2.49	5.25	13.10	42	137.00	85.40	93.70
20	3.54	6.40	14.80	44	199.00	115.00	118.00
22	4.96	7.82	16.90	45	241.00	134.00	133.00

从式（8-11）可知，当基础置于无黏性土的表面上时（$c=0$、$d=0$），地基承载力为0，这是不合理的，之所以出现这种不合理现象是由于将土的容重视为 0 造成的。

8.3.2　太沙基极限承载力公式

对于均匀地基上的条形基础，当受中心荷载作用时，若把土作为有重量的介质，即 γ 不等于 0，求地基极限承载力时，太沙基作了如下假设。

（1）基础底面粗糙，这意味地基土与基础底面之间有摩擦力存在，当地基达到破坏并出现连续的滑动面时，其基底下有一部分土体在摩擦力作用下，随着基础一起移动并处于弹性平衡状态，该部分土体称为弹性核或叫弹性楔体，如图 8-5 中 ABC 所示。弹性核的边界 AC 或 BC 为滑动面的一部分，它与水平面的夹角为 φ，而它的具体数值又与基底的粗糙程度有关。

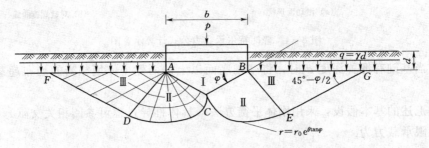

图 8-5　太沙基承载力公式计算示意图

（2）当把基底看作是完全粗糙时，则滑动区域由径向过渡区剪切区Ⅱ和朗肯被动区Ⅲ所组成。其中滑动区域Ⅱ的边界 CE 和 CD 为对数螺旋曲线，其曲线方程为 $r=r_0e^{\theta\tan\varphi}$，其中 r_0 为起始矢径；θ 为射线 r 与 r_0 夹角。朗肯区域Ⅲ的边界 DF 为直线，它与水平面成 $(45°-\varphi/2)$ 角。

（3）当基础有埋置深度时，则基底以上两侧的土体可用相当的均布超载 $q=\gamma d$ 来代替。根据上述假定，对弹性核进行静力平衡分析（具体推导过程可参阅相关文献），可得地基的极限承载力公式为

$$p_u=\frac{1}{2}\gamma bN_\gamma+qN_q+cN_c \qquad (8-12)$$

其中

$$N_q=\frac{e^{\left(\frac{3}{2}\pi-\varphi\right)\tan\varphi}}{2\cos^2\left(45°+\dfrac{\varphi}{2}\right)}$$

$$N_c=(N_q-1)\cot\varphi$$

式中　N_γ、N_q、N_c——承载力系数，它们都是无量纲系数，仅与土的内摩擦角 φ 有关，可由表 8-3 查得。

表 8-3　地基承载力系数 N_γ、N_q、N_c 与 φ 的关系值

$\varphi(°)$	0	5	10	15	20	25	30	35	40	45
N_γ	0	0.51	1.20	1.80	4.00	11.0	21.8	45.4	125.0	326.0
N_q	1.00	1.64	2.69	4.45	7.42	12.7	22.5	41.4	81.3	173.3
N_c	5.71	7.32	9.58	12.9	17.6	25.1	37.2	57.7	95.7	172.2

几点说明。

（1）当把基础底面假定为光滑时，则基底以下的弹性核就不存在，而成为朗肯主动区 I 了，而 AC 面与水平面的夹角 $\varphi=(45°+\varphi/2)$ 而整个滑动区域将完全与普朗特尔的情况相似，因此，由 c、q 所引起的承载力系数即可直接取用普朗特尔的结果，而由土容重 γ 所引起的承载力系数则采用下列半经验公式来表达。

$$N_\gamma=1.8N_c\tan^2\varphi \tag{8-13}$$

将 N_γ、N_q、N_c 代入式（8-12），即可得基础底面完全光滑情况下的太沙基地基极限承载力。

（2）太沙基承载力公式都是在整体剪切破坏的条件下得到的，对于局部剪切破坏时的承载力，通过调整土的抗剪强度指标来进行修正。抗剪强度指标按下面方法调整。

$$c^*=\frac{2}{3}c;\tan\varphi^*=\frac{2}{3}\tan\varphi \tag{8-14}$$

再用修正后的 c^*、φ^*，就可计算局部剪切破坏时松软土的地基承载力为

$$p_u=\frac{1}{2}\gamma bN'_\gamma+qN'_q+c^*N'_c$$

式中　　N'_γ、N'_q、N'_c——修正后的承载力系数，可按修正后的 φ^* 查表 8-3。

（3）式（8-12）只适用于条形基础，对于方形或圆形基础则属于三维问题，数学上求解困难。太沙基提出了半经验的极限荷载公式。

圆形基础：

$$p_u=0.6\gamma bN_\gamma+qN_q+1.2cN_c \tag{8-15}$$

方形基础：

$$p_u=0.4\gamma bN_\gamma+qN_q+1.3cN_c \tag{8-16}$$

8.3.3 汉森（Hansen）极限承载力公式

普朗特尔公式及太沙基极限承载力公式只是用于中心竖向荷载作用时的条形基础，同时不考虑基底以上土的抗剪强度的作用。若基础上作用的荷载是倾斜的或有偏心，如图 8-6 所示，计算时需要考虑基底以上土的抗剪强度影响，则可用汉森极限承载力公式。对于均质地基，基底完全光滑，在中心倾斜荷载作用下，不同基础形状及不同埋置深度时的极限承载力计算公式如下。

$$p_u=\frac{1}{2}\gamma bN_\gamma i_\gamma s_\gamma d_\gamma g_\gamma b_\gamma+qN_q i_q s_q d_q g_q b_q+1.3cN_c i_c s_c d_c g_c b_c \tag{8-17}$$

式中　　　　γ——土的容重，地下水位下取浮容重，kN/m^3；

　　　　　　b——基础的宽度，m；

N_γ、N_q、N_c——承载力系数，N_q、N_c 与普朗特尔公式相同，N_γ 值汉森建议按 $N_\gamma=1.5(N_q-1)\tan\varphi$ 计算；

　i_γ、i_q、i_c——荷载倾斜修正系数；

　g_γ、g_q、g_c——地面倾斜修正系数；

　b_γ、b_q、b_c——基底倾斜修正系数；

　s_γ、s_q、s_c——基础形状修正系数；

d_γ、d_q、d_c——深度修正系数。

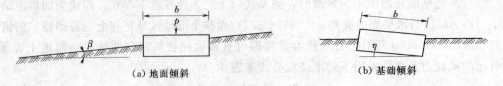

(a) 地面倾斜　　　　　　　　　　(b) 基础倾斜

图 8-6　汉森承载力公式示意图

式 (8-17) 中各种修正系数计算方法见表 8-4。

表 8-4　　　　　　　　汉森公式的承载力修正系数表

系数	计算公式	说明
荷载倾斜 修正系数	$i_\gamma = \left(1-\dfrac{0.7-\eta/450}{P+cA\cot\varphi}H\right)^5>0$ $i_{cf} = \left(1-\dfrac{0.5H}{P+cA\cot\varphi}\right)^5>0$ $i_c = \begin{cases} i_q - \dfrac{1-i_q}{N_q-1},\ \varphi>0 \\[2mm] 0.5-0.5\sqrt{1-\dfrac{H}{cA}},\ \varphi=0 \end{cases}$	P、H——作用在基础底面的竖向荷载及水平荷载； A——基础底面面积，$A=b\times l$（偏心荷载时为有效面积 $A=b'\times l'$）； η——倾斜基底与水平面的夹角
基础形状 修正系数	$s_\gamma = 1-0.4i_\gamma K$ $s_q = 1+i_q K\sin\varphi$ $s_c = 1+0.2i_c K$	对于矩形基础，$K=b/l$； 对于方形或圆形基础，$K=1$
深度修正 系数	$d_\gamma = 1$ $d_q = \begin{cases} 1+2\tan\varphi(1-\sin\varphi)^2\dfrac{d}{b} \\[2mm] 1+2\tan\varphi(1-\sin\varphi)^2\arctan\dfrac{d}{b} \end{cases}$ $d_c = \begin{cases} 1+0.35\dfrac{d}{b} \\[2mm] 1+0.4\arctan\dfrac{d}{b} \end{cases}$	式中 d 为基础埋深，大括号上、下两部分分别表示在 $d\leqslant b$ 和 $d\geqslant b$ 情况下的深度系数表达式，偏心荷载时，表中 b、l 均采用有效宽（长）度 b'、l'
地面倾斜 修正系数	$g_\gamma = g_q = (1-0.5\tan\beta)^5$ $g_c = 1-\dfrac{\beta}{147°}$	地面或基础底面本身倾斜，均对承载力产生影响。若地面与水平面的倾角 β 以及基底与水平面的倾角 η 为正值，如图 8-6 所示，且满足 $\eta+\beta\leqslant 90°$ 时，两者的影响可按左侧近似公式确定
基底倾斜 修正系数	$b_\gamma = \exp(-2.7\eta\tan\varphi)$ $b_q = \exp(-2\eta\tan\varphi)$ $b_c = 1-\dfrac{\eta}{147°}$	

由上述理论公式计算的极限承载力是在地基处于极限平衡时的承载力，为了保证建筑物的安全和正常使用，地基承载力设计值应以一定的安全度将极限承载力加以折减。

【例 8-2】　若例 8-1 的地基属于整体剪切破坏，试分别采用太沙基公式及普朗特尔公式确定其极限承载力和承载力设计值（安全系数取 2），并与 $p_{1/4}$ 进行比较，不考虑地下水位上升。

解：(1) 采用太沙基公式，查表 $\varphi=10°$ 时，承载力系数 $N_\gamma=1.2$，$N_q=2.69$，$N_c=$

9.58，代入式 $p_u = \frac{1}{2}\gamma b N_\gamma + q N_q + c N_c$ 中得

$$p_u = \frac{1}{2} \times 18 \times 2 \times 1.2 + 18 \times 1 \times 2.69 + 10 \times 9.58$$

$$= 21.6 + 48.42 + 95.8$$

$$= 165.8(\text{kPa})$$

（2）采用普朗特尔公式，查表 $\varphi = 10°$ 时，承载力系数 $N_\gamma = 0.47$，$N_q = 2.47$，$N_c = 8.35$。

$$p_u = \frac{1}{2} \times 18 \times 2 \times 0.47 + 18 \times 1 \times 2.47 + 10 \times 8.35$$

$$= 8.46 + 44.46 + 83.5$$

$$= 136.4(\text{kPa})$$

（3）若取安全系数 $K=2$（黏性土）。则可得承载力设计值 p 分别为

太沙基公式：

$$p_u = \frac{p_u}{2} = \frac{165.8}{2} = 82.9(\text{kPa})$$

普朗特尔公式：

$$p_u = \frac{p_u}{2} = \frac{136.4}{2} = 68.2(\text{kPa})$$

$p_{1/4}$：

$$p_u = 81.4(\text{kPa})$$

由上述计算过程可见，太沙基公式计算的承载力设计值与 $p_{1/4}$ 比较一致，而普朗特尔公式计算的结果则偏小。

8.4　地基承载力设计值的确定

通过前面章节的学习，地基承载力除了与土的抗剪强度参数有关之外，还与地基塑性区允许开展的深度有关，这就牵涉到设计安全度的概念，即地基承载力的确定问题。下面介绍地基承载力的设计原则。

8.4.1　地基承载力的设计原则

在进行地基基础设计时地基承载力的取值必须首先满足地基强度和稳定性的要求；其次也要满足变形要求。这就要求设计时必须控制基础底面的压力不得大于某一界限值。地基承载力设计值的取值原则有三种，即容许承载力设计原则、总安全系数设计原则和概率极限状态设计原则。不同的设计原则遵循各自的安全准则，按不同的规则和不同的公式进行设计。

1. 容许承载力设计原则

容许承载力设计原则指不仅满足强度和稳定性的要求，同时还必须满足建筑物容许变形的要求，即同时满足强度和变形的要求。容许承载力设计原则是我国常用的方法，积累了丰富的工程经验。交通部 1985 年发布的《公路桥涵地基与基础设计规范》（JTJ 024—

85）就是采用容许承载力设计原则的设计规范，还有许多地方规范也采用容许承载力设计原则。

容许承载力是指地基土的压力变形曲线线性变形段内相应于不超过比例界限点的地基压力值，其设计表达式为

$$p \leqslant [\sigma_0] \qquad (8-18)$$

式中　p——基础底面的平均压力；

　　　$[\sigma_0]$——地基容许承载力。

地基容许承载力可以由载荷试验求得，也可以用理论公式计算，用理论公式时也可根据需要采用临塑荷载公式或临界荷载公式进行计算。

2. 安全系数设计原则

安全系数设计原则是通过对地基极限承载力除以一定的安全系数，来达到满足强度和稳定性的要求。其设计表达式为

$$p \leqslant \frac{p_u}{K} \qquad (8-19)$$

式中　p_u——地基极限承载力；

　　　K——安全系数，一般取 $2 \sim 3$。

地基极限承载力也可以由载荷试验求得或用理论公式计算。容许承载力一般不超过地基的临塑荷载或比例极限，实际上已经隐含着保证安全度的安全系数，在设计表达式中并不出现安全系数。

3. 概率极限状态设计原则

国际标准《结构可靠性总原则》（ISO 2394）对土木工程领域的设计采用了以概率理论为基础的极限状态设计方法。现行的《建筑地基基础设计规范》（GB 50007—2002）就是按概率极限状态设计原则要求来制定的。《建筑地基基础设计规范》（GB 50007—2002）所确定地基承载力称为承载力特征值（Characteristic Value），该值的确定可以通过统计得到，也可以是传统经验值或某一物理量限定的值，但由于在地基基础设计中岩土参数的变异性较大和统计的困难与资料的不足，仍需不断积累使用经验。

8.4.2　根据规范推荐的地基承载力表、公式确定地基承载力

1. 《建筑地基基础设计规范》（GB 50007—2002）的地基承载力特征值

地基承载力特征值可由载荷试验、原位测试、理论公式计算并结合工程实践经验等方法确定。《建筑地基基础设计规范》（GB 50007—2002）规范要求对地基基础设计等级为甲级的建筑物采用荷载试验、理论公式计算及其他原位试验等方法综合确定。根据原位试验成果确定地基承载力特征值等方法，可参看相关文献。此处对《建筑地基基础设计规范》（GB 50007—2002）推荐的理论公式进行介绍。

对于荷载偏心距 $e \leqslant 0.033b$（b 为偏心方向基础边长）时，按塑性荷载 $p_{1/4}$ 的理论公式为基础计算地基承载力特征值为

$$f_a = M_b \gamma b + M_d \gamma_m d + M_c c_k \qquad (8-20)$$

式中　f_a——由土的抗剪强度指标确定的地基承载力特征值，kPa；

M_b、M_d、M_c——承载力系数，根据 φ_k 按表 8-5 查取，φ_k 为基底下一倍短边宽度的深度

范围内土的内摩擦角标准值；

b——基础底面宽度，m，大于 6m 时按 6m 取值，对于砂土，小于 3m 时按 3m 取值；

c_k——基底下一倍短边宽度的深度范围内土的黏聚力标准值，kPa；

γ——基础底面以下土的容重，地下水位以下取浮容重，kN/m³；

γ_m——基础埋深范围内各层土的加权平均容重，地下水位以下取浮容重，kN/m³；

d——基础埋置深度，m。当 $d < 0.5m$ 时，按 0.5m 取值。自室外地面标高算起。在填方整平地区，可自填土地面标高算起，但填土在上部结构施工后完成时，应从天然地面标高算起。对于地下室，如采用箱形基础或筏板时，基础埋置深度自室外地面标高算起；当采用独立基础或条形基础，应从室内地面标高算起。

表 8-5 承载力系数 M_b、M_d、M_c

土的内摩擦角标准值 φ_k	M_b	M_d	M_c	土的内摩擦角标准值 φ_k	M_b	M_d	M_c
0	0	1.00	3.14	22	0.61	3.44	6.04
2	0.03	1.12	3.32	24	0.80 (0.7)	3.87	6.45
4	0.06	1.25	3.51	26	1.10 (0.8)	4.37	6.90
6	0.10	1.39	3.71	28	1.40 (1.0)	4.93	7.40
8	0.14	1.55	3.93	30	1.90 (1.2)	5.59	7.95
10	0.18	1.73	4.17	32	2.60 (1.4)	6.35	8.55
12	0.23	1.94	4.42	34	3.40 (1.6)	7.21	9.22
14	0.29	2.17	4.69	36	4.20 (1.8)	8.25	9.97
16	0.36	2.43	5.00	38	5.00 (2.1)	9.44	10.80
18	0.43	2.72	5.31	40	5.80 (2.5)	10.84	11.73
20	0.51	3.06	5.66				

注 上表括号内的值是指，当内摩擦角标准值 $\varphi_k \geqslant 24°$时，用式（8-8）计算的数值；而在实际应用时应取增大的经验值，以充分发挥砂土地基承载力的潜力。

根据前面临界荷载的理论计算公式可知，当基础宽度和埋置深度增加时，地基承载力也将随之提高。《建筑地基基础设计规范》（GB 50007—2002）规定，当基础宽度大于 3m 或埋置深度大于 0.5m 时，由载荷试验或其他原位测试、经验值等方法确定的地基承载力特征值尚应按下式修正。

$$f_a = f_{ak} + \eta_b \gamma (b-3) + \eta_b \gamma_m (d-0.5) \tag{8-21}$$

式中 f_a——修正后的地基承载力特征值，kPa；

f_{ak}——地基承载力特征值，kPa；

η_b、η_d——基础宽度和埋深的地基承载力修正系数，按基底下土的类别查表 8-6 取值；

b、d——基础宽度和埋深，m，当 $b < 3.0m$ 时，按 $b = 3.0m$ 计；当 $b > 6.0m$ 时，按 $b = 6.0m$ 计。

表 8 - 6　　　　　　　　　　　**地基承载力修正系数**

土 的 类 别		η_b	η_d
淤泥和淤泥质土		0	1.0
人工填土，e 或 I_L 不小于 0.85 的黏性土		0	1.0
红黏土	含水比 $a_w > 0.8$	0	1.2
	含水比 $a_w \leqslant 0.8$	0.15	1.4
大面积压密填土	压实系数大于 0.95、黏粒含量 $\rho_c \geqslant 10\%$ 的粉土	0	1.5
	最大干密度大于 2.1t/m³ 的级配砂石	0	2.0
粉土	黏粒含量 $\rho_c \geqslant 10\%$ 的粉土	0.3	1.5
	黏粒含量 $\rho_c < 10\%$ 的粉土	0.5	2.0
e 及 I_L 均小于 0.85 的黏性土		0.3	1.6
粉砂、细砂（不包括很湿与饱和时的稍密状态）		2.0	3.0
中砂、粗砂、砾砂和碎石土		3.0	4.4

注 1. 强风化和全风化的岩石，可参照所风化的相应土类取值，其他状态下的岩石不修正。

　　2. 地基承载力特征值按《建筑地基基础设计规范》（GB 50007—2002）附录 D 深层平板载荷试验确定时 η_d 取 0。

2. 《路桥地基规范》（JTJ 024—85）的地基承载力容许值

《路桥地基规范》（JTJ 024—85）规定，桥涵地基的容许承载力可根据地质勘测、原位测试、野外载荷试验、邻近旧桥涵调查对比，以及既有的建筑经验和理论公式的计算综合分析确定。还可以按《路桥地基规范》（JTJ 024—85）提供的承载力表来确定地基容许承载力。

当基础最小边宽度 $b \leqslant 2m$、埋置深度 $d \leqslant 3m$ 时，各类地基土容许承载力 $[\sigma_0]$，可从规范查表取值。一般黏性土可按液性指数及天然孔隙比从表 8 - 7 查取，砂类土地基的容许承载力 $[\sigma_0]$ 可按密实度和湿度从表 8 - 8 查取。

表 8 - 7　　　　　　　**一般黏性土地基的容许承载力 $[\sigma_0]$**　　　　　　　单位：kPa

天然孔隙比 e_0	地 基 土 的 塑 性 指 数 I_L										
	0	0.1	0.2	0.3	0.4	0.5	0.6	0.7	0.8	0.9	1.0
0.5	450	440	430	420	400	380	350	310	270	240	220
0.6	420	410	400	380	360	340	310	280	250	220	200
0.7	400	370	350	330	310	290	270	240	220	190	170
0.8	380	330	300	280	260	240	230	210	180	160	150
0.9	320	260	250	240	220	210	190	180	160	140	130
1.0	250	230	220	210	190	170	160	150	140	120	110
1.1	—	—	160	150	140	130	120	110	100	90	—

注　当土中含有粒径大于 2mm 的颗粒质量超过全部质量的 30% 时，$[\sigma_0]$ 可酌量提高。

表 8-8　　　　　　　　砂类土地基的容许承载力 $[\sigma_0]$　　　　　　　　单位：kPa

名　　称	湿　　度	密　实	中　密	松　散
砾砂、粗砂	与湿度无关	550	400	200
中砂	与湿度无关	450	350	150
细砂	水上	350	250	100
	水下	300	200	—
粉砂	水上	300	200	—
	水下	200	100	—

注　在地下水位以上的地基土湿度为"水上"，地下水位以下的为"水下"。对其他如碎石类土、岩石地基等的容许
　　承载力可参阅《路桥地基规范》(JTJ 024—85)。

当基础宽度 $b>2\text{m}$，埋置深度 $d>3\text{m}$，且 $d/b\leqslant 4$ 时，一般地基土（除冻土和岩石外）的容许承载力可按下式进行修正计算。

$$[\sigma]=[\sigma_0]+K_1\gamma_1(b-2)+K_2\gamma_2(d-3) \tag{8-22}$$

式中　$[\sigma]$——地基土修正后的容许承载力，kPa；

　　　$[\sigma_0]$——从表 8-7、表 8-8 查取的地基容许承载力，kPa；

　　　b——基础验算剖面底面的最小边宽或直径，m，当 $b\geqslant 10\text{m}$ 时，按 10m 计；

　　　d——基础的埋置深度，m，对于受水流冲刷的基础，由一般冲刷线算起，不受水流冲刷的基础，由挖方后的地面算起；当 $d\leqslant 3\text{m}$ 时，仍按 3m 计算；

　　　γ_1——基底下持力层的天然容重，kN/m^3，如持力层在水面以下且为透水性时，应取用浮容重；

　　　γ_2——基底以上土的容重（如为多层土时用换算容重），kN/m^3。如持力层在水面以下并为不透水性土时，则不论基底以上土的透水性性质如何，应一律采用饱和容重，如持力层为透水性土时，应一律采用浮容重；

　　　K_1、K_2——按持力层类确定的宽度和深度方面的修正系数，其值按持力层土类从表 8-9 选用。

表 8-9　　　　　　　　**修正系数 K_1、K_2**

土名\系数	黏　性　土					黄　土	
	新近沉积黏性土	一般黏性土		老黏性土	残积土	一般新黄土、老黄土	新近堆积黄土
		$I_L<0.5$	$I_L\geqslant 0.5$				
K_1	0	0	0	0	0	0	0
K_2	1	2.5	1.5	2.5	1.5	1.5	1.0

土名\系数	砂　　土					碎　石　土	
	粉砂	细砂		中砂	砾砂　粗砂	碎石　圆砾角砾	卵石
K_1	1.2	1.0	2.0	1.5	3.0　2.0	4.0　3.0	4.0　3.0
K_2	2.5	2.0	4.0	3.0	5.5　4.0	6.0　5.0	6.0　5.0　10.0　6.0

地基承载力表是根据大量的工程试验数据，通过统计分析得到的。承载力表使用方便

是其主要优点，但在工程应用上存在一些问题。我国幅员辽阔，地质条件千差万别，仅用几张表格就能确定全国的地基承载力难免不符实际，而且使得工程技术人员依赖查规范表格，不重视理论公式、载荷试验和原位测试结果，不利于充分发挥地基的承载能力。因此，现行的《建筑地基基础设计规范》（GB 50007—2002）取消了地基承载力表。

【例 8-3】 已知某场地地质条件，第一层为粉质黏土，层厚 1.0m，$\gamma=18\text{kN/m}^3$；第二层为粉质黏土，层厚 6.0m，$\gamma=18.5\text{kN/m}^3$，$e=0.90$，$I_L=0.95$，地基承载力特征值 $f_{ak}=120\text{kPa}$。试计算修正后的地基承载力特征值：

（1）当基础底面为 3.0m×2.0m 的矩形独立基础，埋深 $d=1.0\text{m}$；

（2）当基础底面为 10.5m×40m 的箱形基础，埋深 $d=4.0\text{m}$。

解：（1）根据《建筑地基基础设计规范》（GB 50007—2002）矩形独立基础下修正后的地基承载力特征值 f_a，按下式计算。基础宽度 $b=2.0\text{m}<3\text{m}$，按 3m 计，埋深 $d=1.0\text{m}$，持力层粉质黏土的孔隙比 $e=0.90>0.85$，查表 8-6 得

$\eta_b=0$，$\eta_d=1.0$，代入式（8-21）得

$$f_a=f_{ak}+\eta_b\gamma(b-3)+\eta_d\gamma_m(d-0.5)$$
$$=120+0+1.0\times18\times(1-0.5)$$
$$=129(\text{kPa})$$

（2）箱形基础宽度 $b=10.5\text{m}>6\text{m}$，按 6m 计，埋深 $d=4.0\text{m}$，持力层仍为粉质黏土，$\eta_b=0$，$\eta_d=1.0$，则

$$\gamma_m=(18.0\times1.0+3\times18.5)/4=18.4(\text{kN/m}^3)$$
$$f_a=f_{ak}+\eta_b\gamma(b-3)+\eta_d\gamma_m(d-0.5)$$
$$=120+0\times18.5\times(6-3)+1.0\times18.4\times(4-0.5)$$
$$=184.4(\text{kPa})$$

8.5 关于地基承载力的讨论

地基承载力的确定也是一个比较复杂的问题，下面介绍一些在确定地基承载力时常遇到的问题。

8.5.1 由载荷板试验成果确定地基承载力

用载荷试验曲线确定地基容许承载力时，由于试验时未包括基础埋置深度对地基承载力的影响，而且承压板宽度也小于实际基础的宽度，这种尺寸效应是不能忽略的。这是《建筑地基基础设计规范》（GB 50007—2002）所规定的，当基础宽度大于 3m 或埋置深度大于 0.5m 时，由载荷试验或其他原位测试、经验值等方法确定的地基承载力特征值应进行深度与宽度修正的原因。

8.5.2 关于临塑荷载和临界荷载公式的应用

从临塑荷载与临界荷载公式的假设与推导中，可以知道以下几点。

（1）计算公式适用于条形基础。这些计算公式是从平面问题的条形均布荷载情况下导得的，若将它近似地用于矩形基础，其结果是偏于安全的。

（2）计算土中由自重产生的主应力时，假定土的侧压力系数 $K_0=1$，这是与土的实际情况不符的，但这样可使计算公式简化。一般来说，这样假定的结果会导致计算的塑性区范围比实际偏小一些。

（3）在计算临界荷载 $p_{1/4}$ 时，土中已出现塑性区，但这时仍按弹性理论计算土中应力，这在理论上是相互矛盾的，其所引起的误差是随着塑性区范围的扩大而加大。

8.5.3 关于极限承载力计算公式的应用

1. 极限承载力公式的含义

对于平面问题，若不考虑基础形状和荷载的作用方式，则地基极限承载力的一般计算公式为

$$p_u = \frac{1}{2}\gamma b N_\gamma + q N_q + c N_c$$

说明地基极限承载力由以下三部分土体抗力组成。

（1）滑裂土体自重所产生的摩擦拉力。

（2）基础两侧均布荷载所产生的抗力。

（3）滑裂面上黏聚力所产生的抗力。

2. 确定容许承载力时安全系数的选用

不同极限承载力公式是在不同假定情况下推导出来，在确定容许承载力时，其选用的安全系数不尽相同。一般用太沙基极限承载力公式，安全系数采用 3；用汉森公式，对于无黏土可取 2，对于黏性土可取 3。

3. 极限承载力公式的局限性

极限承载力公式是在土体刚塑性假定下推导出来的，这与实际有些差异。土体在荷载作用下不但会产生压缩变形而且也会产生剪切变形，在极限承载力公式并不能得到反映。因此对地基变形较大时，用极限承载力公式计算的结果有时并不能反映地基土的实际情况。

8.5.4 影响地基极限承载力的因素

从地基极限承载力公式可知，影响地基承载力的因素有地基土的物理力学性质（容重、内摩擦角、黏聚力）、建筑物的基础尺寸和埋深等。

1. 土的容重与地下水位对承载力的影响

在地基极限承载力公式中，前两项都含有土的容重，当土的容重发生变化时，地基承载力将发生变化。而地下水位对浅基础地基承载力的影响，则是由于地下水位上升，在水的浮力作用下将使土的有效容重减小而降低了地基的承载力，可参考例 8-1 加以理解。

2. 地基土的强度指标

土的强度指标内摩擦角 φ、黏聚力 c 对地基极限承载力有明显影响。其中土的内摩擦角 φ 值对地基极限荷载的影响最大。如果 φ 越大，则承载力系数 N_γ、N_c、N_q 越大，对极限荷载 p_u 计算公式中三项数值都起作用，故极限荷载数值就越大；而土的黏聚力如地基土的黏聚力 c 增加，仅第三项增大。

3. 基础的尺寸与埋深

地基的极限荷载大小不仅与地基土的性质密切相关，而且与基础尺寸大小与埋深有

关。根据极限承载力公式，当基础宽度 b 加大时，公式第一项增大，地基承载力增大。但是一些研究表明，当基础宽度大于一定宽度后，地基承载力不再随着宽度增加，这也是规范中承载力修正值计算时，宽度设定一上限值的原因；另外，随着基础宽度增大，虽然基底压力减小，但地基的压缩层深度加大，而可能造成基础沉降过大。

当基础埋深 d 加大时，则基础两旁的超载 $q = \gamma d$ 增大，即极限承载力公式中第三项增大，地基承载力也增大。这是因为随着基础埋深增加，基底附加应力减小，压缩层深度减小，基础的最终沉降量减小。可参看例 8-3，理解基础宽度 b、埋深 d 对地基承载力的影响。

8.6　提高地基承载力的方法

在工程实践中经常遇到天然状态下的地基土体承载力较低，虽然可以通过增大基础尺寸或埋深达到上部荷载要求，但大大增大工程投资。这时可以利用上节所学的知识，有目的的对地基土体改良，使其承载力增大，达到降低工程造价的目的。

8.6.1　换土垫层法

天然状态下承载力较低的地基土体多为软黏土或新近堆积土，其容重小、孔隙比大、抗剪强度指标低。当基础下面存在厚度不大的软弱土层时，可以将其全部或部分挖除，代之以工程性质较好的土体（三七灰土、三合土等）分层压实回填，在基础底面下形成一层力学性能显著增强的人工地基土层，使得上部荷载引起的较大应力在该层土的作用下向地基深处和周围扩散，从而使得人工地基土层与深部土层界面处的应力小于深部土层的地基承载力。这种处理方法称为换土垫层法。

8.6.2　改善地基土的容重和抗剪强度指标

当软弱土层厚度较大，或地下水位埋深较浅时，换土垫层法难于适用时。根据极限承载力公式可知，通过提高地基土体的容重和强度指标达到提高地基承载力的目的。提高地基土体的容重方法可以采用物理方法对地基土体改良，如挤密法、排水固结法；提高地基土体强度指标方法可以采用化学注浆法、烧结法，亦可采用物理方法，如加筋法、冻结法等。当然上述方法并不是单独起作用，如挤密法不仅提高了土体密度，而且随着土体密度增大，其强度指标亦增大；注浆法不仅提高了土体强度指标，而且亦使土体密度增大；而加筋法、冻结法则主要提高地基土体的强度指标。

 思　考　题

1. 何谓地基承载力？地基土的破坏模式有哪几种，各有何特征？

2. 何谓塑性区？地基临塑荷载和地基临界荷载物理意义是什么？怎样计算地基临塑荷载和地基临界荷载？有何工程意义？

3. 地基承载力设计值的取值原则有哪三种，其差别是什么？

4. 什么是地基的极限承载力？极限承载力常用的计算公式有哪些？各公式的适应条

件是什么?

5. 对于饱和软黏土地基,当承载力不能满足上部荷载要求时,是增大基础埋深还是增大基础宽度? 为什么?

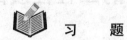 **习　题**

1. 条形基础宽 12m,场地地基土层组成为粉土,厚 2m,$\gamma = 19kN/m^3$,$\varphi = 14°$,$c = 20kPa$;第二层黏土土厚 2m,$\gamma' = 10.4kN/m^3$,地下水位距地表 2m,$\varphi = 14°$,$c = 20kPa$;第三层黏土较厚,$\gamma' = 9.0kN/m^3$,$\varphi = 12°$,$c = 16kPa$。试求基础埋深为 2m,承受均部荷载 p=236kPa 时,地基塑性的最大深度。

2. 某宾馆条形基础宽 12m,埋深 2m,地基土为匀质黏土,黏聚力 $c = 12kPa$,内摩擦角 $\varphi = 15°$,地下水位与基础底面平齐,该面以上土的湿容重为 $18kN/m^3$,以下土的饱和容重为 $19kN/m^3$,试计算地基临塑荷载 p_{cr},地基的临界荷载 $p_{1/4}$、$p_{1/3}$。

3. 黏性土地基上条形基础的宽度 $b = 2m$,埋置深度 $d = 1.5m$,地下水位在基础埋置高程处。地基土的相对密度 $G_s = 2.70$,孔隙比 $e = 0.70$,水位以上饱和度 $S_r = 0.8$,土的强度指标 $c = 10kPa$,$\varphi = 20°$。求地基土的临塑荷载 p_{cr},临界荷载 $p_{1/4}$、$p_{1/3}$ 并与太沙基极限荷载 p_u 相比较。

4. 一条形基础宽 $b = 3.0m$,埋深 $d = 2.0m$,地基土为砂土,其饱和容重为 $21kN/m^3$,$\varphi = 30°$,地下水位与地面齐平,求:

(1) 地基的极限荷载;

(2) 埋深不变,宽度变为 6.0m 的极限荷载;

(3) 宽度仍为 3.0m,埋深增至 4.0m 的极限荷载;

(4) 分析以上三种计算结果,可得到什么规律?

5. 某建筑物宽 6m,长 80m,埋深 2m,基底以上土的容重为 $18kN/m^3$,基底以下土的容重为 $18.5kN/m^3$,$c = 15kPa$,$\varphi = 18°$,试用太沙基公式求极限承载力。如地下水位距地面 2m,此时土的含水率 $w = 30\%$,相对密度为 2.7,c、φ 不变,求极限承载力。

6. 平面尺寸为 4m×6m 的矩形基础,地基持力层为黏土,基础埋深 $d = 2.5m$,地基土的容重为 $18.50kN/m^3$,$\varphi = 20°$,$c = 9kPa$,并考虑基础形状的影响,试用太沙基公式计算地基承载力。

第9章 土的工程性质的原位测试

9.1 概　　述

学习土力学的目的是为了解决工程技术问题，在运用土力学理论指导工程实践时，特别在进行各项计算时，所应用的土工指标在多大程度上反映了土的实际情况是至关重要的。如果不注意对土工指标的分析判断，由于指标所引起的偏差有可能比计算模式的误差大得多。因此，积累实际经验，掌握对土工指标的分析评价尤为重要，这一章的目的就是要进一步认识土、了解土、并进一步掌握评价和利用土工指标的技能。

9.2 取土方法对土的试验指标的影响

土的试验指标包括物理性质指标（如容重、含水量、土粒相对密度等）和力学性质指标（如抗剪强度指标、压缩模量、渗透系数等）。工程师根据土的试验指标对土的工程性质进行分析判断，并根据指标的数据计算地基承载力、沉降或土压力等，从而进行各项设计工作。显然，设计的正确与否在很大的程度上取决于这些试验指标是否反映了土层的实际情况，如果指标的试验方法与工程条件不符，试验的应力条件与土的原位应力条件相差悬殊，或者试验的土样已经扰动，与原位的物理状态不同，则计算的结果必然偏离实际，或得到错误的结果。

当土样从钻孔中取出时，产生两种效应可能使土样偏离实际情况。一是取土、搬运、试验切土时机械作用，使土的结构强度受到扰动，从而降低土的结构强度；二是土原有应力条件的卸除，使土样产生回弹膨胀。这两种效应统称为土的扰动，扰动使土的试验指标与原位土体的工程性态不尽相符。研究结果表明，扰动可使土的不排水强度降低、破坏应变增大、固结不排水强度降低、压缩性增大而有效强度参数基本不变。

为了使土的试验指标能更好地符合实际情况，采取减少扰动的技术措施是十分必要的。在勘察取土过程中应重视土样的质量，《岩土工程勘察规范》（GB 50021—2001）对土样按扰动程度划分为四个等级，并规定强度试验和压缩试验应采取Ⅰ级"不扰动"土样。所谓的"不扰动"是指原位应力状态虽已改变，但土的结构、密度和含水率变化很小，能满足室内试验各项要求。用合适的取土器和取土技术可以将扰动减少到最小程度，例如，在最容易扰动的软土中取土时，如果采用薄壁取土器并用静压的方法将取土器压入土层就可以取得Ⅰ级"不扰动"土样。

在钻孔中对同一土层分别采用厚壁取土器（壁厚 5～6mm）和薄壁取土器（壁厚 1.25～2mm）取土做无侧限抗压强度对比试验，以研究取土扰动的影响，不排水强度与破坏应变的对比资料如图9-1所示。从图中可以看出，薄壁取土器试验的破坏应变 ε 小于8%，薄壁取土器取土试验的破坏应变在10%～20%之间，而强度 c_u 远低于前者，取土器的扰动对无侧限抗压强度的试验结果有非常显著的影响。

表9-1给出了我国沿海各地采用两种取土器取土试验的对比资料，薄壁取土器取样的试验强度比厚壁取土器取样的试验强度高出40%～60%。由此可见，改进取土技术对于提高勘探试验工作的质量极为重要。

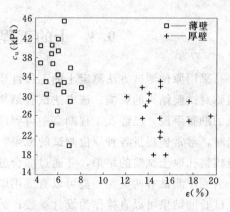

图9-1 取土器对强度指标的影响

表9-1　　　　不同地区两种取土器取土的无侧限抗压强度（kPa）对比资料

地区 取土器类型	上海	上海	上海	上海	上海	天津	天津	连云港	广州	广州	深圳
厚壁 q_h	59.5	55.8	39.6	35.8	36.7	25.6	33.0	8.0	46.0	24.0	8.8
薄壁 q_b	95.5	85.5	54.0	51.9	60.0	38.6	53.4	13.0	76.0	36.0	13.0
q_b/q_h	1.61	1.53	1.36	1.45	1.63	1.51	1.62	1.63	1.65	1.50	1.48

对于取土过程中产生的扰动，可以采取合适的取土器和取土技术加以防范；但对于土的应力条件改变对土样所产生的影响则是无法排除的，取土过程对土样来说又是卸荷的过程，从天然埋藏条件下的应力状态降低到0，土的应力状态发生了改变，就改变了土样的物理状态，从而影响试验的结果，取土的深度越深，卸荷对试验结果的影响也越大。试验研究表明，卸荷时土样的轴向应变如小于1%，则对强度没有很大的影响；如超过1%，就会破坏土的结构。试验显示当伸长应变为5.8%时，强度降低20%左右。对于这种扰动效应以及应力状态的改变，在试验设计中也可以采取一定措施加以考虑，例如，三轴固结不排水试验时可采取对土样进行 K_0 固结的措施，将其恢复到原位应力状态固结后再施加荷载进行剪切试验。其原理是对试样施加模拟原位应力的侧向压力和竖向压力，使之排水固结以恢复到原位的有效应力状态，然后进行不排水剪试验。

表9-2给出了软土抗剪强度的对比试验资料，从表中可以看出，K_0 固结不排水试验的强度比等压固结不排水试验的强度要高得多，反映了原位有效应力状态对试验结果的重要影响。

表9-2　　　　软土抗剪强度试验对比

试验方法 指标	常规固结 不排水剪试验	常规不排水剪试验	K_0 固结后的 不排水剪试验
内摩擦角 φ（°）	14	0	1.5
黏聚力 c（kPa）	30	22	53

9.3　土的工程性质的原位测试方法

采用原位测试方法测定土的工程性质可以避免钻孔取土时对土的扰动和卸荷时土样的回弹对试验结果的影响。该方法试验结果直接反映了原位土层的物理状态，是一种比较有效的勘察手段，已经在工程勘察中得到广泛地应用。工程勘察报告在给出取土试验结果的同时，常常还提供各种原位测试的成果，工程师可用以比较室内试验与原位测试的数据，校核钻孔取土试验的结果，并通过综合分析以确定土的工程性质指标。

原位测试有两类，一类可以直接用以测定土的工程性质指标，如十字板剪切试验和旁压试验的结果可以直接作为设计参数；另一类原位试验测定的却是综合性指标，如贯入阻力和锤击数等，这种指标本身并不是设计参数，需要通过对比试验取得这些综合性指标与土的设计参数之间的经验关系，才能用以估计土的工程性质指标，这一类原位测试如静力触探试验和标准贯入试验等。这些经验关系一般都在一定的适用范围内才能使用，包括指标范围和地区适用范围，超出适用范围便不能使用。

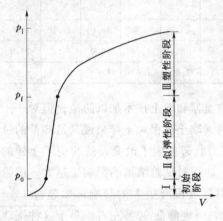

图 9-2　典型的旁压曲线

在前面几章里已经介绍过十字板剪切试验、标准贯入试验和静载荷试验的基本设备及工程应用，下面再介绍静力触探试验和旁压试验。

钻孔旁压试验是一种测定土体水平向应力应变特征的原位测试，其原理是向置于竖直孔内的旁压器内注入压力水，压力水使旁压器的旁压膜膨胀，挤压四周的土体使之产生水平向的变形直至破坏，通过传感器同时测定施加的压力与土体的侧向变形，可以得到如图 9-2 所示的典型的旁压曲线（压力与变形的关系曲线），由旁压曲线可以得到地基土的强度和变形等有关参数。

从图 9-2 中可知，典型的旁压曲线可分为三段，相应地有三个压力特征值，初始水平应力 p_0、临塑压力 p_f 和极限压力 p_l，其中 p_0 和 p_f 为直线段的起点和终点所对应的压力值，p_l 为曲线趋向于渐近线时的压力。由从旁压试验结果得的地基土临塑荷载 q_k 与极限荷载 q_u 可由下式计算，即

$$q_k = p_f - p_0 \tag{9-1}$$

$$q_u = p_l - p_0 \tag{9-2}$$

图 9-2 中的直线段称为似弹性阶段。根据直线段的斜率，由轴对称平面应变问题的弹性解求得旁压模量 E_M 为

$$E_M = 2(1+\mu)\left(V_c + \frac{V_0 + V_f}{2}\right)\frac{\Delta p}{\Delta V} \tag{9-3}$$

式中　E_M——旁压模量，kPa；

　　　　μ——泊松比；

　　　　V_c——旁压器中腔初始体积，cm³；

V_0——与初始压力 p_0 对应的体积，cm³；

V_f——与临塑压力 p_f 对应的体积，cm³；

Δp——旁压曲线上直线段两端间压力增量，kPa；

ΔV——旁压曲线上直线段两端间压力所对应的体积增量，cm³。

静力触探试验是用静力以一恒定的贯入速率将金属探头压入土中，通过测定探头的贯入阻力大小来判别土的工程性质的原位测试方法。20 世纪 60 年代发展起来的电测静力触探是将电阻应变式传感器置于探头内，可直接测定探头的阻力。根据电测探头的不同结构和功能，可以分为单桥探头、双桥探头和孔压探头。单桥和双桥探头的结构示意图如图 9-3 所示。

使用各种不同的探头可以测得不同的结果，单桥探头测定的是探头投影面积上的单位面积压力，称为比贯入阻力 p_s(kPa)；双桥探头能同时测定锥尖阻力 q_c(kPa) 和套筒摩擦力 f_s(kPa)。孔隙水压力静力触探（简称孔压触探）技术自 20 世纪 80 年代在国际上迅速发展，就是将量测土的孔隙水压力的传感元件与标准的静力触探探头组合在一起，能在测定贯入阻力的同时量测土的孔隙水压力，

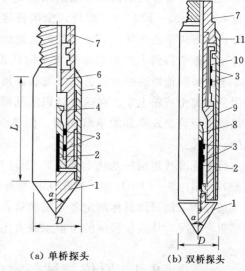

（a）单桥探头　　（b）双桥探头

图 9-3　静力触探探头结构示意图

1—锥头；2—顶柱；3—电阻应变片；4—传感器；5—外套筒；6—探头管；7—探杆接头；8—锥头传感器；9—传力筒；10—侧壁传感器；11—摩擦筒

当贯入停止以后，可以量测超孔隙水压力的消散，直至达到稳定的静水压力。与传统静力触探相比，孔隙水静力触探的主要优点是利用孔压测量的高灵敏度来修正所测参数、分辨薄土层的存在，还可以评估土的固结特性等。

静力触探试验得到的结果是贯入阻力随深度变化的连续贯入曲线，根据静力触探贯入曲线的形态和变化，可以将不同工程性质的土层划分出来。与钻探取土孔相比，用静力触探划分的层位比较准确；在贯入曲线上还可以判别作为桩端持力层的砂层或硬土层的层位，为桩基础设计提供可靠的资料；静力触探贯入阻力还可用于估计土的物理力学指标和单桩承载力。

用静力触探试验结果估计土的物理力学指标时，有两种不同的情况。一种是根据理论的关系可以直接计算土的某些指标，如根据极限平衡理论求土的不固结不排水抗剪强度指标，根据固结理论求土的固结系数等；另一种可通过对比试验，建立静力触探贯入阻力与土的物理力学指标之间的经验公式，如预估压缩模量、地基承载力，预估桩端阻力和桩侧摩阻力等。20 世纪 70 年代以后，静力触探试验在我国的工程勘探中得到了非常广泛的应用，对于提高勘察质量和效益发挥了重要的作用，成为一种必备的勘探手段。

从 20 世纪 70 年代开始，用静力触探试验预估地基土的工程性质的研究取得了很大的进展。由湖北省综合勘察院、冶金部武汉勘察公司、湖北省水利电力勘测设计院、一机部

勘测公司华中大队和武汉市规划设计院等单位组成的武汉联合试验组于20世纪70年代提出了分别适用于淤泥质土、一般黏性土、老黏性土、中粗砂和粉细砂的经验公式，用单桥静力触探比贯入阻力预估地基土的承载力、变形模量、压缩模量和不排水强度等设计参数，有些成果列入了当时的《工业与民用建筑工程地质勘察规范》（TJ 21—77）。铁道科学研究院用双桥静力触探试验结果预估设计参数的成果则反映在铁道部的《静力触探技术规范》（TBJ 37—93）中。此外，全国各地都根据各自的地区特点，通过对比试验研究，统计得到适用于各地区、各种土类的大量经验公式。人们在研究和应用静力触探试验成果的过程中逐渐得到了两点非常有意义的认识：其一是认识到这类经验公式的地区性非常强，不能将其他地区的经验公式不加验证地搬用；其二是在黏性土中得到的经验公式不能套用到砂类土或粉土中。在这些认识的基础上，认为不宜在全国性的标准中列入这种经验公式或由经验公式得到的承载力表，但作为一种地区性的经验总结还是有很大的实用价值的。

行业标准《建筑桩基技术规范》（JGJ 94—2008）和地方标准《上海市地基基础设计规范》（DGJ 08 - 11—1999）给出了根据静力触探试验资料估算单桩承载力的方法。采用静力触探的方法可以具体测定各土层的贯入阻力，反映了实际土层的工程性质，也反映了土层组合状况，从而使预估的单桩承载力比较符合实际。

9.4 原位测试与室内试验指标之间的关系

原位测试结果和室内试验结果都反映了土的工程特性，并且存在一定的依存关系。根据经验关系可以对原位试验结果与室内试验结果进行相互校核，也可以从原位测试结果估计室内试验指标，如用静力触探的比贯入阻力估计土的压缩模量或不排水强度，用标准贯入击数估计土的内摩擦角等，各指标之间的定量经验关系可以采用回归统计方法建立。

例如，斯肯普顿（Skempton）和亨克尔（Henkel）提出的不排水抗剪强度与塑性指数之间的经验公式为

$$\frac{c_u}{p_0}=0.11+0.0037I_P \tag{9-4}$$

式中 c_u——不排水抗剪强度；

p_0——有效上覆压力；

I_P——塑性指数。

下面通过图9-4和图9-5所给出的各种试验数据随深度变化的典型曲线的比较，可以得到一些定性分析的初步认识，这些定性的认识是判断与建立定量经验关系的重要基础。

图9-4比较了静力触探比贯入阻力与室内试验指标内摩擦角、黏聚力和压缩系数之间的关系以及室内试验指标之间的关系，从中可以看出以下几点。

（1）比贯入阻力与内摩擦角之间呈正相关的关系，即比贯入阻力越大，土的内摩擦角也越大。

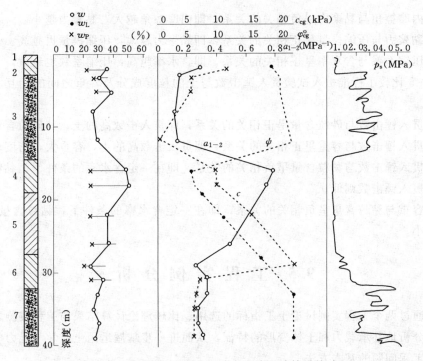

图 9-4　静力触探比贯入阻力与室内试验结果的对比

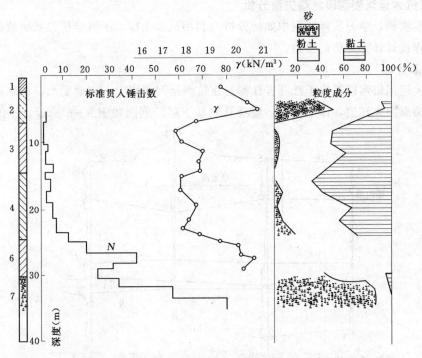

图 9-5　标准贯入试验贯入锤击数与室内试验结果的对比

（2）比贯入阻力、黏聚力与压缩系数都呈负相关的关系，即当比贯入阻力越大，压缩系数越小；当黏聚力越大，压缩系数越小。

（3）内摩擦角与黏聚力呈负相关的关系，即内摩擦角越大，黏聚力越小。

（4）黏聚力与压缩模量呈正相关的关系，即黏聚力越大，压缩模量也越高。

（5）压缩系数与含水率呈正相关的关系，即含水率越高，压缩系数也越大。

图9-5比较了标准贯入试验贯入锤击数与土的粒度成分及容重之间的相互关系，有如下几点。

（1）贯入锤击数与砂粒含量呈正相关的关系，即贯入击数高的土，其砂粒含量也高。

（2）贯入锤击数与容重呈正相关的关系，即贯入击数高的土，容重大，密度也高。

（3）贯入锤击数与黏粒含量呈负相关的关系，即在一定含水率的条件下，黏粒含量高的土，其贯入锤击数则低。

（4）容重与黏粒含量呈负相关的关系，即在一定含水率的条件下，黏粒含量高的土，其容重则小。

9.5　工　程　实　例　分　析

下面通过两个工程实例讨论土工指标的选用、比较理论计算结果与工程实测之间的吻合程度、分析地基承载力和土体变形的特征，从而进一步掌握运用土质学与土力学知识分析和解决工程问题的基本方法。

9.5.1　京杭大运河崇弯段堤基失稳分析

通过本实例，学习实际工程中如何分析与利用试验指标，了解分析失效事故的方法以及特殊工程设计计算分析的思路。

1. 基本情况

京杭大运河崇弯段堤位于江苏省江都县京杭大运河西堤上，双面受水，东临京杭大运河，堤西为淮河入江道，即邵伯湖。堤身及地基土层的剖面如图9-6所示，土的物理力

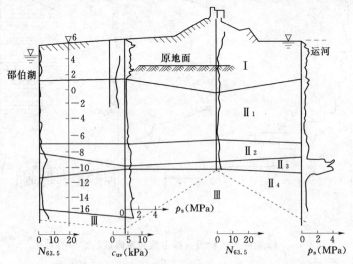

图9-6　京杭大运河崇弯段堤地基土层剖面

学指标见表 9-4。设计堤顶高程为 11.9m，综合坡度为 1 ： 12。在图 9-6 中同时给出了标准贯入试验、静力触探试验和十字板剪切试验的结果随深度的变化曲线，从图中可以看出 II₁ 层是最为软弱的土层，且厚度很厚。

表 9-3　　　　　　　　　　　　土 的 物 理 力 学 指 标

指标 \ 土层	I 黏土	II₁ 淤泥	II₂ 黏土	II₃ 淤泥质土	III 粉质黏土
厚度（m）	4～5	10	8		
w（%）	39	63～92	40～55	40	25
γ（kN/m³）	18.0	14.8～16.0	17.0～18.0	18.0	2.04
e	1.09	1.80～2.54	1.11～1.80	1.08	0.67
I_p	21	51	35	9	13
N	2～3	≤1	2～3	6	7
p_s（MPa）	0.5	0.3	0.5～0.7	3.2	2.6
q_u（kPa）	42	12～16	26～30	29	
c_q（kPa）	18	11～15	8～11	6	24
φ_q（°）	11	3.5～7	9.5～18	26	8
a_{1-2}（MPa⁻¹）	0.55	3.0	0.5～1.5	3.36	
不固结不排水强度	c_{uu}（kPa）	三轴 5.1 直剪 5.1			
	φ_{uu}（°）	三轴 0.7 直剪 0.5			
固结不排水强度	c_{uu}（kPa）	三轴 7.0 直剪 8.5			
	φ_{cu}（°）	三轴 6.0 直剪 12.5			
十字板强度 c_{uv}（kPa）		原状土 3.5 重塑土 2.5			

原地面高程约 3.50m，当筑堤至高程 9.60m 时（即填高 6.1m）堤身发生下榻失稳，下沉量达 2.5～3.0m，下沉后形成了坡度为 1 ： 20 的自然坡，并向外滑移达 15m 之多。后来又两次加高堤身，但加高超过高程 6.90m 后又均发生了下榻失稳，终未达到设计高程，成为大运河有名的危险工段。

2. 土工指标的分析

从表 9-4 所列的数据可以看出，各种不同的试验方法和途径得到的指标有比较大的差别。

三轴不固结不排水（UU）与三轴固结不排水（CU）的试验结果之间以及直剪快剪与直剪固结快剪的试验结果之间均差别很大，但三轴不固结不排水与直剪快剪的试验结果之间以及三轴固结不排水与直剪固结快剪的试验结果之间却比较接近。

对于固结不排水试验，直剪试验结果要大于三轴试验结果，说明直剪试验不能严格控制排水条件，在不排水剪切时仍有一定的排水固结，以致得到的强度偏大。

室内无侧限抗压强度 q_u 除以 2 得到的 c_u 值与三轴不固结不排水试验结果比较接近。

勘察时采用了标准贯入、十字板剪切和静力触探等三种原位测试手段。对于软土由于标准贯入的击数很小，无法用以评价土的性质；十字板剪切试验应当是适用软土的，但这次实测的数据明显偏小，静力触探的比贯入阻力为 0.3MPa。国内一些经验公式估算的不排水强度为 $13.24 \sim 18.72$kPa，数据明显偏大，偏大的原因可能是该工程场地的地层沉积年代比较新，土的结构强度比较弱，或是与经验公式所依据的资料条件不一致。

根据已经产生地基滑动的实测数据反算土的抗剪强度指标是一种估计实际强度的途径。崇弯段堤在填土时发生了下塌失稳，并多次发生滑动，说明地基已经达到了极限状态，可以作为反算的依据；但由于没有取得滑动面性状的数据，只有简单的施工记载，故只能作非常近似的计算。按圆滑动面的假定，堤身填土的抗剪强度取 $c=10$kPa、$\varphi=12°$，当堤高为 4m 时按毕肖普（Bishop）法计算，若地基土取 $c_{uu}=5$kPa、$\varphi_{uu}=4°$ 求得安全系数为 0.9；对同一滑动面，若取 $c_{uu}=2.5$kPa、$\varphi_{uu}=3°$，则安全系数为 0.6。因此地基土的不固结不排水抗剪强度指标可估计为 $c_{uu}=5 \sim 6$kPa、$\varphi_{uu}=3° \sim 4°$，与试验结果也比较接近。

3. 堤基稳定性的分析

用有限元法分析堤基的稳定性，土的本构模型采用邓肯—张（Duncan-chang）非线性弹性模型，按实际施工工序分级加载，计算堤底最大侧向位移和最大竖向位移，并假定应力水平大于 0.95 为该单元发生剪切破坏的条件，由破坏单元组成的区域为塑性开展区。

（1）对老堤地基的分析。对老堤地基的分析为验证发生滑动破坏的条件，当加载至 4m 时，在堤脚外侧以侧向变形为主，在堤脚附近处的最大侧向位移 $u_{max}=101.3$mm；在堤脚内侧以竖向变形为主，最大竖向位移 $v_{max}=90.9$mm。

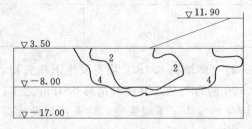

图 9-7　对老堤地基的稳定性分析结果
2—荷重达到第二级序；4—荷重达到第四级序

塑性区首先在两侧堤脚出现，随着荷载的增加，逐渐扩大贯通。塑性区的最大宽度 $B_t=96$m，最大深度 $D_t=12.5$。

计算所得的塑性区的开展情况如图 9-7 所示，当荷载超过堤高一半时，地基中已产生了较大的塑性区，其范围与施工记录的滑动范围大体上接近。可见，堤的地基是由于塑性流动引起的堤身下塌而破坏。滑动以后勘察的土层分布也显示了堤身下陷和淤积的

挤出后土层层面的变化。

（2）堤顶高程加高至 11.90m 时的稳定性分析。堤顶高程加高至 11.90m 时的稳定性分析目的是为了论证是否需要进行地基处理以保证将堤顶加高至原定的设计高程。荷载除

自重以外，还考虑左或右两个方向的水压力和地震力的作用。

计算结果表明，正常使用期间，堤基的塑性区宽度为堤底宽度的 1/2，最大侧向位移为 $u_{max}=32.9mm$，最大竖向位移为 $v_{max}=27.4mm$。塑性区的开展如图 9-8 所示。

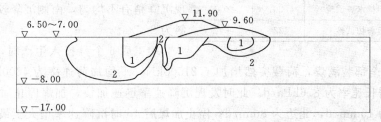

图 9-8　堤身加高至高程 11.90m 时的地基稳定性分析结果
1—竣工期；2—竣工后受负向水压力、负向地震力

根据计算与分析的结果，认为如不加固地基而将堤身直接加高至 11.90m 的做法将导致地基的进一步破坏，因此建议采用水泥搅拌桩方法加固地基。

9.5.2　上海焦化厂配煤房整体倾斜事故分析

通过本实例理解控制加荷速率的工程意义，了解软土地基的变形与承载能力之间的内在联系，从而完整地掌握力学中的强度理论和变形分析方法。

1. 基本情况

焦化厂配煤房由 5 个圆形的钢筋混凝土储煤筒仓组成，储煤筒仓直径 8m、高 31m，并排置于带肋的钢筋混凝土筏板基础上，基础尺寸为 46.5m×10.76m，基础板厚度为 30cm，埋置深度为 1.5m。

储煤筒仓的结构自重为 38000kN，可装煤 21500kN。结构自重产生的基础底面压力为 76kPa，总荷载（结构自重加储煤重量）产生的基础底面压力为 119kPa。

2. 地基土的工程性质

配煤房地基土的物理指标和压缩模量见表 9-4。对淤泥质黏土做了三种抗剪强度的试验，即直剪固结快剪试验、三轴不固结不排水剪试验和十字板剪切试验，具体试验数据见表 9-5。

表 9-4　　　　　　　　　　　　配煤房地基土的土工指标

取土深度 (m)	土　名	北　面　钻　孔				南　面　钻　孔			
		w (%)	γ (kN/m³)	e	E_s (MPa)	w (%)	γ (kN/m³)	e	E_s (MPa)
1.5~2.0	粉质黏土	29.9	19.8	0.80	5.12	31.0	19.0	0.88	3.49
3.5~4.0	淤泥质黏土	54.2	16.6	1.53	1.64	51.8	17.4	1.38	1.98
4.0~4.5	淤泥质粉质黏土	44.6	17.9	1.20	2.94	42.7	17.9	1.17	
6.0~6.5	淤泥质黏土	47.8	17.2	1.35	1.89	50.0	17.3	1.38	1.58
7.0~7.5	淤泥质黏土	51.2	17.2	1.40	1.82	56.0	16.8	1.54	1.83
9.0~9.5	淤泥质黏土	49.1	17.4	1.34	1.51	56.4	16.9	1.54	1.35

表 9 - 5　　淤泥质黏土的抗剪强度指标

试验方法	c (kPa)	φ (°)
固结快剪试验	12	13
三轴不固结不排水剪试验	20	0
原位十字板剪切试验	22	0

3. 配煤房的沉降情况

在上部结构竣工前后 3 个月内的平均沉降为 47mm，沉降速率为 0.5mm/d，已发现沉降稍有不均匀，南侧沉降较大，整体倾斜为 2.7‰。

竣工后 6 个月投入生产时，在 5d 内将 5 个储煤简仓全部装满煤，荷载突然增加了 21500kN，平均加荷速率为 4300kN/d，基础底面压力的增长速率为 8.6kPa/d。此时发现沉降速率迅速加快，加煤停止时，基础南边的沉降速率为 10mm/d，北边为 8mm/d；停止加煤后 4d 时沉降速率增大至最大值，南边达 45mm/d，北边为 27mm/d。基础沉降速率随时间的变化如图 9 - 9 所示。

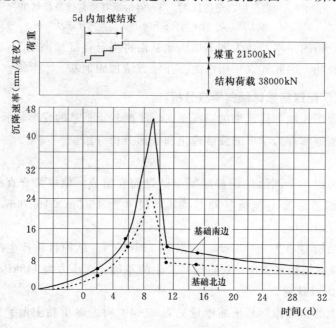

图 9 - 9　基础沉降速率的变化

由于南北两侧的沉降不均匀，配煤房出现了明显的倾斜，实测倾斜的发展过程曲线如图 9 - 10 所示。最大的倾斜达到 24‰，储煤简仓的重心明显偏离基础形心，不利于建筑物的稳定，于是决定采取工程措施进行纠偏。在配煤房的北侧堆放钢锭 30000kN，控制堆载的速度不超过 500kN/d，在纠偏荷载的作用下，配煤房的倾斜逐渐减少，压载 3 年后逐渐卸载，但沉降仍在继续发展，卸载后 6 年实测的最大沉降量为 1200mm，最小沉降量为 1100mm。

4. 分析

（1）地基承载力分析。取直剪固结快剪试验结果的内摩擦角 $\varphi = 13°$，黏聚力 $c = 12kPa$，用汉森（Hansen）公式求得地基极限承载力等于 202kPa。

取原位十字板剪切试验结果黏聚力 $c_u = 22kPa$，求得地基极限承载力等于 135kPa。

原位十字板强度相当于土的天然强度，适用于加荷速度很快、地基土来不及排水固结时的地基稳定验算，如果加荷速度比较慢，则采用不固结不排水强度指标低估了地基承载

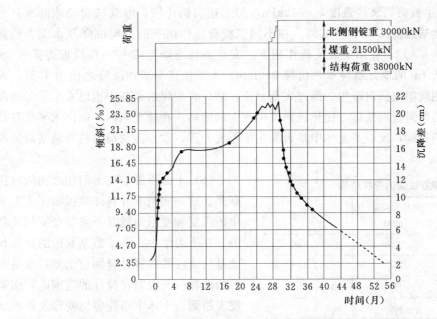

图 9-10 基础南北沉降差和倾斜

力；直剪固结快剪试验反映了地基固结对强度的影响，如果用于快速加荷条件下的地基承载力计算，则过高地估计了地基承载力，得到了偏于危险的计算结果。

在这个工程实例中，如采用固结快剪试验指标计算得到的安全系数为 1.70，与安全系数的一般经验值相比已经是偏小了。如按一般考虑取安全系数为 2，则得地基承载力容许值为 101kPa，而基底压力已达 119kPa，显然即使没有快速装煤，这个设计也是偏于不安全的。

如果考虑到由于装煤的时间很短，地基土还来不及排水固结，则应采用不固结不排水试验指标验算。按不固结不排水指标得到的安全系数只有 1.13，已经邻近极限状态了。当然，实际的情况可能介于两者之间，即结构自重部分的加荷速度比较慢，施工结束后又有 6 个月的间歇时间，可以考虑部分的排水固结，而活载加荷速度又很快，后一部分加荷过程中不应考虑强度的增长。则实际安全系数应当介于上述两种情况的安全系数，即安全系数在 1.13～1.70 之间。

（2）地基变形分析。由于钻孔深度比较浅，沉降计算所需的数据不完整，只能作近似的计算，压缩层的厚度估计为 16.7m，压缩模量取 2MPa，在上部结构自重荷载作用下的沉降计算的结果为 440mm，在全部荷载作用下的沉降为 689mm。

从沉降观测资料可以看出，在加煤后 2 年时，基础的平均沉降已达 630mm，此时的沉降速率还高达有 7mm/d，与沉降稳定的速率 0.01mm/d 相差甚远。如此大的沉降量与沉降速率表明，地基土中不仅产生固结变形，而且已经发生了侧向的塑流挤出。由于在这个工程中未观测深层水平位移，所有没有资料可说明侧向塑流挤出的数量级。

在上海地区另一个大型堆载试验中进行了侧向水平位移的观测，可以作为对比资料帮助分析上述现象。堆载试验的尺寸为 22m×30m，地基土的三轴不固结不排水强度 $c_u =$

31kPa，原位十字板剪切试验强度 $c_u = 40$kPa，与上述实例比较，堆载试验场地的地基土强度比配煤房地基强度高 $50\% \sim 80\%$。在不同试验荷载作用下的平均沉降及承载力验算的安全系数见表 9-14。在第 4 级荷载作用下，安全系数下降至 1.57；在离堆边缘 0.7m 处，于地面以下 7m 的地方测得水平位移 810mm，水平位移与平均沉降之比为 1.34，表明已有大量的侧向塑流挤出产生。通过实例对比，估计在配煤房地基中也已发生了与沉降量数量级相同的侧向挤出变形，使建筑物发生很大的倾斜。在软土地区，侧向水平位移是一个十分敏感的指标，反映了土体中是否发生了塑流变形，常作为加荷时检验地基稳定性的控制标准。

表 9-6　　　堆载试验的分析结果

试验荷载 （kPa）	平均沉降量 （mm）	安全系数
60	93	3.90
90	253	2.60
120	444	1.97
150	606	1.57

（3）土的强度与变形问题之间的内在联系。这一实例十分具体地说明了土力学中的强度和变形问题并不是完全不相关联的。在土力学中，关于地基变形的计算和地基稳定性的验算是分别讨论的，地基变形的计算一般限制在弹性的范围内，而强度失稳则是土体中塑性剪切变形发展的结果。对于这两类问题分别采用不同的方法来计算，似乎是互不关联的两个问题，但在实际工程中，这两个问题并不是截然分开的。在加荷的过程中，土中应力不断地增大，土体由弹性状态向塑性发展，由局部的塑性破坏逐渐扩展，直至完全破坏。完全弹性或者完全塑性的状态只是两个极端，而大部分的过程是两种状态并存的、互相关联发展的。土体排水固结的结果是土的体积压缩，地基产生沉降，但与此同时土体的强度得到了加强，地基的稳定性得以提高，在对加荷有控制的条件下可以利用这一特点提高地基承载力，堆载预压方法的原理就在于此。如果对加荷速率不加以控制，事情就会走向反面，地基土的剪切破坏形成较大的侧向水平位移，使地基土的竖向变形增大，从表面上看是沉降过大，但实际上并不完全是由于固结所引起的。地面的沉降掩盖了深层的局部剪切破坏，如果不采取措施，最终就会酿成整体破坏的事故。

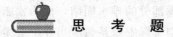

思　考　题

1. 取土方法对土的试验指标有何影响？
2. 土的原位测试方法主要有哪些？
3. 原位测试与室内试验指标之间有什么关系？
4. 从 9.5 节实例说明如何利用土工试验和原位试验的成果进行工程分析与设计计算。

第10章 特殊土地基

10.1 概　　述

我国幅员辽阔，各地区的地理环境、地形高差、气象条件、地层构造和成因千差万别，加上组成土的物质成分和次生变化等多种复杂因素，形成若干特殊性土，这些天然形成的特殊性土的地理环境分布有一定的规律性和区域性，因此又称这些土为区域特殊性土。特殊性土包括湿陷性黄土、膨胀土、红黏土、多年冻土、盐渍土等。西北及华北部分地区有湿陷性黄土；云南、广西部分地区有膨胀土、红黏土；东北和青藏高原的部分地区有冻土等。湿陷性黄土是在竖向应力作用下遇水产生明显沉陷的土；膨胀土具有显著的吸水膨胀、失水收缩的变形特征；红黏土一般具有天然孔隙比大，但强度高、压缩性低的特点；冻土具有冻胀性及融陷性。

上述这些土具有特殊的工程性质，用这些土作为建筑地基时，应注意其特殊性，采取必要的措施及施工手段，使得建筑地基安全正常的被使用，如果不注意它们的特殊性，在建筑工程中按一般土类地基来处理，将可能造成工程事故，甚至使工程遭受严重破坏和损失。本章将对上述特殊土地基进行阐述，同时还将对地震区地基基础作一些介绍。

10.2　湿陷性黄土地基

黄土是第四纪地质历史时期在干旱气候条件下的沉积物，在天然状态下，一般呈黄色、灰黄色或褐黄色，具有肉眼可见的大孔隙，并具有垂直节理。

天然含水量的黄土，如未受水浸湿，一般强度较高、压缩性较小。但有的黄土在上覆土层的自重应力与建筑物附加应力共同作用下受水浸湿时，由于充填在土颗粒之间的可溶盐类物质遇水溶解，土的结构迅速破坏，其强度也随之迅速降低，并发生显著的附加下沉，称为湿陷性黄土。有的黄土却并不发生湿陷，称为非湿陷性黄土。

10.2.1　湿陷性黄土的分区

我国黄土分布很广，面积约为 63.4 万 km^2，其中湿陷性黄土约占 75%，一般分布在北纬 30°～48°之间，而以北纬 34°～45°之间的黄河中游地区最为发育，遍及甘肃、陕西、山西的大部分地区以及河南、宁夏、河北等部分地区，此外，新疆、山东、内蒙古、辽宁和吉林等地区也有分布。

根据黄土湿陷性的不同，我国将黄土工程地质进行了分区，得出湿陷性黄土共有七个区。

（1）Ⅰ区——陇西地区，包括甘肃、青海和宁夏部分地区。湿陷性黄土厚度一般大于

10m，土的黏粒含量较少，天然含水量低，湿陷性强烈，湿陷量大而敏感且发展极速，多具有自重湿陷性质，地基湿陷等级多为Ⅲ、Ⅳ级，有的地区还存在潜蚀、溶洞等不良地质现象，对工程危害性大，建筑物湿陷事故多而严重。

（2）Ⅱ区——陇东陕北地区，包括宁夏南部、甘肃庆阳地区、陕西北部和山西西部，为典型黄土高原地带，黄土总厚度可达150m，但湿陷性黄土厚度在高阶地一般为10～15m，低阶地为4～8m，黏粒含量少，湿陷性比较强烈，较敏感，多属自重湿陷性黄土，地基湿陷等级有一半为Ⅲ、Ⅳ级，但在坡脚处情况较复杂，在陡坡处黄土易发生坍塌。

（3）Ⅲ区——关中地区，包括陕西关中、山西西南部和河南西部。湿陷性黄土厚度在低阶地一般为4～8m，高阶地为6～12m，黏粒含量和含水量都高于Ⅰ、Ⅱ区，湿陷性和湿陷敏感程度中等，低阶地多属非自重湿陷性黄土，高阶地偶尔也有自重湿陷性黄土，但自重湿陷发展缓慢，湿陷量较小，对建筑物危害比Ⅰ、Ⅱ区轻。

（4）Ⅳ区——山西地区，本区南到中条山北支，北到蒙古高原，主要为山西地区。其中汾河两岸，多属非自重湿陷性黄土，湿陷土层厚度为2～10m，新近堆积黄土较普遍，结构疏松，压缩性高，高阶地多属自重湿陷性黄土，湿陷土层厚度一般为5～16m，本区黄土的湿陷性和敏感程度属中等，晋东地区黄土的湿陷性和敏感程度都较弱。

（5）Ⅴ区——河南地区，本区湿陷性黄土主要分布在三门峡以东、郑州以西和豫北沿太行山东麓一带，湿陷土层厚度一般为4～8m，黏粒含量较多，结构较密实，湿陷敏感性弱，湿陷量小，等级低，为非自重湿陷类型。

（6）Ⅵ区——冀鲁地区，位于太行山北麓以东地区，湿陷土层厚为2～6m，黏粒含量高，湿陷性轻微，对建筑物危害性小。

（7）Ⅶ区——北部边缘地带，本区黄土断续分布在黄河中游各省区的北部边缘地带，向西延伸到河西走廊，湿陷敏感性中等或较弱，湿陷量小，土的压缩性低。

此外，在青海西部、新疆和东北的松辽平原的局部地段也有黄土分布，但层薄量小，对工程建设危害性小。

10.2.2 湿陷性黄土地基的评价

湿陷性黄土地基的评价，主要作如下判定：第一，判别黄土湿陷性；第二，判别黄土场地的湿陷类型，是属于自重湿陷性黄土还是非自重湿陷性黄土；第三，判定湿陷性黄土地基的湿陷等级，即湿陷的强弱程度。

判别黄土浸水后是否有湿陷性，要先求出湿陷系数 δ_s，然后再根据湿陷系数 δ_s 进行判断。湿陷系数 δ_s 是根据室内有侧限压缩试验，在一定压力下测定湿陷系数 δ_s，其计算式为

$$\delta_s = \frac{h_p - h'_p}{h_0} \tag{10-1}$$

式中　h_p——保持天然湿度和结构的原状土样在侧限的条件下加压至一定压力时下沉稳定后的高度，cm；

　　　h'_p——上述加压稳定后的土样在浸水作用下下沉稳定后的高度，cm；

　　　h_0——土样的原始高度，cm。

工程中，利用湿陷性系数 δ_s 来判别黄土的湿陷性：当湿陷性系数 $\delta_s < 0.015$ 时，判定

为非湿陷性黄土；当湿陷性系数 $\delta_s \geqslant 0.015$ 时，判定为湿陷性黄土。

测定湿陷系数的压力时是从基础底面算起（初步勘察时，应当从地面下 1.5m 算起），10m 以内的土层应用 200kPa；10m 以下至非湿陷性土层顶面，应用其上覆土的饱和自重压力（当大于 300kPa 时，仍应用 300kPa）。

湿陷起始压力 p_{sh} 是一个压力界限值，是指湿陷性黄土浸水后开始出现湿陷现象时的外来压力。湿陷起始压力 p_{sh} 的实际意义是：如果基底压力 $p < p_{sh}$，即使黄土浸水也不产生湿陷，只产生压缩变形，故按一般黏性土处理。因此湿陷起始压力 p_{sh} 在工程中是一个有实用价值的指标，具体参见《湿陷性黄土地区建筑规范》（GB 50025—2004）规定。

黄土场地湿陷类型主要有两种为自重湿陷性黄土和非自重湿陷性黄土。由工程实践可知，自重湿陷性黄土在没有外荷载的作用下，浸水后也会迅速发生剧烈的湿陷，在这类地基上建造建（构）筑物时，即使很轻的建（构）筑物也会发生大量的沉降，而非自重湿陷性黄土地区，就不会出现这种情况。因而自重湿陷性黄土场地产生的湿陷事故比非自重湿陷性黄土场地多，故对于自重湿陷性黄土和非自重湿陷性黄土两种类型地基，要正确地划分类型，以便采取不同的设计及施工措施。建筑场地的湿陷类型，应根据实测自重湿陷量 Δ'_{zs} 或按室内压缩试验累计计算的自重湿陷量 Δ_{zs} 判定。

自重湿陷量是指即使没有受到建筑物的荷载，只要受到水浸，在自重作用下黄土产生的湿陷量。

建筑场地的湿陷类型应按实测自重湿陷量 Δ'_{zs} 或按室内压缩试验累计计算的自重湿陷量 Δ_{zs} 判定，其中实测自重湿陷量 Δ'_{zs} 应根据现场试坑浸水试验确定，该试验方法比较可靠，但费水费时，还要受到各种条件限制，不容易做到。计算自重湿陷量 Δ_{zs} 指在室内压缩试验条件下，自重应力作用下湿陷量的计算值 Δ_{zs}，其计算公式如下：

$$\Delta_{zs} = \beta_0 \sum_{i=i}^{n} \delta_{zsi} h_i \tag{10-2}$$

式中　Δ_{zs}——自重应力作用下湿陷量的计算值，cm；

　　　β_0——根据土质地区而异的修正系数，由《湿陷性黄土地区建筑规范》（GB 50025—2004）具体规定可知对陇西地区可取 1.5，对陇东陕北地区可取 1.2，对关中地区可取 0.7，对其他地区可取 0.5；

　　　h_i——第 i 层土的厚度，m；

　　　δ_{zsi}——第 i 层土在上层覆土饱和时的自重压力下的自重湿陷系数。

有关自重湿陷系数 δ_{zsi} 应按室内压缩试验测定并按下式计算。

$$\delta_{zsi} = \frac{h_z - h'_z}{h} \tag{10-3}$$

式中　h_z——保持天然湿度和结构的土样在加压至土的饱和自重压力时下沉稳定后的高度，cm；

　　　h'——上述加压稳定后的土样，在浸水作用下，下沉稳定后的高度，cm；

　　　h_0——土样的原始高度，cm。

当实测或计算自重湿陷量 $\Delta_{zs} \leqslant 7cm$ 时，应定为非自重湿陷性黄土场地；当实测或计算自重湿陷量 $\Delta_{zs} > 7cm$ 时，应定为自重湿陷性黄土场地，这种场地的湿陷比非自重湿陷性黄土场地湿陷大，故相应的危害也大。

黄土地基的湿陷等级，应根据基底下各层土累计的总湿陷量 Δ_s 和自重湿陷量 Δ_{zs} 来确定。对于湿陷性黄土地基，受水浸湿后到向下沉降稳定为止的总湿陷量 Δ_s 一般按下式计算。

$$\Delta_s = \sum_{i=1}^{n} \beta \delta_{si} h_i \qquad (10-4)$$

式中　δ_{si}——第 i 层土的湿陷系数；

　　　h_i——第 i 层土的厚度，cm；

　　　β——考虑地基土的侧向挤出和浸水几率等因素的修正系数，基底下 5m（或压缩层）深度内可取 1.5，5m 以下，在非自重湿陷性黄土场地，可不计算，在自重湿陷性黄土场地，可按式（10-2）的 β_0 选取。

黄土地基的湿陷等级应根据基底下各层土累计的总湿陷量 Δ_s 和计算自重湿陷量 Δ_{zs} 的大小等因素按表 10-1 确定。

表 10-1　　　　　　　　　　　湿陷性黄土地基的湿陷等级

总湿陷量 Δ_s (cm)	计 算 自 重 湿 陷 量 Δ_{zs} (cm)		
	非自重湿陷性场地 $\Delta_{zs} \leqslant 7$	自重湿陷性场地 $7 < \Delta_{zs} \leqslant 35$	自重湿陷性场地 $\Delta_{zs} > 35$
$\Delta_s \leqslant 30$	Ⅰ（轻微）	Ⅱ（中等）	—
$30 < \Delta_s \leqslant 60$	Ⅱ（中等）	Ⅱ或Ⅲ	Ⅲ（严重）
$\Delta_s > 60$	—	Ⅲ（严重）	Ⅳ（很严重）

注　1. 当总湿陷量 $\Delta_s > 30$cm 时，计算自重湿陷量 $\Delta_{zs} > 7$cm 时，可判定为Ⅱ级。
　　2. 当总湿陷量 $\Delta_s \geqslant 50$cm 时，计算自重湿陷量 $\Delta_{zs} \geqslant 30$cm 时，可判定为Ⅲ级。

10.2.3　湿陷性黄土地基的处理方法

湿陷性黄土地基处理的根本原则是：破坏土的大孔结构、改善土的工程性质、消除或减少地基的湿陷变形、防止水浸入建筑物地基、提高建筑物结构刚度。

10.2.3.1　强夯法

强夯法又叫动力固结法，是利用起重设备将 80～400kg 的重锤起吊到 10～40m 高处，然后使重锤自由落下，对黄土地基进行强力夯击，以消除其湿陷性、降低压缩变形、提高地基强度。但强夯法适用于对地下水位以上，饱和度 $S_r \leqslant 60\%$ 的湿陷性黄土地基进行局部或整片处理，可处理的深度在 3～12m。土的天然含水率对强夯法处理至关重要，天然含水量低于 10% 的土，颗粒间摩擦力大，细土颗粒很难被填充，且表层坚硬，夯击时表层土容易松动，夯击能量消耗在表层土上，深部土层不易夯实，消除湿陷性黄土的有效深度小，夯填质量达不到设计效果。当上部荷载通过表层土传递到深部土层时，便会由于深部土层压缩而产生固结沉降，对上部建筑物造成破坏。

10.2.3.2　垫层法

土（或灰土）垫层是一种浅层处理湿陷性黄土地基的传统方法，我国已有 2000 多年的应用历史，在湿陷性黄土地区使用较广泛，具有因地制宜、就地取材和施工简便等特点。实践证明，经过回填压实处理的黄土地基湿陷性速率和湿陷量大大减少，一般表土垫层的湿陷量减少为1～3cm，灰土垫层的湿陷量往往小于1cm。垫层法适用于地下水位以上，对湿陷性黄土地基进行局部或整片处理，可处理的湿陷性黄土层厚度在1～3m。垫层法根据施工方法不同可分为土垫层和灰土垫层，当同时要求提高垫层土的承载力及增强水稳定性时，宜采用整片灰土垫层处理。

1. 素土垫层法

素土垫层法是将基坑挖出的原土经洒水湿润后，采用夯实机械分层回填至设计高度的一种方法，它与压实机械做的功、土的含水率、铺土厚度及压实遍数存在密切关系。压实机械做的功与填土的密实度并不成正比，当土质含水量一定时，起初土的密实度随压实机械所做的功的增大而增加，当土的密实度达到极限时，反而随着功的增加而破坏土的整体稳定性，形成剪切破坏。在大面积的素土夯填施工中时常遇到，运输土料的重型机械容易对已夯筑完毕的坝体表面形成过度碾压，造成剪切破坏，同时对含水率过高的地区形成"橡皮泥"现象，从而出现渗漏。这些都将是影响夯填质量的主要因素。

2. 灰土垫层法

灰土垫层法是采用消石灰与土的2：8或3：7的体积比配合而成，经过筛分拌合，再分层回填，分层夯实的一种方法，要保证夯实的质量必须要严格控制好灰土的拌制比例、土料的含水率，这对夯填质量起主要的影响因素。在实际施工过程中，不可能用仪器对每一层土样进行含水率测定，只能通过"握手成团，落地开花"的直观测定法来测定，但这种方法对于湿陷性黄土测定范围过于偏大，经过实验测定大致在14%～19%，存在测定偏差，且土质湿润不够均匀，往往有表层土吸水饱和，下层土干燥的现象，给施工带来很大的难度。当处理厚度超过3m时，挖填土方量大、施工期长、施工质量也不易保证，严重影响工程质量和工程进度，所以垫层法同样存在着施工局限。

10.2.3.3 挤密法

挤密法是利用沉管、爆破、冲击、夯扩等方法在湿陷性黄土地基中挤密填料孔再用素土、灰土、必要时采用高强度水泥土、分层回填夯实以加固湿陷性黄土地基，提高其强度，减少其湿陷性和压缩性。挤密法适用于对地下水位以上，饱和度 $S_r \leqslant 65\%$ 的湿陷性黄土地基进行加固处理，可处理的湿陷性黄土厚度一般为5～15m。但通过实践证明，挤密法对土的含水量要求较高（一般要求略低于最优含水率），含水量过高或过低，挤密效果都达不到设计要求，这在施工中很难控制，因为湿陷性黄土的吸水性极强且易达到饱和状态，在湿陷性黄土进行洒水湿润时，表层土质饱和后容易形成积水，下部土质却很难受水接触而呈干燥状态，对于含水量小于10%的地基土，特别是在整个处理深度范围内的含水量普遍偏低的土质中是不宜采用的。

10.2.3.4 桩基础法

桩基础既是一种基础形式也可看作是一种地基处理措施，是在地基中有规则地布置灌注桩或钢筋混凝土桩，以提高地基承载能力。桩根据受力不同可分为端承桩和摩擦桩，这种地基处理方法在工业与民用建筑中使用较多，但桩基础仍然存在潜在的隐患，地基一旦浸水，便会引起湿陷给建筑物带来危害。在自重湿陷性黄土中浸水后，桩周土发生自重湿陷时，将产生土相对桩的向下位移，对桩产生一个向下的作用力，即负摩擦力。而且通过实践证明，预制桩的侧表面虽比灌注桩平滑，但其单位面积上的负摩擦力却比灌注桩大。这主要是由于预制桩在打桩过程中将桩周土挤密，挤密土在桩周形成一层硬壳，牢固地黏附在桩侧表面上，桩周土体发生自重湿陷时不是沿桩身而是沿硬壳层滑移，硬壳层增加了桩的侧表面面积，负摩擦力也随着增加，正是由于这股强大的负摩擦力致使桩基出现沉降。由于负摩擦力的发挥程度不同，导致建筑物地质基础产生严重的不均匀沉降、构成基础的剪切应力、形成剪应力破坏，这也正是导致众多事故发生的主要因素。

10.2.3.5　预浸水法

湿陷性黄土地基预浸水法是利用黄土浸水后产生自重湿陷的特性，在施工前进行大面积浸水使土体预先产生自重湿陷，以消除黄土土层的自重湿陷性，它只适用于处理土层厚度大于 10m，自重湿陷量计算值不大于 500mm 的黄土地基，经预浸水法处理后，浅层黄土可能仍具有外荷湿陷性，需做浅层处理。

预浸水法用水量大、工期长，一般应比正式工程至少提前半年到一年进行，浸水前沿场地四周修土埂或向下挖深 50cm，并设置标点以观测地面及深层土的湿陷变形，浸水期间要加强观测，浸水初期水位不易过高，待周围地表出现环形裂缝后再提高水位，湿陷性变形的观测应到沉陷基本稳定为止。预浸水法用水量大，对于缺水少雨、水资源贫乏地区，不宜采用。当土层下部存在隔水层时，预浸时间加大、工期延长，都将是影响工程的因素。

10.2.3.6　深层搅拌桩法

深层搅拌桩是复合地基的一种，近几年在黄土地区应用比较广泛，可用于处理含水量较高的湿陷性弱的黄土。它具有施工简便、快捷、无振动，基本不挤土，低噪音等特点。

深层搅拌桩的固化材料有石灰、水泥等，一般都采用后者作固化材料。其加固机理是将水泥掺入黏土后，与黏土中的水分发生水解和水化反应，进而与具有一定活性的黏土颗粒反应生成不溶于水的稳定的结晶化合物，这些新生成的化合物在水中或空气中发生凝硬反应，使水泥有一定的强度，从而使地基土达到承载的要求。

深层搅拌桩的施工方法有干法施工和湿法施工两种，干法施工就是"粉喷桩"，其工艺是用压缩空气将固化材料通过深层搅拌机械喷入土中并搅拌而成。因为输入的是水泥干粉，因此必然对土的天然含水量有一定的要求，如果土的含水量较低，很容易出现桩体中心固化不充分、强度低的现象，严重的甚至根本没有强度。在某些含水量较高的土层中也会出现类似的情况。因此，应用粉喷桩的土层中含水量应超过 30%，在饱和土层或地下水位以下的土层中应用更好。对于土的天然含水量过高或过低时都不允许采用。

10.3　膨胀土地基

10.3.1　膨胀土及其工程性质

膨胀土是颗粒高分散、成分以黏土矿物为主、对环境的湿热变化敏感的高塑性黏土。它是一种吸水膨胀软化、失水收缩干裂的特殊土，工程界常称为灾害性土。

膨胀土的主要特征有以下几点。

（1）粒度组成中黏粒（＜2μm）含量大于30％。

（2）黏土矿物成分中，伊利石—蒙脱石等强亲水性矿物占主导地位。

（3）土体湿度增高时，体积膨胀并形成膨胀压力；土体干燥失水时，体积收缩并形成收缩裂缝。

（4）膨胀、收缩变形可随环境变化往复发生，导致土的强度衰减。

（5）属液限大于40％的高塑性土。

（6）属超固结性黏土。

膨胀土在世界范围内分布极广，遍及六大洲。我国是膨胀土分布最广的国家之一，先后有20多个省自治区发现有膨胀土。

近地表的浅层膨胀土不仅裂隙特别发育，而且对气候变化特别敏感，是一种典型的非均匀三相介质。土质干湿效应明显，吸水时，土体膨胀、软化，强度下降；失水后土体收缩，随之产生裂隙。膨胀土的这种胀缩特性，当含水量变化时就会充分显示出来。反复的胀缩导致了膨胀土土体的松散，并在其中形成许多不规则的裂隙，从而为膨胀土表面的进一步风化创造了条件。裂隙的存在破坏了土体的整体性，降低了土体的强度，同时为雨水的侵入和土中水分的蒸发开启了方便之门。于是，天气的变化进一步导致了土中含水量的波动和胀缩现象的反复发生，这进一步导致了裂隙的扩展和向土层深部发展，使该部分土体的强度大为降低，形成风化层。这种风化层的最大深度大致在气候的影响深度范围内，一般在1.5～2.0m，最大深度可达4.0m。

膨胀土的应力历史和广义应力历史决定了膨胀土具有超固结性，沉积的膨胀土在历史上往往经受过上部土层侵蚀的作用形成超固结土。膨胀土由于卸荷作用也能引起土体裂隙的发展，边坡的开挖，对土体产生了卸荷作用，这种卸荷对土中存在隐蔽微裂隙的膨胀土来说，必然会促进裂隙的张开和扩展，尤其是在边坡底部的剪应力集中区域裂隙面的扩展更为严重，这些区域往往是滑动开始发生的部位。卸荷裂隙的扩展与膨胀土的超固结特性密切相关。

膨胀土的这种胀缩特性、裂隙性、超固结性是膨胀土的基本特性，一般称之为"三性"，正是由于"三性"复杂的共同作用，使得膨胀土的工程性质极差，而常常对各类工程建设造成巨大的危害。在工程建设中，膨胀土作为建筑物的地基常会引起建筑物的开裂、倾斜而破坏；作为堤坝的建筑材料，可能在堤坝表面产生滑动；作为开挖介质时则可能在开挖体边坡产生滑坡失稳现象。我国铁路部门在总结膨胀土地区修建铁路时，有"逢堑必滑，无堤不塌"的说法。据估算，在80年代以前，全世界每年因膨胀土造成的损失至少在50亿美元以上，中国每年因膨胀土造成的各类工程建筑物破坏的损失也在数亿元以上。膨胀土对工程建设的危害往往具有多发性、反复性和长期潜在性。

10.3.2　膨胀土地基评价

10.3.2.1　膨胀土的判别

凡有下列工程地质特征的场地，且自由膨胀率不小于40％的土应判定为膨胀土：

①裂隙发育，常有光滑面和擦痕，有的裂隙中充填着灰白、灰绿色黏土，自然条件下呈坚硬或硬塑状态；②多出露于二级或二级以上阶地、山前和盆地边缘丘陵地带，地形平缓，无明显自然陡坡；③常见浅层塑性滑坡、地裂，新开挖坑、槽、壁易发生坍塌等；④建筑物裂缝随气候变化而张开和闭合。

10.3.2.2　地基的胀缩等级

反映地基胀缩等级的是地基变形，既包括了膨胀和收缩性能，又考虑了基底压力、气候影响、水文条件等因素，同时也考虑了地基变形对建筑物的危害程度。

我国膨胀土的评价就是将地基变形与砖石结构房屋的安全统一考虑制定的。通过对120栋砖石结构建筑物的开裂情况与变形观测的实践，场地与地基的胀缩等级可按地基分级变形量进行判定。

10.3.2.3　膨胀土地基承载力

膨胀土浸水后强度降低，其膨胀量愈大，强度降低愈多。基础受土膨胀性的影响与基础的尺寸、埋深、荷载大小及土中含水量的变化等因素有关。由于问题的复杂性，目前膨胀土地基的承载力往往根据不同情况来确定。

对于荷载较大的建筑物，由现场浸水载荷试验来确定地基承载力。也可以采用饱和三轴不排水快剪试验确定土的抗剪强度，然后计算地基承载力。由于膨胀土裂隙比较发育，室内剪切试验结果往往难以反映实际土的抗剪能力。有些地区根据大量试验资料制订出了膨胀土地基承载力表，可供一般工程采用。

10.4　红 黏 土 地 基

10.4.1　红黏土的形成及分布

红黏土是指碳酸盐岩石，如石灰岩、白云岩等，在亚热带高温潮湿气候条件下，经过红土化作用所形成的高塑性红色黏性土。红黏土的液限不小于50%，一般具有表面收缩、上硬下软、裂隙发育等特征。

红黏土一般在我国西南地区云南、贵州省和广西壮族自治区分布广泛，此外在广东、海南、福建、四川、湖北、湖南、安徽等省也有分布，一般在山区或丘陵地带居多。

10.4.2　红黏土的工程性质

红黏土常处于饱和状态（$S_r > 85\%$），天然含水量几乎与塑限相等，但液性指数却较小，说明红黏土以含结合水为主。因此，红黏土的含水量虽高，土体仍处于硬塑或坚硬状态，且具有较高的强度和较低的压缩性。通常情况下，红黏土的地基承载力比软土要高，接近黏性土地基。从土的性质来说，红黏土是建筑物较好的地基，但也存在下列问题。

（1）有些红黏土受水浸湿后体积膨胀，干燥失水后体积收缩，具有胀缩性。

（2）红黏土的厚度因受基岩起伏的影响变化很大，往往水平距离1m，厚度却有4m～5m之差。

（3）红黏土的状态从地表往下逐渐变软，上部坚硬或硬塑状态，构成有一定厚度的地基持力层，软塑和流塑状态的土多埋藏于溶沟或溶槽底部。

（4）红黏土常分布在岩溶地区，土洞在其中发育，故红黏土与岩溶、土洞的关系密切，实际上三者有不可分割的联系。

（5）红黏土的表层通常强度高、压缩性低，为良好地基土，可利用表层红黏土作天然地基持力层，基础尽量浅埋。

（6）红黏土底层由于接近于基岩，尤其基岩面低洼处，因地下水积聚，常常土呈软塑或流塑状态，具有强度较低、压缩性较高的特点，是不良地基。

（7）红黏土的厚度随下卧基岩面起伏而变化，故常常引起不均匀沉降，应对此不均匀地基作地基处理。

（8）岩溶地区的红黏土常有土洞，应查明土洞位置与大小，进行充填处理等。

（9）红黏土具有网状裂隙及胀缩特性等，应在工程中采取措施加以治理，并注意基槽防止日晒雨淋。

10.5 冻 土 地 基

10.5.1 冻土的概念

冻土指 0℃ 或 0℃ 以下，含有冻结冰的地表冻结（岩）土层。冻土分为多年冻土、季节冻土、瞬时冻土。多年冻土指数年至数万年以上冻结、融化的冻土；季节冻土指半年至半年以上冻结、融化的冻土；瞬时冻土指数小时、数日以至半月冻结、融化的冻土。

10.5.2 冻土的分布

冻土具有明显的纬度和垂直地带性分布规律。

（1）自高纬度向中纬度，多年冻土埋深逐渐增加，厚度不断减少，并由连续多年冻土带过渡为不连续多年冻土带、季节冻土带，南北极地区冻土出露地表。在我国东北和青藏高原，纬度相距 1°，冻土厚度相差 10～20m，地温差 0.5～1.5℃。

（2）高山地区冻土分布，主要取决于海拔的变化，海拔愈高，冻土埋深愈浅，厚度愈大，地温愈低。

中国冻土的分布可分为高纬度多年冻土和高海拔多年冻土，前者分布在东北地区，后者分布在西部高山高原及东部一些较高山地（如大兴安岭南端）。

（3）东北冻土区为欧亚大陆冻土区的南部地带，冻土分布具有明显的纬度地带性规律，自北而南，分布的面积减少。

（4）在西部高山高原和东部一些山地，一定的海拔以上（多年冻土分布下界）有多年冻土出现。冻土分布具有垂直分带规律。

（5）青藏高原冻土区是世界中、低纬度地带海拔最高（平均 4000m 以上）、面积最大（超过 100 万 km²）的冻土区。在北起昆仑山，南至喜马拉雅山，西抵国界，东缘至横断山脉西部、巴颜喀拉山和阿尼马卿山东南部的广大范围内有大片连续的多年冻土和岛状多年冻土。冻土分布面积由北和西北向南和东南方向减少，在昆仑山至唐古拉山南区间多年冻土基本呈连续分布，往南到喜马拉雅山为岛状冻土区，仅藏南谷地出现季节冻土区。

10.5.3　冻土的结构和性质

10.5.3.1　冻土的结构

多年冻土分为上下两层，上层是夏融冬冻昼融夜冻的活动层（交替层），下层是多年冻结不融的永冻层。

活动层随纬度和高度的增大而减小，其冻融深度与每年冬夏季节的温度有关，即活动层冬季时与下部永冻层连接起来。如冬季较暖，在活动层和永冻层之间可出现一层未冻结的融区，如果来年夏天较凉，便在活动层下部留下隔年层。隔年层较薄，仅 10cm 厚，有的可保留数年，在较暖的夏季活动层融化较深，隔年层即消失。因此，冻土层中常出现隔年冻结层和融区的多层结构特征。

当活动层向下冻结时，底部的永冻层起阻挡作用，结果使未冻结的融区受到挤压，发生塑性变形，形成冻融扰动——冰卷泥。

10.5.3.2　冻土的性质

多年冻土是一种对温度敏感、有较强可变性的低温多相体系，这种低温多相体系具有以下特点。

（1）冻土具有物质迁移特性和热物理特性，其可使土体易胀、缩形变，由于水和冰是最易变的相态，土体在冻结过程中除水分、盐分发生迁移外，其体积也会膨胀-收缩。因此，当水分从液相转为固相时，土体冻胀；当水分从固相转变液相时，土体融化下沉，特别是在外力作用下，土体还会融化压缩。当大量的水分转入盐类晶格成为结晶水时（生成 $Na_2SO_4 \cdot 10H_2O$），引起土体盐胀等。

（2）冻土具有流变特性，其可使土体黏聚程度与强度降低，产生蠕变与松弛。蠕变是冻土在不变的应力作用下随时间而发展的变形，松弛则是在固定的变形条件下应力随时间衰减。当土体温度升高时，冻土中水与冰的比例发生变化，其黏聚程度与强度降低，即发生蠕变，特别是高含水（冰）量的冻土，更是如此。

冻土的上述性质，将会使得多年冻土及其可变性成为孕育冻融荒漠化和工程冻害的重要诱发因素。在高海拔地区多年冻土发生退化，季节融化层增厚，冻土厚度减薄或冻土岛消融等变化后，必然严重影响上覆活动层——地表岩土体的工程性质，并使地表形态发生变化，导致地表岩土的冻融过程受到强化，导致冻土退化，从而发生各类工程冻害，出现以融沉为特点的地表裸露化、破碎化过程，形成冻融荒漠化土地。

10.5.4　多年冻土地区常见的工程地质问题

10.5.4.1　厚层地下冰

含土冰层厚度大于 0.1m 时，或饱冰冻土厚度大于 0.3m 时，称为厚层地下冰。如在上限以下 3m 内有厚层地下冰，则称为厚层地下冰地段。在厚层地下冰地段，容易产生热融沉陷、热融滑坍等不良地质现象。厚层地下冰地段主要分布在含水量较大的黏性土地段。

10.5.4.2　冰丘与冰堆

冰丘亦称为冻胀丘。冬季,冻结层上水由于土层自上而下冻结,过水断面减少,形成承压水,当压力增加到大于上覆土层强度时,地表发生隆起,形成冰丘。单个或成串分布,出现在河漫滩、阶地、沼泽地、山麓地带、洪积扇前沿等部位。一般为季节性的,每年冬季隆起,夏季融化消失,但也有特殊类型,如多年性冰丘,终年存在。爆炸性冰丘,融化季节因冰丘内部应力过大,发生喷水爆炸;春季隆胀丘,融化季节表层融化,土层强度减弱,被水压力顶起成丘。

典型的地下水冰堆,其形成与季节性冰丘相类似,不同之处在于冻结层上水承压后突破上覆土层,冻结堆积于地表。冰堆多分布在山麓坡脚、洪积扇边缘以及山间洼地等处。

10.5.4.3　沼泽和沼泽化湿地

该地段易产生不均匀冻胀、翻浆和热融沉陷等病害。

10.5.4.4　冻胀和翻浆

路基不均匀冻胀,使沥青路面开裂、不平,使水泥路面出现错台;地基不均匀冻胀,可使涵管管身脱节、端、翼墙外倾、断裂,若超过允许值,可引起房屋的裂缝、倾斜,甚至倒塌;年复一年的冻胀,可使桥梁桩基上拔,导致桥面起伏不平。

含大量冰体的路基,从上到下融化时,由于水分过多,又不能下渗,在车轮作用下使路面发生开裂、冒泥等现象,称为翻浆。

10.5.4.5　热融沉陷

由于自然因素或人为因素的影响,改变了地面的温度状况,引起融化深度加大,使多年冻土层发生局部融化,导致融化土层在土体自重和外压力作用下产生沉陷,这种现象称为热融沉陷。热融沉陷是多年冻土地区路基路面的最主要病害,兴安岭地区一段铁路路基,由于热融沉陷,每年下沉 $50\sim60\mathrm{cm}$,多雨年则可达 $100\mathrm{cm}$ 。

10.5.4.6　热融滑坍

由于自然因素或人为活动,破坏了斜坡的热平衡状态,土体在自重作用下沿融冻界面向下滑移,形成滑坍,称为热融滑坍。热融滑坍可使路基边坡或建筑物基底失去稳定,由热融滑坍形成的泥流可掩埋路面、壅塞桥涵。

10.5.5　冻土地基的设计与防冻害措施

10.5.5.1　季节性冻土地区设计

基础埋深的规定对于不冻胀土上的基础埋深,可不考虑冻深的影响,对于弱冻胀、冻胀和强冻胀土上的基础最小埋深,可按下式确定,即

$$d_{\min}=z_0\phi_\mathrm{t}-d_\mathrm{fr} \tag{10-5}$$

式中　$d_{\min}$——基础最小埋深;

　　　　z_0——标准冻深,是采用在地表无积雪和草皮等覆盖条件下多年实测最大冻深的平均值;

ψ_t——采暖对冻深的影响系数，可查表10-2确定；

d_{fr}——基底下容许残留冻土层厚度。

表10-2   采暖对冻深影响系数值

室内地面比室外地面高出（mm）	外墙中段	外墙角端
≤300	0.7	1.0
≥750	1.0	1.0

注　1. 外墙角端是指从外墙阳角顶点起两边各4m范围以内的外墙，其余部分为中段。

2. 采暖建筑物中的不采暖房间（门斗、过道和楼梯间等），其外墙基础处的采暖对冻深的影响系数值，取与外墙角端相同值。

3. 室内地面比室外地面高出300～750mm之间时，可内差求得。

基底下容许残留冻土层厚度应根据土的冻胀类别按下列公式确定，即

弱冻胀土：

$$d_{fr}=0.17z_0\psi_t+0.26 \tag{10-6}$$

冻胀土：

$$d_{fr}=0.15z_0\psi_t \tag{10-7}$$

强冻胀土：

$$d_{fr}=0 \tag{10-8}$$

当冻深范围内地基由不同冻胀性土层组成时，基础最小埋深可按下层土确定，但不宜浅于下层土的顶面，当有充分依据时，容许残留冻土层厚度可按当地经验确定。

10.5.5.2　多年冻土地区地基设计的基本原则

多年冻土地区的地基设计应根据建筑物的特点和冻土的性质，选用下列准则。

（1）保持冻结。即保持多年冻土地基在施工和使用期间处于冻结状态。宜用于冻层较厚、多年地温较低和多年冻土相对稳定的地带；适用于不采暖的建筑物，在富冰冻土、饱冰冻土和含土冰层地基上的采暖建筑物和按容许融化原则设计有困难的建筑物。

（2）容许融化。即容许基底下的多年冻土在施工和使用期间处于融化状态，按其融化方式可分为两种：一种是自然融化，宜用于少冰冻土或多冰冻土地基，当估计的地基总融陷量不超过规定的地基容许变形值时，均允许基底下多年冻土在施工和使用期间自行逐渐融化；另一种是预先融化，宜用于冻土厚度较薄、多年地温较高，多年冻土不够稳定地带的富冰冻土、饱冰冻土和含土冰层地基，可根据具体情况在施工前采用人工融化压密或挖除换填处理。

10.6　盐渍土地基

10.6.1　盐渍土的形成和分布

土层内平均易溶盐的含量大于0.5％时，且具有吸湿、松胀等特性的土可称为盐渍土。盐渍土是由于矿化度较高的地下水，沿着土层的毛细管上升至地表或接近地表，经蒸发作用，水中盐分凝析出来，聚集于地表和地表下不深的土层中而形成的。

盐渍土的形成条件是：地下水的矿化程度较高，有充分的盐分来源；地下水位较高，毛细作用能达到地表或接近地表，有被蒸发作用的可能；气候比较干燥，一般年降雨量小于蒸发量的地区，易形成盐渍土。

　　一般分布在地势比较低而且地下水位较高的地段，如内陆洼地、盐湖和河流两岸的漫滩、低阶地、牛轭湖以及三角洲洼地、山间洼地等地段。盐渍土层厚度一般不大，从地表向下 1.5～4.0m，盐渍土中盐分随季节气候和水文地质条件的变化而变化。

10.6.2　盐渍土的类型

　　盐渍土按分布区域分为内陆盐渍土和滨海盐渍土；按盐类性质分为氯盐类盐渍土、硫酸盐类盐渍土、碳酸盐类盐渍土；按含盐量的多少分为弱盐渍土、中等盐渍土、强盐渍土。氯盐类盐渍土有较大的吸湿性，具有保持水分的能力，结晶时体积不膨胀。硫酸盐类盐渍土结晶时体积膨胀，当结晶体转变为无水状态时，体积相应减小，故将硫酸盐类常称为松胀盐分。碳酸盐类一般在土中含量较少，但其水溶液具有较大的碱性反应，使黏性土颗粒之间的胶结起分散作用。

10.6.3　盐渍土地基评价

　　盐渍土的物理力学性质，随土中含盐量的多少而变化。当土中含盐量小于 0.5% 时，土的物理力学性质仍决定于土本身的颗粒组成等，其所含盐分不影响土的性质；当土中含盐量大于 0.5% 时，土的物理力学性质受盐分的影响而改变；当土中含盐量大于 3% 时，土的物理力学性质将主要取决于盐分和盐的种类，土本身的颗粒组成将居于次要地位。

　　盐渍土地基的危害主要有以下几个方面。

　　(1) 盐渍土处于干燥状态时，盐类呈结晶状态，地基土具有较高的强度，而盐类浸水溶解后，地基土的强度降低，压缩性增大；含盐量越大，土的液限、塑限越低，土的抗剪强度也就越小。

　　(2) 硫酸盐类结晶时，体积膨胀，遇水溶解后体积缩小，使地基发生胀缩，同时少数碳酸盐类溶解后使土松散，破坏了土的稳定性。

　　(3) 由于盐类遇水溶解，使地基土易产生溶蚀。

　　(4) 土中含盐量越大，土的夯实最佳密度越小。

　　(5) 盐渍土对混凝土、木材、砖、钢铁等建筑材料有不同程度的腐蚀性。

10.6.4　盐渍土危害防治

　　盐渍土地基虽然具有上述危害，但由于其厚度不大，易于处理。通常是防止盐渍土不被水浸湿使盐类溶滤，其预防措施有以下几点。

　　(1) 整理地表排水系统，防止上下水管漏水，不使地基及其附近受水浸湿。

　　(2) 降低地下水位，增大临界深度。不宜用盲沟排水来降低地下水位，因为盲沟易被盐分沉淀淤塞而失效。

　　(3) 设置毛细水上升的隔断层。

　　(4) 当基础埋置在盐渍土以下时，为了防止基础周围盐渍土对基础的影响，可设置防护层，一般不宜用盐渍土本身来作防护层或垫层。

10.7 地 震 区 地 基

10.7.1 地震概述

地震是由内力地质作用和外力地质作用引起的地壳振动现象的总称。地震按其成因可分为以下几种。

(1) 火山地震。由于火山突然爆发而引起。

(2) 陷落地震。由于地表或地下岩层突然大规模陷落和崩塌而造成。

(3) 构造地震。由于地壳运动,推挤地壳岩层使其薄弱部位产生断裂错动而引起。在发生的地震中构造地震最为常见,约占地震总数的 90%。也是我们通常研究地震的主要对象。

地震活动频繁而猛烈的地区称为地震区。地层构造运动中,在断层形成地方,大量释放能量,产生剧烈振动的地震发源地叫做震源,震源正上方的地面位置叫震中。按震源的深浅,分浅源地震(深度小于 70km)、中源地震(70~300km)和深源地震(大于 300km)。一年中全世界所有地震释放能量中约 85% 来自浅源地震。

10.7.2 地震波及其分类

地震波是地震震源发出的在地球介质中传播的弹性波。地震发生时,震源区的介质发生急速的破裂和运动,这种扰动构成一个波源。由于地球介质的连续性,这种波动就向地球内部及表层各处传播开去,形成了连续介质中的弹性波。

地震被按传播方式分为三种类型:纵波、横波和面波。纵波是推进波,地壳中传播速度为 5.5~7km/s,最先到达震中,又称为 P 波,它使地面发生上下振动,破坏性较弱。横波是剪切波;在地壳中的传播速度为 3.2~4.0km/s,第二个到达震中,又称为 S 波,它使地面发生前后、左右抖动,破坏性较强。面波又称为 L 波,是由纵波与横波在地表相遇后激发产生的混合波,其波长大、振幅强,只能沿地表面传播,是造成建筑物强烈破坏的主要因素。

10.7.3 地震的震级和烈度

震级是表示地震本身强度大小的尺度。目前较通用的是里氏震级,即地震震级 M 为

$$M = \lg A \tag{10-9}$$

A 是标准地震仪(周期 0.8s,阻尼系数 0.8,放大倍数 2800 倍的地震仪)在距震中 100km 处记录的以 μm 为单位的最大水平地动位移。例如,在距震中 100km 处地震仪记录的振幅是 1mm,即 1000,其对数为 3,根据定义,这次地震就是 3 级。

微震是小于 2 级的地震,2~4 级为有感地震,5 级以上地震称为破坏性地震,7 级以上的地震则称为强烈地震。

地震烈度是指某一地区的地面和各类建筑物遭受一次地震影响的强弱程度。

对于一次地震,表示地震大小的震级只有一个,但它对不同地点的影响程度是不同的。一般情况下,距震中越远,地震影响越小,烈度就越低。此外,地震烈度还与地震大小、震源深度、地震传播介质、地表土性质、建筑物动力特性、施工质量等许多因素

有关。

地震烈度的评定通常采用地震烈度表进行。绝大多数国家包括我国的地震烈度按 12 度划分，我国制定的《建筑抗震设计规范》（GB 50011—2010）给出了中国地震烈度表，可供查用。它是根据地震时地震最大加速度、建筑物损坏程度、地貌变化特征、地震时人的感觉、家具动作反应等方面进行区分。各地区的实际烈度受到各种复杂因素的影响，我国制定的《建筑抗震设计规范》（GB 50011—2010）中进一步提出了"基本烈度"和"设防烈度"的概念。基本烈度是指一个地区今后一定时期（100 年）内，一般场地条件下可能遭遇的最大地震烈度，由国家地震局编制的《中国地震烈度区划图》确定；设防烈度是指一个地区作为抗震设防依据的地震烈度，按国家规定权限审批或颁发的文件执行，一般情况下采用基本烈度。我国《建筑抗震设计规范》（GB 50011—2010）适用于抗震设防烈度为 6～9 度地区的工业与民用建筑的抗震设计，规定 6 度区建筑以加强结构措施为主，一般不进行抗震验算，10 度以上地区，地震引起的破坏是毁灭性的，难以设防，需要按有关专门规定执行。

10.7.4 天然地基抗震验算

天然地基基础抗震验算时，应采用地震作用效应标准组合，且地基抗震承载力应取地基承载力特征值乘以地基抗震承载力调整系数计算。

地基抗震承载力应按下式计算，即

$$f_{aE} = \xi_a f_s \tag{10-10}$$

式中 f_{aE}——调整后的地基抗震承载力；

        ξ_a——地基抗震承载力调整系数，应按表 10-3 采用；

        f_s——深宽修正后的地基承载力特征值，应按现行国家标准《建筑地基基础设计规范》（GB 50007—2002）采用。

表 10-3   地基抗震承载力调整系数

岩 土 名 称 和 性 状	ξ_a
岩石，密实的碎石土，密实的砾、粗、中砂，$f_{ak} \geqslant 300kPa$ 的黏性土和粉土	1.5
中密、稍密的碎石土，中密和稍密的砾、粗、中砂，密实和中密的细、粉砂，$150kPa \leqslant f_{ak} < 300kPa$ 的黏性土和粉土，坚硬黄土	1.3
稍密的细、粉砂，$100kPa \leqslant f_{ak} < 150kPa$ 的黏性土和粉土，可塑黄土	1.1
淤泥，淤泥质土，松散的砂，杂填土，新近堆积黄土及流塑黄土	1.0

下列建筑可不进行天然地基及基础的抗震承载力验算。

（1）《建筑抗震设计规范》（GB 50011—2010）中规定可不进行上部结构抗震验算的建筑。

（2）地基主要受力层范围内不存在软弱黏性土层的下列建筑。

1）一般的单层厂房和单层空旷房屋。

2）砌体房屋。

3）不超过 8 层且高度在 24m 以下的一般民用框架和框架-抗震墙房屋。

4）基础荷载与 3）项相当的多层框架厂房和多层混凝土抗震墙房屋。

软弱黏性土层指 7 度、8 度和 9 度时，地基承载力特征值分别小于 80kPa、100kPa 和 120kPa 的土层。

10.7.5　不良地基抗震设计

不良地基主要指建筑物地基受力层范围内存在软弱土层、液化土层及不均匀地基情况。地面下存在饱和砂土和饱和粉土时，除 6 度外，应进行液化判别；存在液化土层的地基，应根据建筑物的抗震设防类别、地基的液化等级，结合具体情况采取相应的措施。饱和土液化判别要求不含黄土、粉质黏土，其具体判别方法可参见《建筑抗震设计规范》（GB 50011—2010），在此不再详述。

当液化砂土层、粉土层较平坦且均匀时，宜按表 10-4 选用地基抗液化措施；尚可计入上部结构重力荷载对液化危害的影响，根据液化震陷量的估计适当调整抗液化措施。

不宜将未经处理的液化土层作为天然地基持力层。

表 10-4　　　　　　　　　　　抗 液 化 措 施

建筑抗震设防类别	地基的液化等级		
	轻　微	中　等	严　重
乙类	部分消除液化沉陷，或对基础和上部结构处理	全部消除液化沉陷，或部分消除液化沉陷且对基础和上部结构处理	全部消除液化沉陷
丙类	基础和上部结构处理.亦可不采取措施	基础和上部结构处理，或更高要求的措施	全部消除液化沉陷，或部分消除液化沉陷且对基础和上部结构处理
丁类	可不采取措施	可不采取措施	基础和上部结构处理，或其他经济的措施

10.7.5.1　全部消除地基液化沉陷的措施

（1）采用桩基时，桩端伸入液化深度以下稳定土层中的长度（不包括桩尖部分），应按计算确定，且对碎石土，砾、粗、中砂，坚硬黏性土和密实粉土尚不应小于 0.8m，对其他非岩石土尚不宜小于 1.5m。

（2）采用深基础时，基础底面应埋入液化深度以下的稳定土层中，其深度不应小于 0.5m。

（3）采用加密法（如振冲、振动加密、挤密碎石桩、强夯等）加固时，应处理至液化深度下界；振冲或挤密碎石桩加固后，桩间土的标准贯入锤击数不宜小于《建筑抗震设计规范》（GB 50011—2010）第 4.3.4 条规定的液化判别标准贯入锤击数临界值。

（4）用非液化土替换全部液化土层，或增加上覆非液化土层的厚度。

（5）采用加密法或换土法处理时，在基础边缘以外的处理宽度，应超过基础底面下处理深度的 1/2，且不小于基础宽度的 1/5。

10.7.5.2　部分消除地基液化沉陷的措施

（1）处理深度应使处理后的地基液化指数减少，其值不宜大于 5；大面积筏基、箱基的中心区域，处理后的液化指数可比上述规定降低 1；对独立基础和条形基础，尚不应小于基础底面下液化土特征深度和基础宽度的较大值。中心区域指位于基础外边界以内沿长宽方向距外边界大于相应方向 1/4 长度的区域。

（2）采用振冲或挤密碎石桩加固后，桩间土的标准贯入锤击数不宜小于《建筑抗震设计规范》（GB 50011—2010）中规定的液化判别标准贯入锤击数临界值。

（3）基础边缘以外的处理宽度，应符合《建筑抗震设计规范》（GB 50011—2010）中的要求。

（4）采取减小液化震陷的其他方法，如增厚上覆非液化土层的厚度和改善周边的排水条件等。

10.7.5.3 减轻液化影响的基础和上部结构处理措施

（1）选择合适的基础埋置深度。

（2）调整基础底面积，减少基础偏心。

（3）加强基础的整体性和刚度，如采用箱基、筏基或钢筋混凝土交叉条形基础，加设基础圈梁等。

（4）减轻荷载，增强上部结构的整体刚度和均匀对称性，合理设置沉降缝，避免采用对不均匀沉降敏感的结构形式等。

（5）管道穿过建筑处应预留足够尺寸或采用柔性接头等。

10.7.5.4 地基中软弱黏性土层的震陷判别

饱和粉质黏土震陷的危害性和抗震陷措施应根据沉降和横向变形大小等因素综合研究确定，8 度（0.30g）和 9 度时，当塑性指数小于 15 且符合下式规定的饱和粉质黏土可判定为震陷性软土。

$$w_s \geqslant 0.9 w_1 \tag{10-11}$$

$$I_L \geqslant 0.75 \tag{10-12}$$

上二式中　w_s——天然含水量；

　　　　　w_1——液限含水量，采用液、塑限联合测定法测定；

　　　　　I_L——液性指数。

地基主要受力层范围内存在软弱黏性土层和高含水量的可塑性黄土时，应结合具体情况综合考虑，采用桩基、地基加固处理或 10.7.5.3 节中介绍的各项措施，也可根据软土震陷量的估计，采取相应措施。在故河道以及临近河岸、海岸和边坡等有液化侧向扩展或流滑可能的地段内不宜修建永久性建筑物，否则应进行抗滑动验算、采取防土体滑动措施或结构抗裂措施。

思　考　题

1. 特殊土包括哪些土？为什么称之为特殊土？

2. 如何判定黄土的湿陷性？怎样区分自重和非自重湿陷性黄土？对湿陷性黄土可采取哪些地基处理方法和工程措施？

3. 什么是红黏土地基？

4. 多年冻土与季节冻土有何不同？

 习 题

1. 陇西地区某工厂地基为自重湿陷性黄土，初勘结果：第一层黄土的湿陷系数为 0.013，层厚 1.0m；第二层的湿陷系数为 0.018，层厚 3.0m；第三层的湿陷系数为 0.030，层厚 1.5m；第四层的湿陷系数为 0.050，层厚为 8.0m。计算自重湿陷量为 18.0cm，判别该地基的湿陷等级。

第 11 章　地基处理与复合地基

11.1　地　基　处　理

11.1.1　概述

我国地域辽阔，地质地形条件差异显著，造成土的种类亦有很大不同。这些土中很多为软弱土或不良土，主要包括软黏土、杂填土、吹填土（或称为水力冲填土）、膨胀土、冻土、湿陷性土等，还有山区地基、岩溶土洞对地基的不良影响等。在工程建设中，这些不良地基中经常会出现下列问题。

（1）地基承载力和稳定性问题。在外荷载（包括静荷载和动荷载）作用下，地基承载力不能满足设计要求时，会产生过大沉降，甚至会局部或整体剪切破坏，影响建筑物的正常使用甚至破坏。如边坡稳定。

（2）沉降、水平位移及不均匀沉降问题。在外荷载作用下，地基土体变形沉降。当沉降、水平位移及不均匀沉降超过相应允许值时，将会影响建筑物的正常使用甚至破坏。如湿陷性黄土的遇水沉陷，膨胀土遇水膨胀、失水收缩等。

（3）渗流问题。地基的渗流量超过允许值时会发生水量损失（如水库蓄水），或水力梯度超过允许值，引发流土或管涌，使地基失稳破坏。如长江抗洪抢险中，堤岸内水位升高可达 10 m，水力梯度大大提高，这就容易引起渗透破坏，因此应注意巡防管涌，避免堤防垮塌。

当地基土无法满足上述要求时，需采用物理的、化学的方法对地基土体进行加固、改良，从而形成人工地基，这个地基改良的过程称为地基处理。不同的建筑物对地基的要求是不同的。例如，旧房加层、道路拓宽等造成荷载增大，需人工提高地基承载力，减小沉降变形；基坑开挖、隧道掘进，需对土体稳定性、渗透性进行改良；修建垃圾填埋场需进行隔渗处理等。因此，应根据要解决的地基问题，选择相应的地基处理方案。为此，我国科研、工程技术人员总结国内外地基处理方面的经验教训，专门制定了《建筑地基处理技术规范》（JGJ 79—2002），对各种地基处理方法均从设计、施工和质量检验进行指导。

11.1.2　地基处理方法分类

首先需要说明的是桩基础是应用最多的地基处理方法之一，由于桩基础有较完整的设计计算理论，此处不再赘述。地基处理的方法很多，根据加固原理，基本可以分为置换、排水固结、注入固化剂、挤密或振密、加筋、冷热处理等。

1. 置换法

置换法是指用力学性质较好的岩土材料替换天然地基中的部分或全部不良土体，形成复合地基或双层地基，以达到提高地基承载力、减小沉降的目的。它包括换土垫层法、挤淤置换法、振冲法、强夯置换法、石灰桩法、CFG 桩法。

2. 排水固结法

排水固结法是通过对地基土体施加一定荷载，使土体固结、孔隙减小、密度提高，达到强度提高、沉降减小的目的。当地基土渗透系数较小时，需设置竖向排水通道，加速固结过程。不仅砂井可用作竖向排水通道，而且也可采用塑料排水板、袋装砂井等。前面提到的预压法、砂井固结法就利用这个原理。按照施加加载方式不同，可分为堆载预压法、真空预压法、真空预压联合堆载预压法。除此以外，降低地下水位、电渗法也属于排水固结法。

3. 注入固化剂法

注入固化剂法是通过向土体中注入或拌入水泥、石灰、水玻璃等化学固化浆体，填充土体孔隙，增大颗粒黏结力，形成增强体，达到提高抗剪强度、减小变形、减小渗透性的目的。它包括水泥土搅拌桩法、高压喷射注浆法、渗入注浆法、压密注浆法、劈裂注浆法和电动化学灌浆法等。

4. 振密或挤密法

振密或挤密法是采用振动或挤密的方法使土体密实，达到提高土体密度、提高承载力、减小变形或消除砂土液化的目的。它包括表层原位压实法、强夯法、挤密桩法等。其中强夯法适用于大面积消除黄土的湿陷性、改良厚层填土地基或消除松砂地基的液化，挤密桩法消除砂土液化效果好，但成本较高。

5. 加筋法

加筋法是指分层施工填土时，在分层处理深土工合成材料（土工布、土工格栅）或钢带（筋），达到提高地基承载力、减小沉降的目的。修筑加筋挡土墙时，起到提高填土的剪切强度，减少填方量的目的。

6. 冷热处理法

冷热处理法包括冷冻法和烧结法。冷冻法是指通过冻结达到提高土体承载力、阻止渗透的目的。该方法常用于地下工程的施工；烧结法是通过焙烧土体，达到减小土体含水量、提高土体强度、减小沉降的目的。该方法适用于有富余热源的地区。

上面所述的地基处理方法，不是十分严格的。实际上述方法具有多种效果，例如，强夯置换法既有置换作用，又有挤密作用，但以置换为主；灰土挤密桩法既有挤密作用，又有置换作用，但以挤密为主。处理方法的选择应基于主要处理目的。目前，地基处理方法不断发展，不同方法间相互交叉，处理功能扩大，如夯实水泥土桩法，其结合了置换、挤密、注入固化剂三种方法。

11.1.3　地基处理方法的选择

地基处理的方法要满足安全适用、经济合理的要求。由于不同的工程位于不同的场地，其水文地质和工程地质条件差异明显，而且各地施工技术水平、机械设备、经验积累、建筑材料来源及价格差异很大，所以，在选择地基处理方法时要因地制宜。通常对于某一工程有多个技术方案可用，要遵循技术上可靠、经济上合理选择原则。若采用一种方法处理不能达到处理目的，可以采用两种甚至多种方法组成的综合方案。除此以外，选择地基处理方案时，要注意环境保护，避免对当地的地下水产生污染，以及噪声和振动对周围环境产生的不良影响。

11.2 复 合 地 基

11.2.1 复合地基的概念

复合地基是指在地基处理过程中天然地基中部分土体得到增强或置换，所形成的原状地基土与加固增强体共同承担基础荷载的人工地基，如灰土挤密桩法、CFG 桩法等。根据地基中增强体的方向可分为竖向增强体复合地基和水平向增强体复合地基。竖向增强体复合地基又根据增强体性质，可分为散体材料复合地基（砂桩、碎石桩等）、柔性材料复合地基（石灰桩、水泥土搅拌桩、旋喷桩等）和刚性桩（CFG 桩、钢筋混凝土桩）复合地基。加固区土体整体上看是非均质、各向异性的。

复合地基的基本特征是：

（1）加固区土体是由天然地基土和增强体组成的，是非均质且各向异性的，这是与天然地基或均质的人工地基（如灰土垫层）的差别。

（2）天然地基土和增强体共同承担上部荷载，这是与桩基础的区别。

由于复合地基的荷载传递机理相对于浅基础和桩基础复杂，其承载力和变形理论还不成熟。目前，科研和工程技术人员根据科研、现场试验结合工程经验，提出了一些计算方法。下面以较常用的竖向增强体复合地基为例，简单介绍复合地基的设计方法。

11.2.2 竖向复合地基的设计

1. 承载力的计算

根据复合地基的第（2）个特征，复合地基的承载力由天然地基土体和增强体共同提供，那么可以先分别确定桩体（增强体）承载力和桩间土（天然地基土体）的承载力，然后根据一定的原则将这两部分承载力叠加得到复合地基承载力。复合地基的承载力可表示如下：

$$f_{spk} = k_1 \lambda_1 m f_{pk} + k_2 \lambda_2 (1-m) f_{ak} \tag{11-1}$$

式中 f_{spk}——复合地基承载力，kPa；

     f_{pk}、f_{ak}——桩体的承载力特征值和桩间土的承载力特征值，kPa；

     k_1——反映复合地基中桩体实际承载力的修正系数，与地基土质、成桩方法有关，一般大于 1.0；

     k_2——反映复合地基中桩间土实际承载力的修正系数，与地基土质、成桩方法有关，可能大于 1.0，也可能小于 1.0；

     λ_1——复合地基破坏时桩体发挥其极限强度的比例；

     λ_2——复合地基破坏时桩间土发挥其极限强度的比例；

     m——复合地基置换率，$m = A_p/A$，其中 A_p 为桩体面积，A 为对应的加固面积。

由于柔性桩和刚性桩其荷载传递机理相似，其桩体承载力特征值可采用下式计算，即

$$f_{pk} = \frac{u_p}{A_p} \sum_{i=1}^{n} q_{si} l_i + \alpha q_p \tag{11-2}$$

式中　u_p——桩的周长，m；

　　　　n——桩长范围内所划分的土层数；

q_{si}、q_p——桩周第 i 层土的侧阻力和桩端端阻力特征值，kPa；

　　　　α——桩端端阻力折减系数，与成桩方法相关，可取 0.4~1；

　　　　l_i——第 i 层土的厚度，m。

除按式（11-2）计算承载力外，尚需对桩身材料强度按下式进行验算，即

$$f_{pk} \leqslant \eta f_{cu} \tag{11-3}$$

式中　f_{cu}——桩体材料抗压强度，kPa；

　　　　η——桩身强度折减系数，与成桩方法有关，可取 0.2~0.33。

对于散体材料桩复合地基，受荷破坏多发生在桩头部分，且破坏形式多为鼓胀破坏，说明桩体极限承载力主要取决于桩侧土体所能够承受的最大约束力。散体材料的桩体承载力特征值计算比较复杂，计算时可以参考专门的书籍，此处不再赘述。

在进行复合地基承载力计算时，需要对加固区下卧层进行承载力验算，其需满足：下卧层顶面处的附加应力 p_b ［计算方法见式（11-6）和式（11-7）］与自重应力 σ_{cz} 之和不超过下卧层土的经过深度修正后的承载力特征值 f_a。

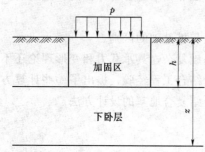

图 11-1　复合地基沉降计算示意图

2. 复合地基的沉降计算方法

通常把复合地基的沉降量分为两部分：加固区压缩量 s_1 和加固区下卧层压缩量 s_2，如图 11-1 所示。复合地基总沉降量 $s = s_1 + s_2$，图中 h 为加固区厚度，z 为压缩层厚度。下卧层压缩量 s_2 可以采用分层总和法计算，加固区压缩量 s_1 可采用复合模量法、应力修正法和桩身压缩量法计算。下面以《建筑地基处理技术规范》（JGJ 79—2002）常用的复合模量法为例加以介绍。

复合模量法是将加固区中的桩体和桩间土两部分视为复合体，在荷载作用产生共同变形，用复合压缩模量来评价复合土体的压缩性。然后采用分层总和法计算复合地基加固区压缩量 s_1，其表达式为

$$s_1 = \sum_{i=1}^{n} \frac{\Delta p_i}{E_{csi}} h_i \tag{11-4}$$

式中　Δp_i——第 i 层复合土上的附加应力；

　　　　E_{csi}——第 i 层复合土的复合压缩模量；

　　　　h_i——第 i 层复合土的厚度。

复合模量按下式计算，即

$$E_{cs} = mE_p + (1-m)E_s \tag{11-5}$$

式中　m——复合地基置换率；

　　　　E_s——桩间土压缩模量；

　　　　E_p——桩体的压缩模量。

虽然下卧层压缩量 s_2 可以采用分层总和法计算，但是作用在下卧层土体上的附加应

力难以精确计算。目前在工程应用上，常采用应力扩散法和等效实体法。

（1）应力扩散法。是根据应力扩散原理计算附加应力，计算示意图如图 11-2（a）所示。设作用在复合地基上的应力为 p，作用面积为 $B \times L$，加固区厚度为 h，应力扩散角为 β，则作用在下卧层上的荷载 p_b 为

$$p_b = \frac{p\beta L}{(\beta + 2h\tan\beta)(L + 2h\tan\beta)} \tag{11-6}$$

若为条形基础，仅考虑宽度方向扩散，则式（11-6）变为

$$p_b = \frac{Bp}{B + 2h\tan\beta} \tag{11-7}$$

（2）等效实体法。是将荷载作用下的加固区等效为实体基础，然后计算实体基础下卧层的附加应力，计算示意图如图 11-2（b）所示。设作用在复合地基上的应力为 p，作用面积为 $B \times L$，加固区厚度为 h，f_s 为等效实体基础的周围土体摩擦力，则作用在下卧层上的荷载 p_b 为

$$p_b = \frac{pBL - (2B + 2L)hf_s}{BL} \tag{11-8}$$

若为条形基础，仅考虑宽度方向扩散，则式（11-8）变为

$$p_b = p - \frac{2h}{B}f_s \tag{11-9}$$

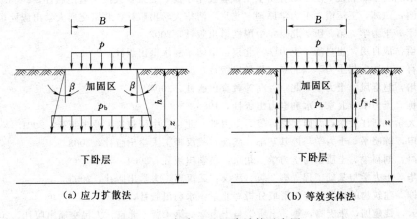

（a）应力扩散法　　　　　（b）等效实体法

图 11-2　复合地基沉降计算示意图

由于地基处理的方法较多，处理原理复杂，尚未形成完整、系统的理论，工程应用经验性较强，因而，在选择好地基处理方案后，一般应先进行试验性施工，然后通过载荷试验、原位测试等质量检验手段检验是否达到地基处理的目的，如果检验结果良好方可进行正式施工，否则需要对处理方案进行修改。

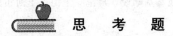　思　考　题

1. 地基处理主要解决的问题是什么？
2. 地基处理的方法有哪些？其处理原理是什么？
3. 什么是复合地基？其特征是什么？

参 考 文 献

[1]   GB 50007—2002   建筑地基基础设计规范．北京：中国建筑工业出版社，2002．

[2]   华南理工大学，等．地基及基础．北京：中国建筑工业出版社，1998．

[3]   高大钊．土力学与基础工程．北京：中国建筑工业出版社社，1998．

[4]   龚晓南．土力学．北京：中国建筑工业出版社，2002．

[5]   刘大鹏．土力学．北京：清华大学出版社，2004．

[6]   顾晓鲁，钱鸿缙，刘惠珊，等．地基与基础．北京：中国建筑工业出版社，2003．

[7]   陈希哲．土力学与地基基础．第4版．北京：清华大学出版社，2004．

[8]   赵树德．土力学．北京：高等教育出版社，2004．

[9]   姚仰平．土力学．北京：高等教育出版社，2004．

[10]   龚晓南．土力学与基础工程实用名词词典．杭州：浙江大学出版社，1993．

[11]   钱家欢．土工原理与计算．北京：中国水利水电出版社，1996．

[12]   卢延浩．土力学．第2版．南京：河海大学出版社，2005．

[13]   陈仲颐，周景星，王洪瑾，等．土力学．北京：清华大学出版社，1994．

[14]   南京水利科学研究院．土工研究所土工试验技术手册．北京：人民交通出版社，2003．

[15]   赵成刚，白冰，王运霞．土力学原理．北京：清华大学出版社，北京交通大学出版社，2004．

[16]   刘成宇．土力学．第2版．北京：中国铁道出版社，2002．

[17]   刘福臣，成自勇，崔自治．土力学．北京：中国水利水电出版社，2005．

[18]   张钦喜．土质学与土力学．北京：科学出版社，2005．

[19]   李镜培，赵春风．土力学．北京：高等教育出版社，2004．

[20]   冯国栋．土力学．北京：水利电力出版社，1986．

[21]   东南大学，浙江大学，湖南大学，等．土力学．北京：中国建筑工业出版社，2001．

[22]   陈书申，陈晓平．土力学与地基基础．武汉：武汉理工大学出版社，2003．

[23]   秦植海，刘福尘．土质学与土力学．北京：科学出版社，2004．

[24]   赵明华．土力学与基础工程．第2版．武汉：武汉理工大学出版社，2003．

[25]   潘家铮．建筑物的抗滑稳定和滑坡分析．北京：水利出版社，1980．

[26]   袁聚云，钱建国，张宏鸣，等．土质学与土力学．第4版．北京：人民交通出版社，2009．

[27]   洪毓康．土质学与土力学．第2版．北京：人民交通出版社，1999．

[28]   赵明阶，冯忠居．土质学与土力学．北京：人民交通出版社，2007．

[29]   陈忠达．公路挡土墙设计．北京：人民交通出版社，2001．

[30]   薛殿基，冯仲林．挡土墙设计实用手册．北京：中国建筑工业出版社，2008．

[31]   李驰．土力学地基基础问题精解．天津：天津大学出版社，2008．

[32]   JGJ 94—2008   建筑桩基技术规范．北京：中国建筑工业出版社，2008．

[33]   DGJ 08－111—1999   上海市地基基础设计规范．上海：上海市建筑建材业管理总站，1999．